高等职业化学检验职业技能培训教程

化工产品检验技术

第三版

聂英斌 主编　张振宇 主审

化学工业出版社
·北京·

本书是第三版，保留了第二版教材的基本框架和编写风格，按照最新发布的国家标准和化工行业标准，编写产品质量指标、检验方法和分析规程。全书内容包括化工产品检验的意义及其标准化、化工产品物理参数测定技术、化工产品定量分析技术、化工产品中杂质和水分的检验、无机化工产品的检验、有机化工产品的检验和十三个典型化工产品检验实训项目。

本书可供高职高专工业分析、化工类专业和化工行业中高级化验工实训教学使用，也可供与化学检验相关的其他企业或商检部门化验人员及从事化工产品生产和销售的人员学习参考。

图书在版编目（CIP）数据

化工产品检验技术/聂英斌主编. —3 版. —北京：化学工业出版社，2019.10（2024.2 重印）
ISBN 978-7-122-35027-5

Ⅰ.①化… Ⅱ.①聂… Ⅲ.①化工产品-检验-高等职业教育-教学参考资料 Ⅳ.①TQ075

中国版本图书馆 CIP 数据核字（2019）第 171268 号

责任编辑：蔡洪伟 李 瑾　　　　装帧设计：关 飞
责任校对：宋 夏

出版发行：化学工业出版社（北京市东城区青年湖南街 13 号 邮政编码 100011）
印　　刷：北京云浩印刷有限责任公司
装　　订：三河市振勇印装有限公司
710mm×1000mm 1/16 印张 14 字数 281 千字
2024 年 2 月北京第 3 版第 4 次印刷

购书咨询：010-64518888　　　　售后服务：010-64518899
网　　址：http://www.cip.com.cn
凡购买本书，如有缺损质量问题，本社销售中心负责调换。

定　　价：42.00 元

前 言

本书自2005年出版以来，作为提高职业技能的实训教材，一直受到广大职教师生和相关企业化验人员的青睐。随着我国化工产业向高质量发展，检验岗位对技能型人才提出了更为严格的要求。不仅要应对复杂多变的化工产品，完成常规检验任务；还要对接国内外新的技术标准，提升检验技术，解决新问题。

高职教育教学必须适应新形势、新要求，及时修订教材，以培养高素质、高技能人才。这次修订是在第二版基础上，主要对以下几方面进行更新、充实和加强。

一、秉持着重培养学生实践操作能力的一贯原则，增编了化学分析常用仪器和操作要点，充实了紫外分光光度法和原子吸收分光光度法的仪器和操作技术，并在产品检验实例中强化训练。

二、按照最新发布的国家标准和行业标准，更新相关产品的质量指标、检验方法和分析规程。同时更新了查阅和下载标准资料的网站；更新了书末“化工产品通用标准试验方法题录”；并配以例题和习题，使学生掌握快速查找资料的途径和方法。

三、补充现代化教学手段。在紫外-可见分光光度法中，运用Excel软件绘制标准曲线，得出回归方程和相关系数，提高学生应用计算机技术解决实际问题的能力。全书还制作了配套的ppt电子课件，以便于教学使用。

四、全书体现案例引导、难点解读和实践印证的脉络结构，凸显理论与实践的融通。重点充实标准检验规程的解读和应用等内容，以一系列问题的导引和回答，讨论检验过程的关键点。通过分解测试步骤，解读操作规程背后的“道理”，授人以渔，以期在后续的实际产品检验项目中运用自如，游刃有余。

五、对接化工企业的化验岗位，在典型化工产品检验项目中，插入现场数据记录表格。以此为范例引导学生举一反三，学会填报检验数据，提高实践应用能力。

六、为加强学生综合运用能力的测评，充实了“综合测试”内容，编写了综合测试考核标准和评分细目，以便于评定成绩，检查学习效果。

本次修订由吉林工业职业技术学院聂英斌主笔完成，陈淼检索了新的国家标准和行业标准，修订了检索资料的路径和方法，修改了部分实训项目。全书由张振宇老师主审并提出宝贵意见；承蒙中国石油吉林石化公司质检部门和吉林工业职业技术学院分析检验教研室的大力支持，在此表示衷心感谢。

成功的检验工作背后，体现的是对检验知识的掌握运用和操作技术的娴熟。期待本书成为开启“化工产品检验技术”智慧宝库的钥匙，能为读者答疑解惑，让学生实训得法，实现化工产品检验技术能力的提高。限于编者的水平有限，本书存在不足之处，恳请同行和读者批评指正。

聂英斌

2019 年 7 月

第一版前言

本书是为高等职业学校工业分析、化工类专业和化工行业中高级化验工编写的。

产品质量检验是生产和产品流通的“眼睛”。面对21世纪，国际标准化组织制定和发布的ISO 9000系列质量管理文件，已把分析检验置于和产品生产同等的地位实行质量管理，并要求对质量管理体系进行认证。我国自确立社会主义市场经济体制以来，在工业生产部门和产品流通领域的分析检验任务日益繁重。特别是加入世界贸易组织（WTO）以后，加速了我国融入经济全球化的进程，进出口贸易与日俱增，在产品质量检验和认证方面必须与国际接轨。形势的发展对分析检验工作提出了更新、更高的要求，高素质、高技能的分析检验人员培训任务迫在眉睫。

为使高等职业学校工业分析和化工类专业学生具备从事化工产品检验的能力，并达到中、高级化验工的技能水平，本书摆脱了传统分析化学及其实验教材的学科体系，以现行国家标准为依据，重点讨论如何将技术标准的规定应用到产品质量检验的实践之中。技术标准是科学技术和实践经验的综合成果，是生产和商业部门必须遵守的准则。本书首先阐述了化工产品检验标准化的意义和技术标准的检索方法，对于指定的某种化工产品，按照本书的指引，读者可以很快查找到国家或行业标准，包括质量指标和检验规程，并应用有关基础知识解读技术标准，进而应用于产品检验实践。

由于化学工业所用原料、生产方法和产品具有多样性与复杂性的特点，化工生产的中间控制分析和产品质量检验几乎用到了分析化学中的所有方法和手段。限于本书的篇幅，不可能详细讨论每种化工产品检验的具体过程，只能从共性角度概括介绍化工产品检验中一些常用的方法和技术，并通过典型无机和有机化工产品检验实训，培养化学检验人员的操作技能，以及应用理论知识解决实际问题的能力。如果读者能够掌握和操作书中设定的内容，定会收到触类旁通的效果。考虑到在这套教材的其他分册中已对化学分析的基本操作技术和仪器使用、维护方法等做了详细的叙述，故本书不再重复这些基础知识。

本书采用现行国家标准规定的术语、符号和法定计量单位。书中编写的实训项目和试验方法符合国家或行业的最新标准，并经过编者反复验证，操作规程可靠、实用。为了便于教学和实训，书中对每种典型产品都编写了“实训要求”“思考与练习”；在较复杂的测定项目中编写了“难点解读”；在各章后编写了“复习与测试”；在附录中列出了“化工产品通用试验方法国家标准题录”。根据这些题目和相关学习方法的指导，读者可以自行检测学习效果，巩固所学知识和技能，达到举一反三的目的，从而进一步拓宽应用领域和强化操作技能。

本书在编写过程中，得到了吉林工业职业技术学院工业分析教研室的大力支持。李刚、王延武参与编写了实训内容，校核了相关的实验；姚金柱审阅了全部书稿，并提出宝贵意见，在此表示衷心的感谢。

限于笔者水平，书中不足之处在所难免。恳请同行和读者批评指正。

张振宇

2005 年 1 月

第二版前言

本书作为高等职业化学检验技能实训教材之一，以其突出培养查阅资料和动手操作两种能力为特色，受到广大高职师生的欢迎和认同。许多院校化工和工业分析类专业首选本书作为学生实训教材。近年来，随着我国社会经济的持续发展，在产品质量检验领域已经或正在同国际市场接轨，一些化工产品国家标准的新版本陆续发布。高职教育教学必须与时俱进，必须按照新形势、新标准、新要求修订教材，以利于毕业生具备零距离上岗就业的能力。

这次修订保留第一版教材的基本框架和编写风格，主要在以下几方面进行修改和补充。

一、按照最新发布的国家标准和化工行业标准，编写产品质量指标、检验方法和分析规程。例如，按照《GB/T 3049—2006 工业用化工产品铁含量测定的通用方法》编写相关的检验方法；按照《GB 437—2009 硫酸铜（农用）》修改以硫酸铜为样品的实训项目等。

二、查阅资料的途径，凸显由 Internet 网上检索和下载资料的过程，以便快速获得化工产品的技术标准；其次指出由新版目录图书中查阅资料的方法。读者可根据环境条件选择运用。

三、对内容做了适当补充。第一章补充说明了化工产品检验在商品流通和国际贸易中的意义，以及化工标准化的基本知识；第四章增编一节“化工产品中微量重金属的测定”；重新编写了书末附录“化工产品通用标准试验方法题录”。

四、实训方面增编了“综合测试”项目，作为实训内容的扩展和成绩考核。在此教师给出某种化工产品的试样，学生以上岗实战要求自行查阅资料、按规程进行分析操作，完成检验报告。

本书的修订工作承蒙吉林工业职业技术学院工业分析与检验教研室和中国石油吉林石化公司质检部门大力支持。聂英斌检索了最新国家标准和行业标准，并修改实训项目；姚金柱审核了增编内容，在此一并表示感谢。

限于编者水平，本书可能还有一些不足之处，敬请同行和广大读者批评指正。

张振宇

2012 年 7 月

目录

第一章　化工产品检验的意义及其标准化 …… 1

第一节　化学工业的原料资源及主要产品 …… 1
一、化学工业在国民经济中的地位 …… 1
二、化学工业的原料资源 …… 2
三、化学工业的主要产品 …… 2
四、化工产品说明书 …… 3
第二节　化工产品检验的意义和重要作用 …… 5
一、化工生产中的分析检验 …… 5
二、化工产品流通中的分析检验 …… 6
三、国际贸易中化工产品的检验 …… 7
四、分析检验中的质量保证 …… 9
第三节　化工产品检验的标准化 …… 10
一、化工标准化的意义和特点 …… 10
二、我国技术标准的种类和编号 …… 12
三、标准管理机构 …… 13
四、采用国际标准和国外先进标准 …… 14
五、标准物质及其应用 …… 15
第四节　化工产品检验的资料及运用 …… 17
一、利用计算机上网检索标准资料 …… 17
二、利用工具书籍查阅标准资料 …… 19
三、标准检验规程的解读和应用 …… 21
第五节　化工产品检验的程序和技术 …… 24
一、化工产品的采样 …… 24
二、定性鉴定技术 …… 24
三、物理参数测定技术 …… 25
四、定量分析技术 …… 25
五、产品等级和检验报告 …… 27
复习与测试 …… 28

第二章　化工产品物理参数测定技术 …… 31

第一节　液体化工产品密度的测定 …… 31
一、基本概念 …… 31
二、密度瓶法 …… 32
三、韦氏天平法 …… 33
四、密度计法 …… 34
第二节　挥发性有机液体产品沸程的测定 …… 35

一、基本概念 …… 35
二、仪器装置 …… 36
三、操作 …… 36
四、测定值的校正 …… 37
五、应用实例 …… 39
第三节　化工产品熔点和结晶点的测定 …… 40
一、基本概念 …… 40
二、熔点的测定 …… 41
三、结晶点的测定 …… 42
四、应用实例 …… 42
第四节　液体化工产品折射率的测定 …… 43
一、基本概念 …… 43
二、仪器 …… 43
三、操作 …… 44
四、应用实例 …… 45
复习与测试 …… 45

第三章　化工产品定量分析技术 …… 48

第一节　称量分析 …… 48
一、沉淀称量法 …… 48
二、挥发称量法 …… 48
第二节　滴定分析 …… 49
一、滴定反应的类型 …… 49
二、分析仪器和操作要点 …… 51
三、滴定方式 …… 53
四、滴定分析的计算 …… 54
第三节　电位分析 …… 57
一、直接电位法测定水溶液的 pH …… 57
二、电位滴定法确定滴定分析的终点 …… 59
第四节　分光光度分析 …… 61
一、目视比色和比浊法 …… 62
二、紫外-可见分光光度法 …… 63
三、原子吸收光谱法 …… 67
第五节　气相色谱分析 …… 70
一、方法原理 …… 70
二、仪器与操作 …… 70
三、色谱图及有关术语 …… 72
四、定量分析方法 …… 73
第六节　定量分析方法的选择与评价 …… 75
一、定量分析方法的选择原则 …… 75
二、定量分析方法的评价 …… 76
复习与测试 …… 77

第四章　化工产品中杂质和水分的检验 …… 81

第一节　液体化工产品色度的测定 …… 81
一、概念 …… 81
二、仪器与试剂 …… 82
三、操作 …… 82
四、结果表述 …… 83
第二节　化工产品中水分的测定 …… 83
一、干燥减量法 …… 83
二、有机溶剂蒸馏法 …… 84
三、卡尔·费休法 …… 85
四、气相色谱法 …… 87
第三节　化工产品中杂质铁的测定 …… 89
一、原理 …… 89
二、仪器与试剂 …… 90
三、操作 …… 90
四、讨论 …… 92
第四节　无机化工产品中少量氯化物的测定 …… 92

一、银量-电位滴定法 …… 92
二、汞量法 …… 94
第五节　化工产品中微量砷的测定 …… 97
一、二乙基二硫代氨基甲酸银光度法 …… 97
二、砷斑法（古蔡氏法） …… 99
第六节　化工产品中微量重金属的测定 …… 100
一、无机化工产品中重金属的测定 …… 100
二、有机化工产品中重金属的测定 …… 101
三、无机化工产品中铅含量的测定 …… 101
复习与测试 …… 103

第五章　无机化工产品的检验 …… 106

第一节　酸和碱 …… 106
一、强酸、强碱 …… 106
二、弱酸、弱碱 …… 107
第二节　无机盐 …… 108
一、按弱碱（弱酸）处理 …… 108
二、按金属离子定量 …… 109
三、按酸根定量 …… 110
第三节　单质和氧化物 …… 110
一、样品的溶解 …… 110
二、成分定量分析 …… 110
复习与测试 …… 111
产品检验实训一　工业浓硝酸的检验 …… 112
一、产品简介 …… 112
二、实训要求 …… 113
三、定性鉴定 …… 114
四、硝酸含量测定 …… 114
五、亚硝酸含量测定 …… 115
六、硫酸含量测定 …… 116
七、灼烧残渣测定 …… 117
八、思考与练习 …… 117
九、产品检测记录表 …… 118
产品检验实训二　工业碳酸钠的检验 …… 119
一、产品简介 …… 119
二、实训要求 …… 120
三、定性鉴定 …… 120
四、总碱量（干基计）测定 …… 120
五、烧失量测定 …… 121
六、氯化物含量测定 …… 122
七、铁含量测定 …… 122
八、硫酸盐含量测定 …… 123
九、水不溶物含量测定 …… 124
十、思考与练习 …… 125
产品检验实训三　工业过氧化氢的检验 …… 125
一、产品简介 …… 125
二、实训要求 …… 126
三、定性鉴定 …… 126
四、过氧化氢含量测定 …… 127
五、游离酸含量测定 …… 128
六、不挥发物的测定 …… 128
七、稳定度的测定 …… 128
八、总碳含量的测定 …… 129
九、硝酸盐含量的测定 …… 130
十、思考与练习 …… 131
产品检验实训四　工业轻质氧化镁的检验 …… 132
一、产品简介 …… 132
二、实训要求 …… 133
三、定性鉴定 …… 133
四、氧化镁含量测定 …… 133

五、氧化钙含量测定 …… 134
六、盐酸不溶物的测定 …… 135
七、硫酸盐含量测定 …… 135
八、锰含量的测定 …… 136
九、其他指标测定 …… 137
十、思考与练习 …… 137
产品检验实训五 硫酸铜的检验 …… 138
一、产品简介 …… 138
二、实训要求 …… 138
三、定性鉴定 …… 139
四、硫酸铜含量测定 …… 139
五、游离硫酸含量测定 …… 140
六、水不溶物的测定 …… 141
七、铅含量的测定 …… 141
八、思考与练习 …… 142
产品检验实训六 漂白粉的检验 …… 142
一、产品简介 …… 142
二、实训要求 …… 143
三、定性鉴定 …… 143
四、有效氯含量测定 …… 143
五、总氯含量测定 …… 144
六、游离水分的测定 …… 145
七、热稳定系数的测定 …… 146
八、思考与练习 …… 146

第六章 有机化工产品的检验 …… 148

第一节 概述 …… 148
一、滴定分析的应用 …… 149
二、气相色谱分析的应用 …… 149
第二节 不饱和化合物 …… 151
一、概述 …… 151
二、氯化碘加成法（韦氏法） …… 151
第三节 羟基化合物 …… 152
一、乙酰化法测定醇 …… 153
二、溴代法测定苯酚 …… 154
第四节 羰基化合物 …… 154
一、肟化法 …… 155
二、亚硫酸氢钠法 …… 155
第五节 羧酸及其衍生物 …… 156
一、有机化工产品酸度的测定 …… 156
二、皂化滴定法测定酯 …… 157
第六节 氨基化合物 …… 158
一、概述 …… 158
二、重氮化法测定芳伯胺 …… 158
复习与测试 …… 159
产品检验实训七 工业硬脂酸的检验 …… 161
一、产品简介 …… 161
二、实训要求 …… 162
三、定性鉴定 …… 162
四、碘值的测定 …… 162
五、酸值的测定 …… 164
六、皂化值的测定 …… 164
七、色泽的测定 …… 165
八、凝固点的测定 …… 166
九、水分的测定 …… 166
十、组成的测定 …… 166
十一、思考与练习 …… 168
十二、产品检测记录表 …… 168
产品检验实训八 工业用季戊四醇的检验 …… 170
一、产品简介 …… 170
二、实训要求 …… 171
三、定性鉴定 …… 171
四、季戊四醇含量的测定 …… 171
五、羟基含量的测定 …… 172
六、干燥减量的测定 …… 173
七、灼烧残渣的测定 …… 173
八、邻苯二甲酸树脂着色度的测定 …… 174

九、思考与练习 …… 175
产品检验实训九　乙酸丁酯的检验 …… 175
一、产品简介 …… 175
二、实训要求 …… 176
三、定性鉴定 …… 176
四、色度的测定 …… 177
五、密度的测定 …… 177
六、酸度的测定 …… 177
七、乙酸丁酯、正丁醇和水分含量的测定 …… 177
八、蒸发残渣的测定 …… 180
九、思考与练习 …… 180
产品检验实训十　工业环己酮的检验 …… 181
一、产品简介 …… 181
二、实训要求 …… 182
三、定性鉴定 …… 182
四、外观和色度的测定 …… 183
五、密度的测定 …… 183
六、馏程的测定 …… 183
七、水分含量的测定 …… 183
八、酸度的测定 …… 184
九、折射率的测定 …… 185
十、纯度的测定 …… 185
十一、思考与练习 …… 189
产品检验实训十一　工业乙苯的检验 …… 190
一、产品简介 …… 190
二、实训要求 …… 190
三、定性鉴定 …… 191
四、色度的测定 …… 191
五、乙苯纯度及烃类杂质的测定 …… 191
六、微量硫的测定 …… 194
七、微量氯的测定 …… 198
八、思考与练习 …… 200
产品检验实训十二　苯胺的检验 …… 201
一、产品简介 …… 201
二、实训要求 …… 202
三、定性鉴定 …… 202
四、苯胺含量的测定 …… 202
五、苯胺及硝基苯、低沸物、高沸物含量的测定 …… 203
六、水分含量的测定 …… 204
七、思考与练习 …… 206
产品检验实训十三　综合测试 …… 206
一、目的要求 …… 206
二、测试产品 …… 207
三、测试步骤 …… 207
四、考核标准和评分细目 …… 207
附录　化工产品通用标准试验方法题录 …… 209
参考文献 …… 212

第一章

化工产品检验的意义及其标准化

第一节 化学工业的原料资源及主要产品

一、化学工业在国民经济中的地位

化学工业是国民经济的支柱产业之一。化工产品不仅与人类生活的衣食住行息息相关，而且国民经济各部门都离不开化工产品。

1. 化学工业为各工业部门提供大量的原材料

化学工业自其形成之日起，就为各工业部门提供必需的基础物质。例如，采矿工业需要的大量炸药，金属冶炼需要的硫酸、纯碱，纺织工业需要的合成纤维、染料，汽车工业需要的橡胶、塑料制品等。

近年来，世界各国都高度重视发展高新技术，新材料的开发与生产成为推动社会进步、培植经济新增长点的一个重要方面。航天、电子、信息、能源等领域所需的复合材料、纳米材料以及高温超导材料的设计和制备，有许多必须运用化工技术和工艺。

2. 化学工业是发展农业的支柱

自20世纪化学工业为农业提供大量的化肥和农药以来，农作物单位面积产量显著提高。实践证明，在农业的各项增产措施中，化肥的作用占40％～65％。氮、磷、钾复合肥料和微量元素肥料的开发，进一步满足了不同土壤结构、不同农作物的需求。近年来，生产和应用各种植物生长调节剂和多品种农药，对农作物防治病虫害起到了不可替代的作用。

3. 化学工业是改善人民生活的重要手段

化学工业向人们提供丰富多彩的产品。除了各种化工材料制品为人所用以外，还有许多用量少而效果十分明显的产品，使人们的生活质量得到不断改善。例如，防治疾病用的各种合成药物，用于食品防腐、调味、强化营养的食品添加剂，生产化妆品、香料、香精的各种助剂，房屋、家具用的各种涂料，洗涤用的表面活性剂，信息产业用的各种磁记录材料等，不胜枚举。

4. 化学工业对加速国防建设具有重大意义

炸药是国防工业的重要产品，而制造炸药的主要原料是硫酸、硝酸和苯的化合物。现代化的战争工具，如飞机制造需使用大量的铝，而铝是用纯碱分解铝矿石得来的。随着火箭、导弹、人造卫星、原子能工业和计算机技术的发展，需要多种特殊性能的合成材料、燃料、铀、重水和硼化物等，这些都要由化学工业提供。

总之，化学工业与国民经济、国防、文化与生活的所有领域都有着广泛的联系。在我国现代化建设中，化学工业是保证其他工业部门、农业、交通运输、国防以及科学技术发展的基础。

二、化学工业的原料资源

自然界包括地壳表层、大陆架、水圈和生物圈等，其内蕴藏的许多资源都是可供化学加工的初始原料。自然资源有矿物、植物和动物，还包括空气和水。

矿物原料包括金属矿、非金属矿和化石燃料矿。金属矿多以金属氧化物、硫化物、无机盐类或复盐形式存在；非金属矿以多种化合物形态存在，其中含硫、磷、硼、硅的矿石储量较丰富；化石燃料包括煤、石油、天然气、“可燃冰”[1]和油页岩等，它们主要由碳、氢元素组成，是最重要的能源和化工原料。目前世界上85%左右的能源和化学工业均建立在石油、天然气和煤资源的基础上。石油炼制、石油化工、天然气化工、煤化工等，在国民经济中占有极为重要的地位。

生物资源是自农、林、牧、副、渔业得到的植物体和动物体。它们提供了诸如淀粉、蛋白质、脂肪、糖类和纤维素等食品和化工原料。开发以生物为原料生产化工产品的新工艺、新技术将是重要的课题之一。

“原料”的概念不仅限于自然资源。某种化工产品往往是其他化学加工部门的原料；工业废渣、废液、废气以及人类的生活垃圾，排放和废弃到环境中会造成巨大的危害，然而，它们可以作为再生资源，经过物理或化学再加工，成为有价值的产品和能源。

三、化学工业的主要产品

化学工业是以矿石、煤、石油、天然气、水、空气或农副产品为原料，以一

[1] 近年，在我国南海地区海底矿层中，发现了储量巨大的“可燃冰”，其化学成分主要是甲烷的水合物。这种物质的开发利用将为我国化学工业提供丰富的原料资源。

系列化学处理为主要生产手段，改变物质原有的性质、状态和组成，制成人们所需的产品。化学工业分支部门多，相互关系密切，产品种类繁多。

1. 无机化工主要产品

大宗的无机化工产品有硫酸、硝酸、盐酸、纯碱、烧碱、合成氨和化学肥料，其次是生产规模较小、品种多样的无机盐和元素化合物。

按照原料来源和工艺路线，无机化工生产主要有以下几种类型。

（1）合成氨、硝酸、氮肥工业　以水、空气、煤或天然气为原料制备氮氢混合气，合成氨；再由氨出发生产硝酸、硝铵、尿素及其他铵盐。

（2）制碱工业　以海水中提取的食盐为基础原料，采用氨碱法（配以石灰石、氨等）生产纯碱（碳酸钠），或与合成氨厂联合生产纯碱与氯化铵。电解食盐水溶液生产氢氧化钠，同时得到氢气和氯气，可以继续合成盐酸或供其他部门使用。

（3）硫酸和无机盐工业　以相应的矿石为原料，经热处理或酸碱处理制成所需的产品。如硫铁矿熔烧产生二氧化硫，经氧化、吸收即可制得硫酸；由磷矿石可生产磷酸和磷肥；由硼镁矿生产硼酸和硼酸盐；由铬铁矿生产铬酸盐和重铬酸盐等。

2. 有机化工主要产品

由石油、天然气、煤等天然资源，经过化学加工可得到乙烯、丙烯、丁二烯、苯、甲苯、二甲苯、乙炔、萘、合成气等基本有机化工产品。这些产品再经过各种化学加工，可以制成更多的有机化工产品。图 1-1 列举了一些以乙烯为原料生产的主要化工产品。类似地，由上述其他基本有机化工产品出发，可以制得品种繁多、用途广泛的有机化工产品。

从基本有机化工产品出发，按其用途和加工方向，可以概括为三个方面。

① 直接作为消费品。例如，作为溶剂、萃取剂、气体吸收剂、抗冻液、载热体、消毒剂等。

② 作为单体，经加聚反应或缩聚反应制成塑料、合成橡胶、合成纤维等高分子化合物。例如，聚乙烯、聚氯乙烯、聚苯乙烯、丁苯橡胶、顺丁橡胶、涤纶、腈纶及一些具有特殊功能的工程材料、高分子复合材料等。品种非常多，用途十分广泛。

③ 作为精细化工的原料（中间体），进一步深加工制造精细化工产品。如医药、农药、染料、颜料、涂料、感光材料、磁性材料、食品添加剂、胶黏剂、催化剂、功能高分子材料和一些生化制品等。随着工农业和科学技术发展的需求、人民生活水平的提高和保护生态环境的迫切性，精细化工产品的品种正在迅速更新和发展。

四、化工产品说明书

国家标准 GB/T 23956—2009 规定，企业生产的化工产品出厂时，应开具化工产品使用说明书。

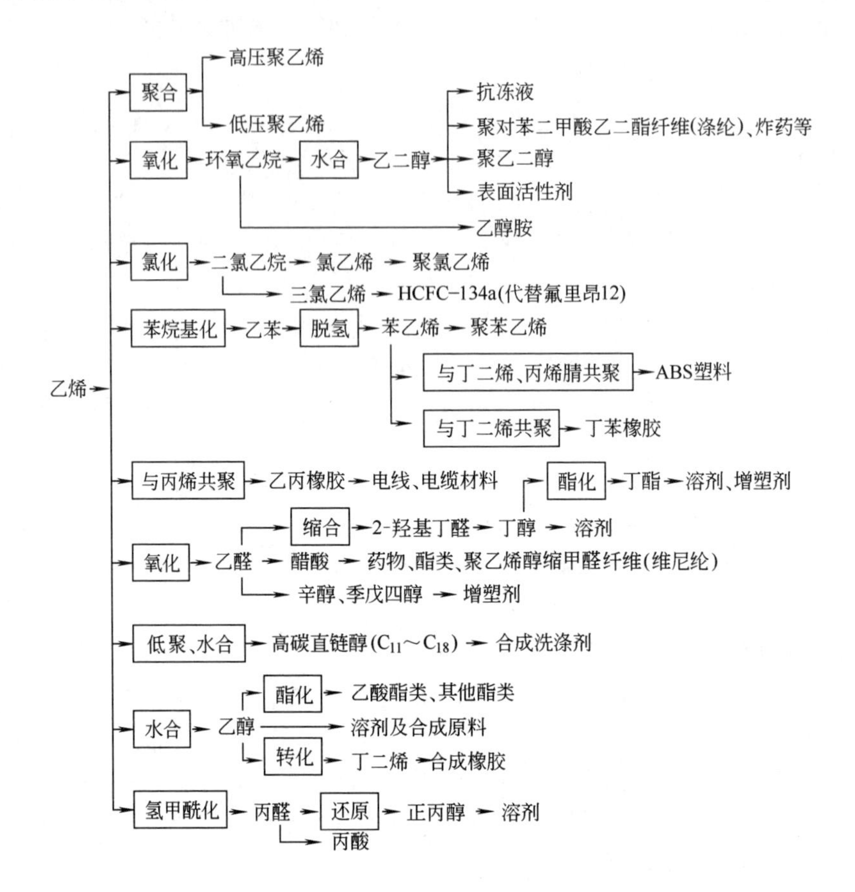

图 1-1 以乙烯为原料生产的主要化工产品

化工产品使用说明书一般包括下列内容：

① 产品名称、注册商标或标志，名称包括学名、俗名或商品名称；危险化学品应加危险品标志；

② 分子式或化学结构式与相对分子质量；

③ 一般理化特性，如密度、熔点、沸点、水溶性或酸碱性等；

④ 质量规格，包括产品标准代号、产品外观和主要技术参数、产品的包装方法和包装规格（净质量）、产品有效期及过期产品的处理方法；

⑤ 主要原材料；

⑥ 生产方法和简单工艺流程；

⑦ 产品主要用途、使用范围、使用技术条件和注意事项；

⑧ 储运条件，储运和使用过程中发生事故的应急措施；

⑨ 防火、防爆、防震、防辐射与抗腐蚀措施；

⑩ 售后服务。

第二节 化工产品检验的意义和重要作用

一、化工生产中的分析检验

化工生产过程一般可概括为原料预处理、化学反应、产品分离及精制等步骤。为使生产过程在最佳工艺条件下运行，确保制得产品的产率和质量，必须对原料、中间产物和产品进行适时、准确的分析检验。本节以联合制碱法生产纯碱（工业碳酸钠）和氯化铵为例，说明分析检验在化工生产中的作用。

联合制碱的原料是食盐、氨和二氧化碳。其中氨和二氧化碳由合成氨厂提供，故称为联合制碱。该生产方法基于以下反应。

$$NH_3+NaCl+CO_2+H_2O \longrightarrow NaHCO_3\downarrow+NH_4Cl(\text{母液Ⅰ})$$

$$2NaHCO_3 \xrightarrow{\triangle} Na_2CO_3+CO_2\uparrow+H_2O$$

$$NH_4Cl(\text{母液Ⅰ})+NaCl(\text{固}) \longrightarrow NH_4Cl\downarrow+NaCl(\text{母液Ⅱ})$$

联合制碱工艺流程如图 1-2 所示。主要可分为三个部分。

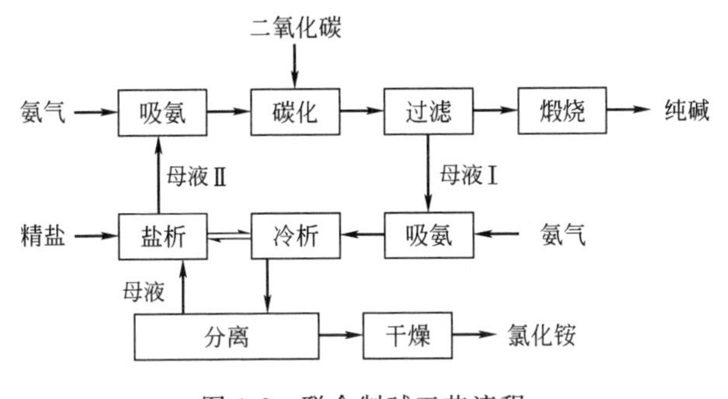

图 1-2 联合制碱工艺流程

① 吸氨→碳化→过滤→煅烧 富含 NaCl 的母液Ⅱ经过吸氨制成氨母液Ⅱ，送往碳化塔与通入的 CO_2 反应，生成碳酸氢钠和氯化铵，前者溶解度小而结晶析出。经真空过滤，滤饼煅烧为纯碱。

② 吸氨→冷析→分离→干燥 过滤得到的滤液富含 NH_4Cl 称为母液Ⅰ，吸氨后经冷却进入冷析结晶器析出氯化铵结晶，经离心分离、干燥，得到氯化铵产品。

③ 盐析 冷析器的上层溢流清液与离心分离的滤液均送往盐析结晶器，在此加入洗净的精盐（NaCl)。由于食盐溶解进一步析出氯化铵结晶，晶浆送冷析器冷却，使晶体增大，上层溢流液即母液Ⅱ返回吸氨和碳化，形成闭合循环。

在联合制碱生产过程中，除了对原料盐、氨气、二氧化碳和生产的成品进行检验以外，必须经常取样检验各工序之间溶液的成分，即母液Ⅱ、氨母液Ⅱ、碳化取出液、母液Ⅰ、氨母液Ⅰ等溶液中游离氨、固定氨、CO_2、NaCl 等成分的含量。

例如，在盐析结晶器中加入多少氯化钠为合适？生产中用 γ 值 $\left(\gamma=\frac{[Na^+]}{c_{NH_3}}\right)$ 即母液Ⅱ中 $[Na^+]$ 与固定氨浓度（c_{NH_3}）之比来衡量。加入 NaCl 多，γ 值大，NH_4Cl 产量大；但 NaCl 过多，来不及溶解而混入氯化铵成品中，则影响产品质量。一般当盐析器母液温度为 10～15℃时，γ 值控制在 1.5～1.8。母液Ⅱ的吸氨量控制在多少合适呢？母液Ⅱ的吸氨量常用 β 值 $\left(\beta=\frac{F_{NH_3}}{[NaCl]}\right)$ 衡量，即氨母液Ⅱ中游离氨浓度（F_{NH_3}）与氯化钠浓度之比，生产上一般控制在 1.04～1.12 之间。

母液Ⅰ吸氨的目的是使其中溶解度较小的 $NaHCO_3$ 和 NH_4HCO_3 转化成溶解度较大的 Na_2CO_3 和 $(NH_4)_2CO_3$，防止冷却时与 NH_4Cl 共同析出。母液Ⅰ的吸氨量可控制 α 值 $\left(\alpha=\frac{F_{NH_3}}{[CO_2]}\right)$ 在 2.15～2.30 范围内。α 值大，游离氨损失大；α 值过低，会有 $NaHCO_3$ 析出混在氯化铵中，影响产品质量。

由此例可见，化工生产过程中的分析检验十分重要。根据分析数据及时进行工艺调控，才能优质、高产、低耗和安全地进行生产。

二、化工产品流通中的分析检验

化工生产方法、原料及产品的多样性和复杂性，对化工生产的成品检验和产品流通领域的质量检验，提出了更高的要求。用同一种原料可能制造出多种不同的化工产品；同一种产品可采用不同的原料或不同的方法和工艺路线来生产；不同厂家生产的产品由于原料和生产工艺条件不同，得到的产品质量存在一定的差异；一种产品有多种用途，不同的用户对其产品质量可能有不同的要求。这些复杂的因素就要求国家技术管理部门制定出既符合科学技术和生产实际，又被普遍公认的产品质量规格和相应的分析检验方法，这就是“产品标准”。生产厂家应生产符合标准的产品，商检部门按照同样的标准，检验产品流通领域中的产品质量。当生产厂家与用户对某产品质量有争议时，需要双方共同按此标准进行仲裁分析。

例如，国家标准 GB 210.1—2004 规定的工业碳酸钠的质量指标见表 1-1。工业碳酸钠产品分为两类，Ⅰ类为特殊工业用重质碳酸钠，仅设优等品；Ⅱ类为一般工业用碳酸钠，分为优等品、一等品和合格品，不同等级的产品其主成分含量和允许的杂质含量不同，相应的产品价格也有较大的差异。因此通过严格的产品检验确定其产品质量等级具有十分重要的意义。

化工产品检验的技术和方法，不仅应用于化工企业之间的商品流通，而且广泛应用于轻工、建材、食品、日用品诸多行业。这些行业往往需要一些化工产品作为原材料，应该对所用原材料的质量进行检验。而且这些行业的制品中可能也会含有少量化工产品的成分，影响其正常应用，必须加以检验和监控。

近年，不同行业的产品检验标准得到长足的发展。例如，甲醛是重要的化工

表 1-1　工业碳酸钠的质量指标

指标项目			Ⅰ类	Ⅱ类		
			优等品	优等品	一等品	合格品
总碱量(以干基的 $NaCO_3$ 的质量分数计)/%		≥	99.4	99.2	98.8	98.0
总碱量(以湿基的 $NaCO_3$ 的质量分数计)①/%		≥	98.1	97.9	97.5	96.7
氯化钠(以干基的 NaCl 的质量分数计)/%		≤	0.30	0.70	0.90	1.20
铁(Fe)的质量分数(干基计)/%		≤	0.003	0.0035	0.006	0.010
硫酸盐(以干基的 SO_4 的质量分数计)/%		≤	0.03	0.03②		
水不溶物的质量分数/%		≤	0.02	0.03	0.10	0.15
堆积密度③/(g/mL)		≥	0.85	0.90	0.90	0.90
粒度③(筛余物)/%	180μm	≥	75.0	70.0	65.0	60.0
	1.18mm	≤	2.0			

① 为包装时含量，交货时产品中总碱量乘以交货产品的质量再除以交货清单上产品的质量之值不得低于此数值。

② 为氨碱产品控制指标。

③ 为重质碳酸钠控制指标。

原料，广泛应用于合成胶黏剂、高分子材料和防腐剂等，但在涉及日常生活的材料和制品中，若甲醛散发超标，就会危害人们的身体健康。为了控制木制品所用脲醛树脂胶黏剂中甲醛的散发，我国发布了《GB/T 23825—2009 人造板及其制品中甲醛释放量的测定》《SN/T 2086—2008 木制玩具中甲醛含量的测定》《SN/T 2611—2010 食品接触材料木制品中游离甲醛的测定》等一系列技术标准。这些标准资料中的分析检验方法与化工产品的检验基本相同，只是试样来源和化学成分含量不同。

另外，在市场经济条件下，有的不法商家为了追求高额利润，出现了违法添加甚至滥用化工产品的犯罪行为。例如，20 世纪就有某企业用工业乙醇勾兑饮料酒，由于工业乙醇中含有少量甲醇，导致饮用者中毒眼睛失明。2008 年还发生了一些乳制品中添加化工产品三聚氰胺的重大犯罪行为，给消费者身心健康造成严重危害，给中国乳品行业带来巨大损失。我国有关部门及时调查处理，发布了《GB/T 22400—2008 原料乳中三聚氰胺快速检测液相色谱法》的国家标准。采用标准方法检验，控制不合格产品，为保护人民安全和健康，提供有力支持。

三、国际贸易中化工产品的检验

我国加入世界贸易组织（WTO）以来，进出口商品的品种和数量逐年增加，其中化工产品占有较大份额。进口或出口的商品必须由权威部门批准并进行严格的检验。

国家市场监督管理总局根据进出口商品检验工作的实际需要和国际标准，制定进出口商品检验方法的技术规范和标准。凡列入《商检机构实施检验的进出口商品种类表》的进出口商品和其他法律、法规规定须经检验的进出口商品，必须经过出入境检验检疫部门或其指定的检验机构检验。我国规定需要检验的进出口化工产品有九类。

(1) 化肥类　包括尿素、硫酸铵、硝酸铵、氯化铵、磷酸盐、硝酸钾、副产硫铵、复合肥等，其检验内容有氮、磷、钾的含量、粒度、水分、杂质、色泽等。

(2) 农药类　包括杀虫剂、杀菌剂、除草剂、灭鼠剂等，检验内容包括有效成分含量、水分、密度、闪点、沸点、乳化性能等。

(3) 橡胶类　包括天然橡胶、天然乳胶、烟化胶片和标准胶等，检验内容是对抽取的样品进行化学分析和物理测定，作出评定。

(4) 塑料类　包括聚乙烯、聚丙烯、聚氯乙烯和聚酯等，检验内容有外观形态、色泽、颗粒度、密度、硬度、冲击强度和挥发物等。

(5) 石油及其产品　包括原油、汽油、煤油、柴油、燃料油、润滑油等。

(6) 化工原料　包括烧碱、氧化铅、苯酚和己内酰胺等，检验内容主要是纯度、光泽、水分、细度、熔点、杂质等。

(7) 芳香油及芳香物　包括薄荷原油与素油、薄荷脑、芳香桂油、茴油、黄樟油和白樟油等，检验内容有成分、含量、形状、香气色泽、折射率、含醇量等。

(8) 动植物油　包括牛羊油、精炼鱼油、亚麻油、棕榈油、菜油、豆油、可可油和椰子油等，检验内容有色泽、透明度、气味等。

(9) 化妆品类　包括香水、护肤化妆品和美发护发化妆品等，检验内容是香气、色泽、清晰度、水分及挥发物、活性物含量等，还要进行盛装容器的检验。

出入境检验检疫机构对进出口商品实施检验的内容，还包括是否符合安全、卫生、健康、环境保护、防止欺诈等要求。对进口商品，如包装有破损，数量短少，重量短缺，质量不达标等，根据客户要求可在核实证据的基础上出具索赔证书进行索赔；对出口商品，如检测结果不达标，根据出口商的申请，可二次取样进行复检。复检仍不达标时，不准出口。国家对重要出口商品实行质量许可制度。出入境检验检疫部门单独或会同有关主管部门共同负责发放出口商品质量许可证的工作，未获得质量许可证书的商品不准出口。

在国际市场上，除产品价格竞争、品牌竞争外，产品检验标准竞争日益激烈，它是一种更深层次、技术水平更高的竞争，因此，各国都非常重视标准化和质量检验工作。近年来，技术标准被一些国家用来实施贸易保护，它们往往以技术性贸易措施等非关税措施的面目出现，对我国产品出口以及产品进口造成了极大障碍。这就对我国产品的生产及检验标准提出了更高的要求。例如，自 2008 年 6 月起，欧盟实施了 REACH 法规，即欧盟《关于化学品注册、评估、授权与限制的法规》。这是欧盟对进入其市场的所有化学品进行预防性管理的一项化学品管理法律，主要对 3 万多种化学品及其下游的轻工、纺织、医药等产品的注册、评估、许可和限制等进行管理。在 2018 年 5 月 31 日前，年进口量为 1 吨以上的化学品已完成了注册，欧盟规定未注册化学品（进口量≥1 吨/年）将不允许投放欧盟市场。显而易见，欧盟 REACH 法规是一项贸易保护性法规，它将保持和提高欧盟化学工业的竞争力和竞争空间，对欧盟以外的化学品生产企业设置了较高的门槛，是真正的技术性贸易壁垒。但我们同时要看到欧盟 REACH 法规的积极方面。这项法规的目的在于保护人类健康和环境；增加化学品信息的透明度。REACH 法规还将促进化学工业的革新，使其生产更安全的产品，刺激竞争和增长。

目前我国已初步建立了贸易壁垒调查制度，我们要认真学习和掌握国际贸易的有关法律法规，确保进出口产品质量检验的科学性和准确性，不断增强我国化工产品在国内外市场上的竞争力和占有率。

四、分析检验中的质量保证

分析检验的目的是准确、快速且经济地提供有关试样的检验数据，如某种化工产品的纯度、杂质含量等。检验结果的报告在生产、科研、商业或法律方面具有重要的价值。如何衡量检验数据的质量呢？如果检验数据具有一致性，分析误差低于“允许差”要求，就认为检验工作的质量是合格的；反之，若分析数据过分离散或误差满足不了准确度要求时，就认为检验工作的质量是不合格的。这种“对某一产品或服务能满足规定的质量要求，提供适当信任所必需的全部有计划、有系统的活动”就是质量保证。质量保证的任务是将检验过程中所有的误差，包括系统误差、随机误差，甚至因疏忽造成的误差减小到预期的水平。质量保证的内容包括质量控制和质量评定两方面。

1. 分析检验中的质量控制

质量控制包括从试样的采集、预处理、分析测试到数据处理的全过程所遵循的步骤。质量控制的基本要素为人员、仪器、方法、试样、试剂和环境等。

（1）人员　检验人员的能力和经验是保证分析检验质量的首要条件，随着现代分析仪器的应用，对人员素质和技术能力提出了更高的要求。检验人员必须具有一定的分析化学知识并经过专门培训。

（2）仪器　实验室的仪器设备是分析检验不可缺少的物质基础。应根据实验任务的需要，选择适合的仪器设备，正确使用、保养，定期进行校准。

（3）方法　检验方法是否可靠将直接影响检验结果的准确度。对于同一物质，可能有几种不同的分析方法，其灵敏度和准确度有所不同，最成熟的是采用技术标准中规定的分析检验方法。

（4）试样　正确的采样和样品处理是获得正确的工业分析结果的前提条件。检验人员必须按照采样和制样规则取得具有代表性、均匀性和稳定性的分析样品。

（5）试剂　使用合格的试剂，尤其是基准物质，是减免分析误差的重要条件。国家技术监督局批准的“标准物质”，为不同时间与空间的测定取得准确、一致的结果提供了可能性。

（6）环境　实验室的空气污染、设备沾污是痕量分析误差的主要来源。保持一定的空气清洁度，稳定的湿度、温度及气压是获取可靠分析检验结果的环境条件。

2. 分析检验的质量评定

质量评定是对检验过程进行监督的方法，通常分为实验室内部和实验室外部两种质量评定方法。

（1）实验室内部质量评定　实验室内部可采用重复测定试样的方法来评价分析方法的精密度，用测定标准物质或内部参考标准物的方法来评定分析方法的系统误差；也可以利用标准物质，采用交换操作者、交换仪器设备的方法来评价分析方法的系统误差，从而找出系统误差是来自操作者，还是来自仪器设备。

（2）实验室外部质量评定　分析检验质量的外部评定可以避免实验室内部的主观因素，是实验室和检验人员水平鉴定、认可的重要手段。外部评定可采用实验室之间共同检验一个试样、实验室之间交换试样，以及检验从其他实验室得到的标准物质或质量控制样品的方法。标准物质为比较测定系统和比较各实验室在不同条件下测得的数据提供了可比性的依据，它已被广泛认可为评价测定系统最好的考核样品。

质量保证代表了一种新的工作方式。我国于1992年5月决定按照国际惯例等同采用ISO 9000《质量管理和质量保证》系列标准，发布了《中华人民共和国产品认证管理条例》，规定了实施ISO 9000系列标准的要求。2006年6月1日，我国发布《食品安全管理体系——食品链中各类组织的要求》（GB/T 22000—2006）。随着科学技术的发展，许多测定如商品贸易、环境监测等，往往需要由几个实验室、地区甚至国际性的协作来完成，对数据的可靠性和可比性也有更严格的要求，分析检验的质量保证工作变得更加重要。

第三节　化工产品检验的标准化

一、化工标准化的意义和特点

标准是对重复性事物和概念所做的统一规定。它以科学、技术和实践经验的综合成果为基础，经有关方面协商一致，由技术主管部门批准，以特定形式发布，作为共同遵守的准则和依据。为在一定范围内获得最佳秩序，对实际或潜在的问题制定共同的和重复使用的规则的活动，称为标准化。它包括制定、发布和实施标准的过程。标准化的重要意义是改进产品、过程和服务的适用性，防止贸易壁垒，促进技术合作。

化工标准化工作是我国标准化工作的重要组成部分，在全部国家标准和行业标准中，化工产品标准的数量占10%以上，在国际标准（ISO）中有关化工产品的标准也占10%以上。

化工标准化既有工业标准化的共性，又具有以下的行业特点。

1. 化工标准的专业性和配套性较强

化工产品的品种繁多，性能差异大，更新换代快，有关产品及其试验方法标准数量多、范围广、不断更新。化工各个专业甚至每种产品都有不同的采样和试样制备方法，专业与专业之间的标准既有共同之处，又有各自的特殊性。例如，农药专业有农药术语标准、农药产品标准；染料专业有染料及中间体检验标准。限于篇幅，本书主要介绍典型无机和有机化工产品的质量标准及检验方法。

2. 产品标准质量指标实行分档分级

一种化工产品往往有多种用途，不同的用户对同一产品的质量可能有不同的要求。因此在制定产品标准时应根据不同用途的需要，对产品质量指标进行分档分级，以免产品质量的过剩和不足。例如，磷酸氢钙既可作肥料，又可作饲料和食品添加剂，还可作为牙膏的原料。对于不同用途的磷酸氢钙，其质量指标显然是不同的。

3. 化工产品的质量特性有时采用代用指标

化工产品质量的优劣，往往是在使用和加工过程中才反映出来的。例如，评价漂白粉的质量主要是看它对织物的漂白能力如何，但在生产过程中难以测定其漂白能力。在制定漂白粉产品标准时，只能采用易于测定并能反映其特性的有效氯含量，作为代用指标。某些化工产品测定其密度、沸程、结晶点等物理参数作为代用指标。

4. 化工标准必须考虑安全和节能

化工产品多是易燃、易爆、有毒或有腐蚀性的物质，部分化工生产是在高温高压下进行的。化工标准应针对这些特点考虑安全和节能。为确保安全生产，需规定出相应的要求，如各种安全作业标准、“三废”排放标准等。同时要推广那些科学且行之有效的节能新工艺、新技术，以达到节约能源、降低消耗的目的。

5. 化工产品包装标准占有重要位置

化工产品有气体、固体、液体三种形态，并随外界温度、压力的变化可能有所变化，如热分解、裂变、聚合等。化工产品多属危险品，危害人身安全。因此，化工产品的包装标准极为重要，对每种化工产品都有具体的包装要求，如化肥包装标准、农药包装标准、纯碱包装标准等。为了引起人们的注意，国家规定了醒目的危险品包装标志，如“易燃”“易爆”“剧毒”等标志。

二、我国技术标准的种类和编号

我国现行技术标准种类繁多，数量很大。按标准内容可分为基础标准（如术语、符号、命名等）；产品标准（产品规格、质量、性能等）；方法标准（工艺方法、分析检验方法等）。按标准使用范围可分为国家标准、行业标准、地方标准和企业标准等。标准的本质是统一。不同级别的标准是在不同的范围内进行统一，不同类型的标准是从不同角度、不同侧面进行统一。

1. 国家标准

需要在全国范围内统一技术要求而制定的标准为国家标准。由国务院标准化行政主管部门（国家市场监督管理总局和国家标准化管理委员会）制定，统一编号。分为强制性标准和推荐性标准。强制性国家标准的代号为汉语拼音字母“GB”；推荐性国家标准的代号为“GB/T”。

国家标准的编号由国家标准的代号、国家标准发布顺序号和国家标准发布的年号构成。

强制性国家标准编号：

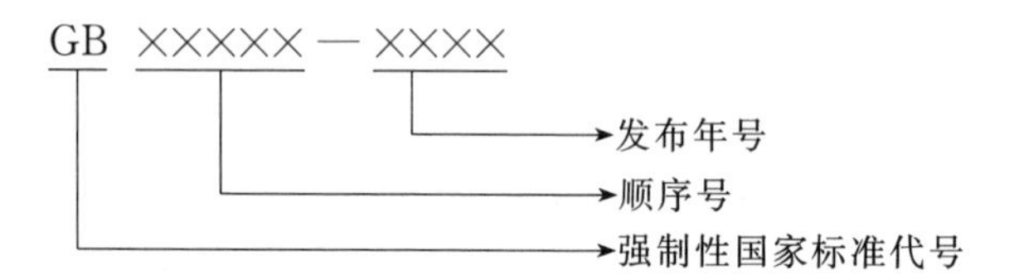

推荐性国家标准编号：

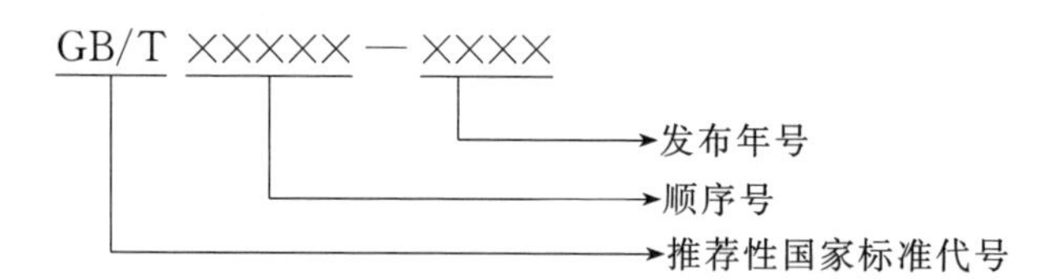

例如，GB 210.1—2004 工业碳酸钠（代替 GB 210—1992），表明了 2004 年我国国家标准化管理委员会发布的这份强制性国家标准，重新规定了工业碳酸钠的质量指标（见表 1-1）和分析检验方法，原有 1992 年发布的该产品标准同时作废。

2. 行业标准

对于没有国家标准而又需要在全国某个行业范围内统一的技术要求所制定的标准即为行业标准。行业标准也分为强制性标准和推荐性标准。行业标准由该标准的归口部门组织制定，由国家发展和改革委员会发布，并报国家标准委备案。

国家标准委规定了各个行业的标准代号，其中化工行业标准代号为汉语拼音字母“HG”，石油化工行业标准代号为“SH”等。行业标准的编号由行业标准代号、标准顺序号和标准发布年号组成，与国家标准编号仅区别在代号上。

例如，HG/T 2496—2006 漂白粉，表示该标准是2006年国家发改委发布的漂白粉推荐性化工行业标准。

3. 地方标准

对于没有国家标准和行业标准而又需要在省、自治区、直辖市范围内统一要求所制定的标准，为地方标准。地方标准也分为强制性标准和推荐性标准。地方标准由省、自治区、直辖市标准化行政主管部门统一编制计划、组织制定、审批、编号和发布。

强制性地方标准的代号由汉语拼音字母“DB”加上省、自治区、直辖市行政区划代码前两位数字组成，加斜线再加“T”则为推荐性地方标准代号。例如，吉林省代号为22000，吉林省强制性地方标准代号为DB 22，推荐性标准代号为DB 22/T。

地方标准的编号，由地方标准代号、地方标准顺序号和年号三部分组成。

4. 企业标准

对企业范围内需要协调、统一的技术要求、管理要求和工作要求所制定的标准为企业标准。企业标准由企业制定，由企业法人代表或法人代表授权的主管领导批准、发布。

企业标准的代号为汉语拼音字母“QB”，加斜线再加企业代号组成。企业代号可用汉语拼音字母或阿拉伯数字或两者兼用组成。企业标准的编号，由该企业的企业标准代号、顺序号和年号三部分组成，即

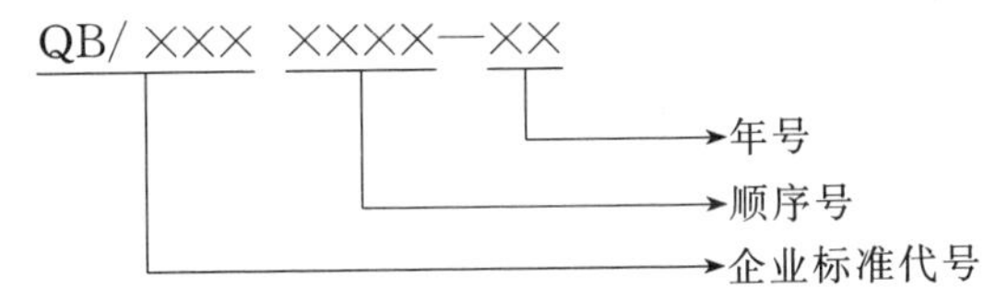

三、标准管理机构

1. 国家市场监督管理总局和国家标准委

中华人民共和国国家市场监督管理总局，是中华人民共和国国务院主管全国质量、计量和认证认可、标准化等工作，并行使行政执法职能的最高机构。按照国务院授权，将标准化行政管理职能，交给国家市场监督管理总局隶属的中国国家标准化管理委员会（中华人民共和国国家标准化管理局）简称国家标准委承担。

依据《中华人民共和国标准化法》及其实施条例，国家标准委负责起草、修订国家标准化法律法规的工作，拟定和贯彻执行国家标准化工作的方针和政策，拟定全国标准化管理规章，制定相关制度，组织实施标准化法律法规和规章制度。负责制定国家标准化事业发展规划，负责组织、协调和编制国家标准的制定和修订计划。负责组织国家标准的制定和修订工作，负责国家标准的统一审查、

批准、编号和发布。负责协调和管理全国标准化技术委员会的有关工作，协调和指导行业、地方标准化工作，负责行业标准和地方标准的备案工作。参加国际标准化组织（ISO）、国际电工委员会（IEC）和其他国际或区域性标准化组织的活动，负责组织 ISO、IEC 中国国家委员会的工作。负责管理国内各部门、各地区参与国际或区域性标准化组织活动的工作，负责签定并执行标准化国际合作协议。管理全国组织机构代码和商品条码工作。

2. 国际标准化组织

国际标准化组织（ISO）成立于 1947 年，总部设在瑞士日内瓦。其成员由来自世界上 100 多个国家的国家标准化团体组成，代表中国参加 ISO 的国家机构是中国国家标准化管理委员会。ISO 与国际电工委员会（IEC）有密切的联系，IEC 主要负责电工、电子领域的标准化工作，而 ISO 负责除电工、电子领域之外的所有其他领域的标准化工作。ISO 的宗旨是在全世界促进标准化工作的发展，以便于国际物资交流和服务，并扩大知识、科学、技术和经济领域中的合作。其主要活动是制定和出版 ISO 国际标准，采取措施以便在世界范围内实施；协调全球的标准化工作；组织各成员和各技术委员会进行技术交流；与其他国际组织进行合作，共同研究有关标准化问题。ISO 通过它的 2856 个技术机构开展技术活动，其技术活动的成果（产品）是“国际标准”。ISO 现已制定出国际标准一万多个，主要涉及各行各业各种产品（包括服务产品、知识产品等）的技术规范。

四、采用国际标准和国外先进标准

1. 国际标准和国外先进标准

国际标准包括以下三个方面。

① 国际标准化组织（ISO）和国际电工委员会（IEC）所制定的全部标准。

② 列入 ISO 出版的《国际标准题内关键词索引》（KWIC 索引）中的 27 个国际组织所制定的部分标准。

③ 其他国际组织制定的某些标准，如联合国粮农组织（UNFAO）标准，在国际上具有权威性。

国外先进标准的范围如下。

① 国际上具有权威的区域性标准，如欧洲标准化委员会（CEN）、欧洲经济共同体（EEC）等的标准。

② 世界主要经济发达国家的标准，如美国国家标准（ANSI）、英国国家标准（BS）、德国国家标准（DIN）、法国国家标准（NF）、日本工业标准（JIS）和俄罗斯国家标准（ГОСТ）等。

③ 国际上通行的团体标准，如美国材料与试验协会标准（ASTM）、美国石油学会标准（API）、美国化学会标准（ACS）、日本橡胶协会标准（SRIS）、日本食品添加剂公定书等。

2. 采用国际标准和国外先进标准的程度

《化工产品采用国际标准和国外先进标准工作细则》中规定，在采用国际标准的我国标准中，应说明采用程度。根据我国标准与被采用的国际标准之间技术内容和编写方法差异的大小，采用程度分为等同采用、等效采用和非等效采用三种。

① 等同采用是指技术内容完全相同，不做任何修改或稍做编辑性修改。等同采用的图式符号为“ ≡ ”，缩写字母为“idt”。

② 等效采用是指技术内容只有小的差异，编写不完全相同。等效采用的图示符号为“=”，缩写字母为“eqv”。

③ 非等效采用是根据我国实际情况，对技术内容做了某些变动。非等效采用的图示符号为“≠”，缩写字母为“neq”。

我国现行的国家标准大多都等同或等效于ISO国际标准。例如，化工产品中杂质铁含量的测定，从前用过几种不同的方法。1982年ISO发布了《工业用化学品　测定铁含量的一般方法 1,10-菲啰啉分光光度法》（ISO 6685—1982），之后我国等效继之等同采用了这一标准，发布并实施了《工业用化工产品　铁含量测定的通用方法 1,10-菲啰啉分光光度法》（GB/T 3049—1986 和 GB/T 3049—2006）。

近年来，我国标准制订和修订步伐明显加快，初步解决了标准缺失、老化、滞后等问题，国家标准与国际标准一致性水平大幅提升，采用国际标准的比例由加入世界贸易组织时的40%提升到现在的70%。中国标准化工作将进一步完善标准体系，提升标准化整体质量效益，继续保持较快的标准修订速度，推动实施国家标准化战略。

五、标准物质及其应用

1. 标准物质的概念

标准物质的英文名为 reference material（RM），原文含义为“参照物”。ISO 指南（1992）《标准物质常用术语及定义》中指出：“标准物质是具有一种或多种足够均匀的和很好确定特性值的材料或物质，可以用来校准仪器，评价测定方法和给材料赋值”。我国《标准样品工作导则（2）标准样品常用术语及定义》（GB/T 15000.2—2019）对有证标准物质（certified reference material，CRM）的定义为：有证标准物质是采用计量学上有效程序测定的一种或多种规定特性的足够均匀或稳定的材料，已被确定其符合测量过程的预期用途，并附有证书提供规定特性值及其不确定度和计量溯源性的陈述。

根据上述概念，标准物质具有以下基本特征。

① 标准物质的材质是均匀的。

② 标准物质在有效期内性能稳定，其特征量值保持不变。

③ 标准物质必须具有量值的准确性。

④ 标准物质须经过计量学上有效程序测定，并附有证书，说明该标准物质的标准值和定值准确度。

⑤ 标准物质符合的预期用途，可包括测量系统的校准、测量程序的评估、给其他材料赋值和质量控制。

2. 标准物质的种类和应用

标准物质是标准化技术发展到一定阶段的产物。当实施文字标准时，由于技术上的原因或经济效益方面的要求，必须采用标准物质才能达到预期目的。例如，早期对冶金样品进行分析时，分析方法慢而复杂，数据可靠性差，不能保证钢铁冶炼的质量；自从采用钢铁标准样品以后，分析速度和分析质量大为提高，从而极大地提高了钢铁冶炼质量和经济效益。由此，标准物质的研制和应用得到了迅速的发展。

1975 年国际标准化组织（ISO）成立了标准物质委员会（ISO/REMCO），将标准物质的管理纳入标准化管理的轨道。我国于 1988 年成立了“全国标准样品技术委员会”；1996 年为了更好地参与国际标准化活动，促进我国标准物质的管理与国际接轨，国家质量技术监督局批准成立了“ISO/REMCO 中国委员会”，协调我国与国际之间标准物质的技术交流活动。目前我国已能够生产、分发铁与钢、非铁合金、高纯金属、岩石土壤、气体、煤及焦炭、化工产品、生物等多类标准物质。化工产品的标准物质见表 1-2。在技术标准中规定的各项技术指标以及有关标准试验方法，凡需要标准物质配合才能确保这些技术标准的应用效果在不同时间、空间的一致性时，都应规定研制和使用相应的标准物质。

表 1-2　化工产品的标准物质

名　　称	国家标准编号	纯度/%
碳酸钠	GBW 06101a	99.995
乙二胺四乙酸二钠	GBW 06102	99.979
氯化钠	GBW 06103a	99.995
苯	GBW 06104	99.95
重铬酸钾	GBW 06105b	99.989
邻苯二甲酸氢钾	GBW 06106	99.998
草酸钠	GBW 06107	99.960
氯化钾	GBW 06109	K99.97;Cl 100.00
碘酸钾	GBW 06110	99.91
乙酰苯胺	GBW 06201	C71.09;H6.71;N10.36

标准物质的下列用途是显而易见的。

① 标准物质是检验、评价、鉴定新技术、新方法的重要手段。近年来国际上对新技术、新方法准确度及精密度的评价普遍采用标准物质。

② 标准物质常被用作校正用的基准物。如 pH 标准物质用来确定酸度计的 pH 刻度值；用氧化镨钕玻璃滤光器校准分光光度计的波长。

③ 标准物质用作确定物质特性量值的工作标准，是控制分析测试质量的有力工具。既可用于实验室内部的质量保证，又可用于不同时间和空间的实验室之间的检验质量评定。

④ 标准物质是进行技术仲裁的依据。

由此可见，标准物质是保证文字标准有效实施的实物标准。它是技术标准的另一种存在形式，它与文字标准合在一起构成完整的标准形态。利用标准物质测出数据的可比性，提供了在全国乃至全世界范围内进行技术协作的可能性。

第四节　化工产品检验的资料及运用

对于化工产品的检验，大多已有现成的方法和规程，这些资料可以从各种分析化学文献、手册和书籍中查到；但最直接最可靠的是由技术标准资料中查阅标准分析检验的方法。

一、利用计算机上网检索标准资料

随着计算机的发展和互联网的普及，人们可以通过计算机在互联网上方便地检索所需的标准技术资料。下面提供几个能够检索和下载标准技术资料的网站：

中国标准信息网　　http://www.chinaios.com
免费标准下载网　　http://www.zbgb.org
标准网　　http://www.standardcn.com
标准下载网　　http://www.bzxz.net
工标网　　http://www.csres.com
食品伙伴网下载中心　　http://down.foodmate.net

现以免费标准下载网为例，说明检索和下载标准资料的步骤。

① 打开电脑互联网浏览器，登录 http://www.zbgb.org 主页。

② 在检索栏中录入标准代号或关键词，点击“搜索标准”按钮，自动出现浏览器搜索到的一系列相关网页链接。选中所需要的网页链接，打开到该标准资料的简介网页。

③ 点击简介中的“进入标准全文下载地址列表”，展示本地下载界面；点击“下载地址一”或“下载地址二”，选定存储目录，该标准的压缩包被存入指定的文件夹。一般为 .pdf 格式文件。

[检索实例 1]　检索不同用途氢氧化钠的国家标准有哪些？工业用氢氧化钠和食品添加剂氢氧化钠的标准有什么差别？

登录 http://www.zbgb.org 主页，在检索栏中录入关键词“氢氧化钠”；点击“搜索标准”按钮，得到一组关于氢氧化钠标准的网页链接，其中包含：

① 免费下载 GB 209—2006 工业用氢氧化钠……

② 免费下载 CNS 24 工业用氢氧化钠……

③ 免费下载 HG/T 5041—2016 化妆品用氢氧化钠……

④ 免费下载 GB 5175—2008 食品添加剂 氢氧化钠……

⑤ 免费下载 GB 1886.20—2016 食品安全国家标准 食品添加剂 氢氧化钠……

⑥ 免费下载 JIS K8576—2006 氢氧化钠……

⑦ 免费下载 GB/T 11199—2006 高纯氢氧化钠……

⑧ 免费下载 GB/T 629—1997 化学试剂 氢氧化钠……

……

点击对应网页的链接，查阅标准简介，会发现有的标准已作废，被新标准替代。如②链接的网页中，标准状态为已作废，标准类别为台湾标准 CNS；⑥链接的网页中，标准类别为日本工业 JIS，为日本标准。查找过程中，要根据标准的时效和应用范围等找到符合需要的版本。

进一步，分别点击和下载查阅全文，对照工业用氢氧化钠和食品添加剂氢氧化钠标准的简介和全文，就会得知食品添加剂氢氧化钠较工业用氢氧化钠具有更严格的技术指标，要求采用更复杂的检测方法。

[检索实例 2] 现有一按 GB/T 3049—86 编制的分光光度法检验化工产品中微量铁的操作规程。想了解这方面是否有新的标准？新标准与旧标准的主要差异有哪些？

本例涉及的关键词较多，以标准代号检索更为简捷。登录工标网 http://www.csres.com，在检索栏中录入标准代号 GB/T 3049—86，点击“标准搜索”按钮后，得到一个表格，其中包含信息：

标准编号：GB/T 3049—86

标准名称：化工产品中铁含量测定的通用方法 邻菲啰啉分光光度法

发布部门：国家标准局

实施日期：1987-04-01

状态：作废

点击标准文字，进入其链接网页，可查看此标准相关的更具体信息。其中可见：“替代情况：替代 GB/T 3049—86；被 GB/T 3049—2006 代替”。即 GB/T 3049—86 已被 GB/T 3049—2006 代替。但使用工标网只能查找，不能免费下载标准全文。

登录免费标准下载网 http://www.zbgb.org，在搜索栏中输入“GB/T 3049—86”，点击“搜索标准”按钮后，得到下载链接，进行下载查阅。同样下载并查阅 GB/T 3049—2006 标准后，对比可知，新标准 GB/T 3049—2006 是等同采用国际标准 ISO 6685:1982。新标准与旧标准相比，主要变化是试验中所用试剂的浓度和用量有所改变；增加了光程为 4cm 或 5cm 的比色皿，取消了 0.5cm 和 3cm 光程的比色皿；规定显色时间不少于 15min；附录中关于干扰离子及消除方法也有所改变。显然，分析工作者应该按照新的国家标准编制操作规程。

[检索实例 3] 购得一洗涤用的漂白剂“过氧碳酸钠”，包装袋上标示为“低氧型"。不知该商品是否符合标准规定，如何检测?

登录免费标准下载网 http://www.zbgb.org，录入“过氧碳酸钠”，点击“搜索标准”后，得到一系列相关标准的网页链接，其中未见到这个产品的国家标准，但包括下面的链接：

免费下载 HG/T 2764—2013 工业过氧碳酸钠-ZBGB 国家标准行业标准……

点击下载这个化工行业标准可以看到，该产品按用途分为三类：Ⅰ类为非包衣型，Ⅱ类为包衣型，Ⅲ类为低氧型。按照标准规定的指标及检测方法，可测得其活性氧、铁、水分、磷的含量，以及 pH 和稳定性等。从而对该商品做出质量评定。

[检索实例 4] 欲检测食品中的甜蜜素含量，查阅相关检测方法和标准号。

登录食品伙伴网下载中心 http://down.foodmate.net，在检索栏中输入关键词“甜蜜素”；点击“搜索标准”按钮后，得到一组关于甜蜜素的标准的网页链接，其中标志为“现行有效”的标准有：

① GB 1886.37—2015 食品安全国家标准 食品添加剂 环己基氨基磺酸钠（又名甜蜜素）；

② DBS 52/007—2014 食品安全地方标准 白酒中甜蜜素、糖精钠、安赛蜜和三氯蔗糖四种甜味剂的测定方法 液相色谱-串联质谱法。

①、②标准分别是食品添加剂和白酒中四种添加剂的测定方法，不是所需的食品检测方法。再重新进入食品伙伴网下载中心网页，在检索栏中输入关键词“环己基氨基磺酸钠”；点击“搜索标准”按钮后，得到一组相关标准。在其中找到“GB 5009.97—2016 食品安全国家标准 食品中环己基氨基磺酸钠的测定”，符合需要。点击进入此标准链接，下载全文。

二、利用工具书籍查阅标准资料

查找化工技术标准资料，可以利用下列工具书。

1.《中华人民共和国国家标准目录和信息总汇》(2009)

该书由国家标准化管理委员会编写，中国标准出版社出版。

全书由四部分组成：国家标准专业分类目录（中、英文）；被废止的国家标准目录；国家标准修改、更正、勘误通知信息以及索引。其中国家标准专业分类目录按中国标准文献分类法（CCS）编排，收录截至 2008 年底前批准发布的现行国家标准 23025 项。

2.《化学工业国家标准和行业标准目录》(2009)

该书由全国化学标准化技术委员会编写，中国标准出版社出版。

全书由四部分组成：按中国标准文献分类法编入化工专业的国家标准和行业

标准目录；按中国标准文献分类法编入相关专业的化工国家标准和行业标准目录；化学工业国家标准、行业标准顺序目录和石化行业工程建设标准目录。收录了截至2008年年底化工专业及相关的国家标准和行业标准目录。

3. 国家标准和行业标准单行本

我国国家标准委发布的最新技术标准，一般是以单行本形式由中国标准出版社出版，出版情况通过《中国标准导报》和《中国标准化》杂志公布。

4.《化学工业标准汇编》

化学工业标准汇编汇集了国家标准委批准发布的全部化学工业现行国家标准和行业标准，由全国化学标准化技术委员会组织编写，中国标准出版社出版，按专业细目不同分编成若干册。近年来，这套汇编陆续进行修改和补充，以下列出了较新版本的名称和出版年代。

标准	名　称	年代
化学工业标准汇编	无机化工产品卷	2010
	单质和氧化物分册	
	酸和碱分册	
	盐分册（上）（下）	
化学工业标准汇编	无机化工方法卷	2010
	通用方法分册	
	产品方法分册（上）（下）	
化学工业标准汇编	化肥	2000
化学工业标准汇编	化学原料矿	1998
化学工业标准汇编	有机化工产品卷	2006
化学工业标准汇编	有机化工方法卷	2006
化学工业标准汇编	涂料与颜料（上）（下）	2003
化学工业标准汇编	染料中间体产品卷	2007
化学工业标准汇编	橡胶原材料（一）（二）（三）（四）	2011
化学工业标准汇编	橡胶物理和化学试验方法（上）（下）	2008
化学工业标准汇编	橡胶和塑料助剂	2003
化学工业标准汇编	胶黏剂	2005
化学工业标准汇编	水处理剂和工业用水水质分析方法	2007
化学工业标准汇编	催化剂 分子筛	2000
化学工业标准汇编	气体	2002
化学工业标准汇编	化学试剂	2001
化学工业标准汇编	化工术语卷	2009

[查找实例1]　查找工业硫酸的质量标准和检验方法　首先查《中华人民共和国国家标准目录和信息总汇》，在第一部分国家标准专业分类目录“G. 化工”

中无机化工单元，可以查到：GB/T 534—2014 工业硫酸。

根据这个标准编号和标准名称，查找《化学工业标准汇编　无机化工产品卷》酸和碱分册，即查到该标准全文。可知，原有 GB/T 534—2002 已被这个新标准代替。新标准规定了工业浓硫酸的质量指标 8 项和发烟硫酸的质量指标 5 项，如酸碱滴定法测定主成分硫酸含量、1,10-菲啰啉分光光度法测定铁含量等。

[查找实例 2]　查找工业 1,2-二氯乙烷的质量标准和检验方法　首先查《中华人民共和国国家标准目录和信息总汇》，没有查到此项内容。再查《化学工业国家标准和行业标准目录》在其“G16. 基本有机化工原料”单元中查到：HG/T 2662—95 工业 1,2-二氯乙烷。

根据这个标准编号和标准名称，查找《化学工业标准汇编　有机化工产品卷》，即查到该标准全文。可知，该产品没有更新的标准发布，目前仍执行 1995 年的化工行业标准，其主要检测项目是气相色谱法测定主成分和微量水分。

三、标准检验规程的解读和应用

查到化工产品的质量标准和检验规程以后，切不可盲目“照方抓药”，急于测定试样。应该深刻理解检验规程的内涵和对分析工作者操作技能的要求，认真做好各项准备工作，方可应用于实际产品的检验。

对于样品或某个项目的测定，首先要弄懂和掌握以下几个方面。

1. 解读方法原理

标准分析规程文字精练、严谨，主要讲述如何操作，原理方面叙述不多。作为中、高级分析化验人员，应该运用分析化学基础知识理解有关的方法原理。

2. 熟练操作技能

对于与测定工作相关的操作技能，必须预先掌握并运用自如。例如，对于化学定量分析项目，必须能够正确使用烘箱和干燥器；熟练使用分析天平，掌握称取试样的方法；熟练掌握滴定管、吸管、容量瓶等玻璃仪器的操作，会配制试剂溶液和标准溶液。对于仪器分析项目，还要熟练掌握相关物理参数测定仪、分光光度计、色谱仪等分析仪器的调试和操作技术，确保分析的准确性。

3. 应用于样品检验

在具备必要的理论知识和操作技能的基础上，准备好所需的仪器和试剂，按检验规程一丝不苟地进行操作，并计算和表述分析结果。当平行样的测定结果符合允许差要求时，才能报告检验结果。

应该指出，标准检验方法都是经过多次试验、普遍公认的方法。如果实际样品的检验结果重现性不好，出现较大的偏差，首先要从主观上找原因，如操作是否有失误之处，所用试剂浓度是否准确等。可以在不同的分析人员或不同实验室之间进行校核。

综上所述，为了圆满地完成一个检验任务，不仅在检验过程中要熟练运用操作技术，而且事先必须做好规程解读和技能训练。下面举例说明如何进行检验规程的解读。

【例1-1】 以GB/T 210.2—2004工业碳酸钠产品标准中规定的“总碱量（干基计）测定”项目为例，说明如何解读和应用标准检验规程。标准原文（部分）如下。

> **分析步骤：**
>
> 称取约1.7g于250～270℃下加热至恒重的试样，精确至0.0002g。置于锥形瓶中，用50mL水溶解试料，加10滴溴甲酚绿-甲基红混合指示液，用盐酸标准滴定溶液［c(HCl)＝1mol/L］滴定至溶液由绿色变为暗红色，煮沸2min，冷却后继续滴定至暗红色为终点。同时做空白试验。

首先，分解检验规程，本项测定主要包括的步骤是：称量→溶解→滴定。因此，需要解读以下几个要点：

① 试样为什么预先要做干燥处理？干燥过程中会发生哪些变化？

② 称量试样采用的是哪种称量方法？为什么？

③ 采用溴甲酚绿-甲基红混合指示剂有什么优点？变色点pH如何？

④ 滴定终点前为什么要煮沸2min？煮沸过程中会发生什么变化？

⑤ 同时做空白试验有什么意义？

弄清这些问题才能取得分析检验的主动权。通过查阅相关资料，认真思考或讨论后，可解读出上述问题的答案：

① 工业碳酸钠产品的试样中含有水分，称量的质量不准确。并且，标准中要求，测定的总碱量要以干基计。干燥过程中，试样会失去水分，得到纯化。

② 称量试样采用的是差减称量法。工业碳酸钠产品易吸湿、易与空气中CO_2反应，差减称量法可减少试样在称量过程中吸收水和二氧化碳气体，称量更准确。

③ 采用溴甲酚绿-甲基红混合指示剂，变色范围窄，颜色的对比明显，可使滴定终点时的变色更敏锐。变色点pH为5.1，变色范围为5.0～5.2。酸式色为酒红色（红稍带黄色），碱式色为绿色，中间色为浅灰色。

④ 滴定过程中，通过滴定反应产生的CO_2，一部分溶解到水溶液中为碳酸，影响滴定终点的观察，终点前要煮沸2min，使碳酸分解，将CO_2完全释放到空气中，再滴定时可得到准确的终点。

⑤ 做空白试验，即不加入样品，其他测定步骤与样品测定相同。此时测定值，是测定过程加入的试剂和外部杂质等所引入的误差引起的，称为空白值。采用样品测定结果减去空白值，即可修正测定结果。另外，观察空白值的大小还能够及时发现外部干扰，及时调整。

【例1-2】 以GB/T 210.2—2004工业碳酸钠产品标准中规定的“铁含量的测定”项目为例，说明如何解读和应用标准检验规程。标准原文（部分）如下。

分析步骤：

称取 10g 试样，精确至 0.01g，置于烧杯中，加少量水润湿，滴加 35mL 盐酸溶液（1＋1），煮沸 3～5min，冷却（必要时过滤），移入 250mL 容量瓶中，加水至刻度，摇匀。

用移液管移取 50mL 试验溶液，置于 100mL 烧杯中；另取 7mL 盐酸溶液（1＋1）于另一烧杯中，用氨水（2＋3）中和后，与试验溶液一并用氨水（1＋9）和盐酸溶液（1＋3）调节 pH 值为 2（用精密 pH 试纸检验）。分别移入 100mL 容量瓶中，各加 2.5mL 抗坏血酸溶液（20g/L），摇匀，再加 10mL 乙酸-乙酸钠缓冲溶液（pH≈4.5），5mL 邻二氮菲溶液（2g/L），用水稀释至刻度，摇匀。

选用 3cm 吸收池，以水为参比，测定试验溶液和空白试验溶液的吸光度。用试验溶液的吸光度减去空白试验溶液的吸光度，从工作曲线上查出相应的铁的质量。

首先，分解检验规程，本项测定主要包含的步骤是：称量→溶解→调整 pH→显色反应→分光光度法定量分析。因此，需要解读以下几个要点。

① 为什么称取 10g 纯碱样品（精确至 0.01g）？用什么天平和方法称取？

② 为什么要滴加 35mL 盐酸溶液（1＋1）？为什么煮沸 3～5min？

③ 另取 7mL 盐酸溶液（1＋1）置烧杯中做同样处理（划线部分），配制此溶液有何作用？

④ 为什么要用氨水（1＋9）和盐酸溶液（1＋3）调至 pH 为 2？

⑤ 加入 2.5mL 抗坏血酸溶液（20g/L）、10mL 乙酸-乙酸钠缓冲溶液（pH≈4.5）和 5mL 邻二氮菲溶液（2g/L）各起什么作用？

解读这项检验规程，必须熟悉仪器分析中分光光度法的原理。样品用盐酸溶解，溶液为无色，需要通过适当的反应来显色，才能使用可见分光光度法来定量分析。测定过程需要采用适当的参比溶液。如此思考，得出要点问题的答案。

① 纯碱中铁是杂质，含量很少，称取试样多相对误差小。可以用精确至 0.01g 的工业天平，采用减量法称样。

② 通过计算可知 10g 纯碱完全中和需要 32mL 盐酸溶液（1＋1），为了使反应完全，盐酸过量 3mL。煮沸可使溶解完全并除去反应生成的 CO_2。

③ 这个溶液做参比溶液，即空白试验溶液。试样溶解后，是取其 1/5 制备显色溶液，含有 7mL（1＋1）盐酸。因此，取相同量的盐酸来制备参比溶液，与样品溶液的环境相近，以消除可能引入的试剂误差。

④ 酸度高可避免生成 $Fe(OH)_3$ 或 $Fe(OH)_2$ 沉淀，调节酸性至 pH＝2，从而使下一步 Fe^{3+} 还原为 Fe^{2+} 的反应进行完全。

⑤ 邻二氮菲与亚铁 Fe^{2+} 发生显色反应，抗坏血酸的作用是还原 Fe^{3+} 为 Fe^{2+}；乙酸-乙酸钠缓冲溶液可保持溶液 pH≈4.5，这是显色反应最适宜的酸度条件。

第五节　化工产品检验的程序和技术

化工产品检验技术包括定性鉴定和定量分析技术。如果怀疑一批产品的真伪，首先需要进行定性鉴定。一般来说，对于指定的产品往往只需对各项质量指标进行定量测定，根据测定结果确定产品质量等级。因此，化工产品质量检验的一般程序如下：

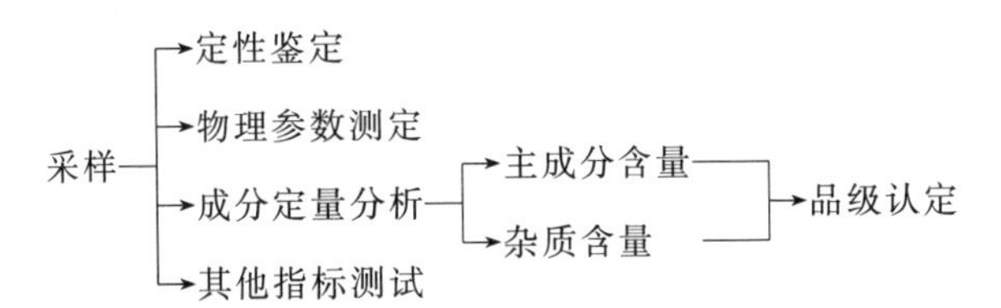

一、化工产品的采样

从待检验的大宗物料中取得分析试样的过程称为采样。采样的目的是采取能代表原始物料平均组成的少量分析试样。化工产品有固体、液体和气体，有均匀的和不均匀的。显然，应根据产品的性质、均匀程度、数量等决定具体的采样和制样步骤。国家标准对化工产品的采样原则和方法做了明确规定，其最新版本如下：

GB/T 6678—2003　化工产品采样总则

GB/T 6679—2003　固体化工产品采样通则

GB/T 6680—2003　液体化工产品采样通则

GB/T 6681—2003　气体化工产品采样通则

除了这些通则规定以外，对于指定的某种化工产品，在其产品标准中补充说明了采样的特殊要求，分析工作者必须严格执行。

二、定性鉴定技术

一种未知物的定性分析是十分复杂的工作，不在本书讨论之列。一种化工产品的定性鉴定主要是检验其主成分是否与产品名称相符合。比较简单且实用的方法是利用产品主成分与某种试剂所发生的特征化学反应，观察反应的外部特征进行定性鉴定。

（1）有颜色变化　如在水溶液中 Fe^{3+} 与 SCN^{-} 作用生成血红色配合物 $Fe(SCN)_3$，利用这一反应可鉴定 Fe^{3+}；甲醛在硫酸溶液中与变色酸作用，呈现亮紫色，可用于鉴定甲醛。

（2）有沉淀生成　如 SO_4^{2-} 与 Ba^{2+} 作用生成白色的 $BaSO_4$ 沉淀，该沉淀不溶于酸，可用于鉴定硫酸盐或钡盐；苯胺在盐酸水溶液中与 $K_2Cr_2O_7$ 和 $CuSO_4$

反应，析出苯胺黑絮状物，可证实苯胺存在。

(3) 有气体生成　如在含有 CO_3^{2-} 的溶液中加入盐酸，即有 CO_2 气体产生，将生成的 CO_2 气体导入澄清的石灰水中，由于生成难溶的 $CaCO_3$，使石灰水变浑浊。

$$CO_3^{2-} + 2H^+ \longrightarrow CO_2 \uparrow + H_2O$$

$$CO_2 + Ca(OH)_2 \longrightarrow CaCO_3 \downarrow + H_2O$$

利用这两个反应可以鉴定可溶性碳酸盐。

(4) 焰色反应　该法是用盐酸润湿的铂丝，先在无色火焰上灼烧至无色，再蘸取样品溶液或粉末，在无色火焰上灼烧。根据这时火焰呈现的颜色确定试样的成分，主要适用于一些金属及其盐的鉴定，见表 1-3。

表 1-3　金属及其盐的焰色

物　质	焰　色	物　质	焰　色
钾及其盐	紫色	锶及其盐	深红色
钠及其盐	黄色	钙及其盐	橙红色
钡及其盐	绿色	铜及其盐	绿色

一种化工产品的定性鉴定，往往需要从不同角度进行试验，之后做出综合判断。例如，试样的焰色反应试验呈现黄色火焰；该试样与酸作用生成的气体又使石灰水变浑浊，即可确定试样为碳酸钠。某些有机物的鉴定还需要配合测定物理参数，以得到可靠的鉴定结果。

三、物理参数测定技术

众所周知，纯水的沸点为 100℃，冰点为 0℃。如果向水中加入少量盐，就会导致沸点升高和冰点下降，这是由于少量盐的存在影响了水分子间的相互作用。类似地，化工产品的纯度或者说杂质含量，与其物理参数有着密切的关系。特别是某些有机化工产品，不便于对其主成分和杂质的含量一一进行测定，在这种情况下物理参数的测定就成为标志产品质量的重要指标。

化工产品检验中涉及的物理参数有密度、熔点、结晶点（凝固点）、沸点、沸程、折射率、电导率、旋光度、黏度、闪点和燃点等。在现行国家标准中规定了一些物理参数的测定方法和技术要求。例如：

GB/T 4472—2011　化工产品密度、相对密度的测定

GB/T 7534—2004　工业用挥发性有机液体　沸程的测定

GB/T 6488—2008　液体化工产品　折光率的测定（20℃）

这些物理参数的测定原理、仪器和操作技术将在第二章中进行讨论。关于黏度、闪点和燃点的测定，在石油产品检验中应用较多，本书从略。

四、定量分析技术

1. 定量分析的常用方法

测定试样中化学成分的含量即进行定量分析，是化工产品检验中最重要的内

容。按照分析原理和操作技术的不同，定量分析方法分为化学分析法和仪器分析法两大类。

化学分析以物质的化学计量反应为基础。

$$待测组分+试剂 \longrightarrow 反应产物$$

若采用滴定的方式，根据试剂溶液的用量和浓度计算待测组分的含量，即称为滴定分析法；若根据称量反应产物的质量来计算待测组分的含量，则称为称量分析法。

仪器分析是以物质的物理或物理化学性质为基础的分析方法。因这类方法需要使用光、电、电磁、热等测量仪器，故称为仪器分析法。现代仪器分析包括多种检测方法，目前在化工产品检验中应用较多的是分光光度法、电位分析法和气相色谱法。

化学分析和仪器分析两种方法的对比情况见表 1-4。

表 1-4　化学分析和仪器分析方法原理和分类

分析方法	原理	成分含量	相对误差	基本仪器	方法分类
化学分析	基于化学反应的计量关系	含量 1% 以上，常量分析	<0.2%	简单玻璃仪器	滴定分析；称量分析法
仪器分析	基于物质的物理、物理化学性质及参数的变化	微量或痕量分析	可达 2%～5%	较复杂特殊的分析仪器	电化学法、光谱法、色谱法、质谱法等

2. 定量分析的一般过程

定量分析的多数方法就其本质来说，都是进行相对测量。可以概括为以下一般过程。

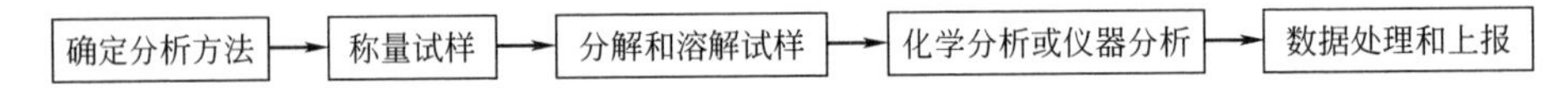

(1) 确定方法，准备标准溶液和有关试剂　标准溶液是与试样中待测组分“相对比较”的物质。在滴定分析中称为“标准滴定溶液”更为确切，它要与试样中的待测组分发生定量化学反应；在仪器分析中，标准溶液是已知浓度的待测组分的溶液。标准溶液浓度的准确度至关重要。

(2) 准确计量分析试样，并处理成可供测量的状态　多数情况下需用分析天平准确称量一定质量的试样，用水或其他溶剂溶解，并处理成可供测定的状态；或定容后分取一定体积的试样溶液。有些液体产品可以准确量取一定体积的试样。试样量计量的准确度应与所采用分析方法的准确度相符合。

(3) 进行定量测定　按所选用方法的操作步骤，加入必要的辅助试剂，进行定量测定。如滴定、显色及测定吸光度等。其中最关键的是相对测量“条件”和

"终点"的掌握。在滴定分析中要找准滴定终点；在光度分析中要注意标准溶液与试液的测量条件必须一致。

(4) 计算和表述定量分析结果　将测定过程中记录的数据代入相应的计算式或查对工作曲线，求出试样中待测组分的含量。计算中应注意有效数字的保留必须与测定方法的准确度相适应。对于一个定量分析项目，一般要做 2～3 个平行样。技术标准中规定了平行样品测定的允许偏差，如果平行样测定结果的绝对偏差在允许差范围内，可以取其平均值报告分析结果。否则，应该查找原因后重做试验。

3. 定量分析结果的表述

定量分析的结果，有多种表述方法。按照我国现行国家标准的规定，应采用质量分数、体积分数或质量浓度加以表述。

(1) 质量分数 (w_B)　物质中某组分 B 的质量 (m_B) 与物质总质量 (m) 之比，称为 B 的质量分数。

$$w_B=\frac{m_B}{m} \tag{1-1}$$

其比值可用小数或百分数表示。例如，某纯碱中碳酸钠的质量分数为 0.9820 或 98.20%。在一些资料中往往直接写成质量百分数，如 98.20%。

(2) 体积分数 (φ_B)　气体或液体混合物中某组分 B 的体积 (V_B) 与混合物总体积 (V) 之比，称为 B 的体积分数。

$$\varphi_B=\frac{V_B}{V} \tag{1-2}$$

其比值可用小数或百分数表示。例如，某天然气中甲烷的体积分数为 0.93 或 93%；工业乙醇中乙醇的体积分数为 0.95 或 95.0%。

(3) 质量浓度 (ρ_B)　气体或液体混合物中某组分 B 的质量 (m_B) 与混合物总体积 (V) 之比，称为 B 的质量浓度。

$$\rho_B=\frac{m_B}{V} \tag{1-3}$$

其常用单位为克每升 (g/L) 或毫克每升 (mg/L)。例如，乙酸溶液中乙酸的质量浓度为 360g/L；生活用水中铁含量一般小于 0.3mg/L。在定量分析中，一些杂质标准溶液的含量或辅助溶液的含量也常用质量浓度表示。

五、产品等级和检验报告

按照我国"工业产品质量分等导则"的规定，工业产品质量水平划分为优等品、一等品和合格品三个等级。

(1) 优等品　其质量标准必须达到国际先进水平，且实物质量水平与国外同类产品相比达到近 5 年内的先进水平。

(2) 一等品　其质量标准必须达到国际一般水平，且实物质量水平达到国际同类产品的一般水平。

(3) 合格品　按我国现行标准（国家标准、行业标准、地方标准或企业标准）组织生产，实物质量水平必须达到相应标准的要求。

若产品质量达不到现行标准，则为废品或等外品。

化工产品检验过程中要如实做好原始记录，如称样量、标准溶液浓度和用量、分光光度计读数、气相色谱图及校准曲线等。要按照规定的数据处理方法计算出每一项目的检验结果，填写到检验报告单中。报告单要写明产品名称、来源、采样日期和执行的产品标准，将每一检验项目的标准要求指标与样品检验结果比较，判定是否达标。综合所有项目的检验结果，确定产品的质量等级，做出明确的结论。采样人、检验员和审核人要对报告单负责。

下面给出化工产品检验报告单的一种参考格式。

化工产品检验报告单

产品名称：　　　　执行标准：

产品来源：　　　　采样日期：

序号	检验项目	标准要求	检验结果	判定
1				
2				
3				
4				
5				
6				
7				
8				
结论				

采样人：　　　　检验员：　　　　审核人：

检验单位：

报告日期：

复习与测试

一、填空题

1. 化学工业的原料资源包括（　　　　）、（　　　　）、（　　　　）和（　　　　）。

2. 化学工业的主要产品可分为（　　）和（　　）两大类。

3. 强制性国家标准代号为（　　），推荐性国家标准代号为（　　），化工行业标准代号为（　　）。

4. 我国技术标准分为（　　）、（　　）、（　　）和（　　）四级。

5. 我国采用国际标准和国外先进标准的程度分为（　　）、（　　）和（　　）三种情况。

6. 检索化工技术标准的常用工具书有（　　）、（　　）和（　　）。

7. 化工产品定量分析的结果可用（　　）(w)、（　　）(φ)和（　　）(ρ)加以表示。

8. 我国工业产品质量分为（　　）、（　　）、（　　）三个等级。

二、问答题

1. 化工产品有哪些种类？举例说明化工产品在工农业生产和人民生活中的应用。

2. 分析检验在化工生产、产品流通和国际贸易中的作用如何？

3. 分析检验中的质量保证包含哪些内容？建立质量保证体系有何重要意义？

4. 国际贸易中的“技术壁垒”是什么意思？产品质检工作应如何为市场服务，为国际贸易服务？

5. 什么是标准？什么是标准化？化工标准化有哪些特点？

6. 什么是标准物质？说明其基本特征和主要用途。

7. 技术标准的编号是如何构成的？举例说明。

8. 化工技术标准资料有哪些？如何检索所需的化工产品质量标准和分析检验方法？

9. 我国工业产品质量分为几个等级？每个等级的基本要求如何？

10. 化工产品标准中的技术要求一般包括哪些内容？如何根据分析测试结果进行产品品级鉴定？

11. 试查阅下列化工产品的国家标准或行业标准，分别指出其产品检验所需的方法。

碳酸钠	过氧化氢	氧化镁	乙酰乙酸乙酯
浓硝酸	季戊四醇	硫酸铜	异丁醇
冰醋酸	苯胺		

12. 试从互联网上检索第11题所列化工产品的标准编号及相关说明。

13. 如何解读化工产品标准中指定的检验规程？试解读工业浓硝酸的检验规程。

14. 化工产品检验的一般程序如何？

15. 化工产品采样的原则要求如何？这方面国家标准有哪些规定？

16. 化工产品定性鉴定的含义如何？举例说明其常用技术。

17. 测定物理参数为什么能表述化工产品的质量？举例说明。

18. 化工产品定量分析的常用方法有哪些？试说明定量分析的一般过程。

19. 如何表示化工产品定量分析的结果？说明其常用符号和所用单位。

20. 现有一工业碳酸钠产品，经检验后获得下列数据。试鉴定该产品等级。

总碱量（Na_2CO_3）	98.82%	铁（Fe）	0.005%
氯化物（NaCl）	0.88%	水不溶物	0.10%

21. 化工产品使用说明书一般包括哪些内容？

22. 化工产品质量检验报告必须包含哪些项目？如何根据数据对比确定产品的质量等级？

第二章 化工产品物理参数测定技术

第一节 液体化工产品密度的测定

一、基本概念

密度是质量除以体积，常用符号 ρ 表示，其单位为 g/cm^3 或 g/mL。

$$\rho=\frac{m}{V} \tag{2-1}$$

式中 m——物质的质量，g；

V——物质的体积，cm^3 或 mL。

由于物质的体积随温度而改变，物质的密度也随之改变，故以此表示密度必须注明温度。国家标准规定液态化工产品的密度系指在20℃时单位体积物质的质量。若在其他温度下测定，则必须注明温度或换算为20℃时的密度值。

在实际工作中有时使用相对密度。相对密度是指在给定条件下，某一物质的密度与4℃水的密度的比值，以符号 d 表示（量纲为1）。表示相对密度也要注明温度。

密度是液态化工产品重要的物理参数之一。测定密度可以区分化学组成相似而密度不同的液体物质，鉴定液体产品的纯度以及某些溶液的浓度。因此，在化工产品检验中密度是许多液体产品的质量控制指标之一。测定液体化工产品的密度，可用密度瓶法、韦氏天平法和密度计法。

二、密度瓶法

1. 原理

在规定温度20℃时，分别测定充满同一密度瓶的水及试样的质量，由水的质量和密度可以确定密度瓶的容积即试样的体积；根据试样的质量和体积即可计算出试样的密度。

2. 仪器

(1) 密度瓶　标准型密度瓶如图2-1(a)所示，是一个带有侧管，尖端为毛细管状，中间为一带有玻璃磨口温度计的小瓶。温度计的分度值为0.2℃，瓶的容积为25～50mL或15～25mL。

普通型密度瓶如图2-1(b)，是一个带有狭窄毛细孔的磨口玻璃塞小瓶，其容积为25～50mL。

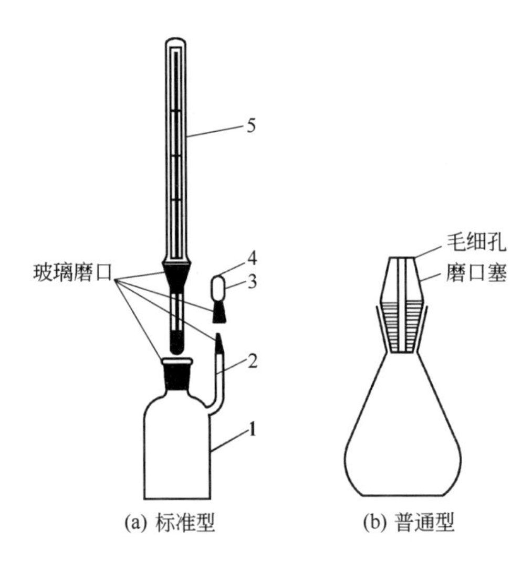

图2-1　密度瓶

1—密度瓶主体；2—侧管；3—侧孔；4—侧孔罩；5—温度计

(2) 恒温水浴。

3. 操作

① 将密度瓶洗净并干燥，连同温度计、侧孔罩等附件一起称量其质量。

② 取下温度计和侧孔罩，用新煮沸并冷却至约20℃的蒸馏水充满密度瓶，不得带入气泡。装上温度计，将密度瓶置于(20.0±0.1)℃的恒温水浴中约20min，至密度瓶中液体温度达到20℃，并使侧管中的液面与侧管管口对齐，立即盖上侧孔罩，取出密度瓶，用滤纸擦干其外壁上的水，迅速称量其质量。

③ 将密度瓶中的水倒出、干燥。用待测液体试样代替水，重复以上操作，称量出待测液体试样的质量。

4. 计算

液体试样在 20℃时的密度按式(2-2) 计算：

$$\rho=\frac{m_1}{m_2}\times 0.9982 \tag{2-2}$$

式中 m_1——20℃时充满密度瓶的液体试样的质量，g；

m_2——20℃时充满密度瓶的水的质量，g；

0.9982——20℃时水的密度，g/cm^3。

5. 应用

密度瓶法是测定液体试样密度最常用的方法，可以准确测定非挥发性液体试样的密度。例如，在有机化工产品异丁醇、辛醇、乙二醇、甘油、环己酮的质量检验中，都有密度瓶法测定其密度的检验项目。

本法不适宜测定易挥发性液体试样的密度。

三、韦氏天平法

1. 原理

根据阿基米德定律，当一物体完全浸入液体中时，它所受到的浮力与其排开液体的质量成正比。在一定温度（20℃）下，分别测量同一物体（玻璃浮锤）在水和液体试样中所受到的浮力，由于浮锤排开水和液体试样的体积相同，因此根据水的密度以及浮锤在水与液体试样中所受到的浮力，即可计算出液体试样的密度。

2. 仪器

(1) 韦氏天平　如图 2-2 所示。

(2) 恒温水浴。

3. 操作

① 检查仪器各部件是否完整无损，用清洁的细布擦净金属部分，用乙醇擦净玻璃筒、温度计、玻璃浮锤，并干燥。

② 将仪器置于稳固的平台上，如图 2-2 所示安装韦氏天平。将浮锤用细铂丝悬于天平横梁末端的小钩上，调节底座上的调节螺钉，使天平横梁左端指针与固定指针水平对齐，以示平衡。

③ 向玻璃筒内缓慢注入预先煮沸并冷却至约 20℃的蒸馏水，使浮锤全部浸入水中，不得带入气泡，浮锤不得与筒壁或筒底接触。将玻璃筒置于（20.0±0.1)℃的恒温水浴中 20min，然后由大到小将骑码加在横梁的 V 形槽上，使指针重新水平对齐，记录骑码的读数。

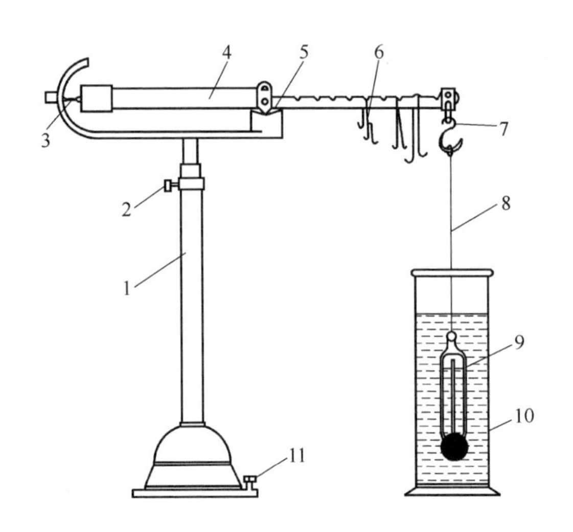

图 2-2　韦氏天平

1—支架；2—调节器；3—指针；4—横梁；5—刀口；6—骑码；
7—小钩；8—细铂丝；9—浮锤；10—玻璃筒；11—调节螺钉

④ 将玻璃浮锤取出，倒出玻璃筒内的水。玻璃筒和浮锤用乙醇洗涤，干燥。

⑤ 在相同的温度下，用试样代替水重复以上操作。记录浮锤浸于试样时的骑码读数。

4. 计算

液体试样在 20℃时的密度按式(2-3) 计算：

$$\rho=\frac{m_1}{m_2}\times 0.9982 \tag{2-3}$$

式中　m_1——浮锤浸于试样中时的骑码读数；

m_2——浮锤浸于水中时的骑码读数；

0.9982——水 20℃时的密度，g/cm^3。

5. 应用

本法适用于测定易挥发性液体的密度。例如，在有机化工产品乙酸乙酯、乙酸丁酯、吡啶、三氯乙烯的质量检验中都有用韦氏天平法测定密度的检验项目。

四、密度计法

1. 仪器

密度计是根据浮力原理设计的直接测量液体相对密度的仪器。单支密度计为中空玻璃浮柱，上部有刻度标线，下部装有铅粒形成重锤，能使其直立于液体中。液体的密度越大，密度计在液体中漂浮得越高。一套密度计由不同量程的多支密度计组成，如图 2-3 所示。每支密度计都有相应的密度测定范围，可以根据

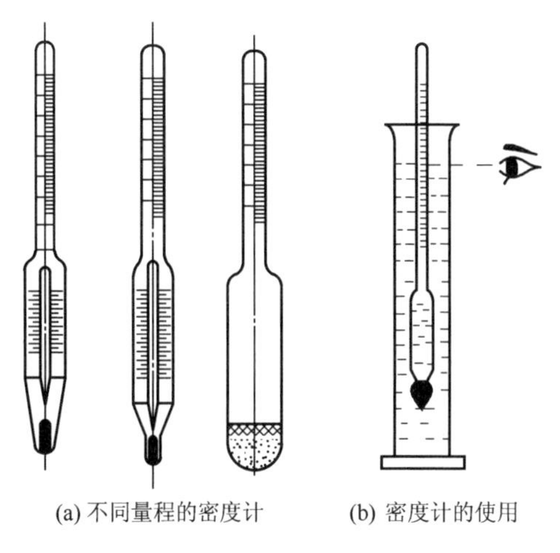
(a) 不同量程的密度计　　(b) 密度计的使用

图 2-3　密度计及其使用

试样密度的大小选择使用其中的一支。

2. 操作

将待测液体盛放在适当容积的量筒中，将密度计小心垂直插入待测液体中，注意不要与容器壁接触。待稳定后，直接从密度计上读出液体的相对密度值。读数时，视线应与液面及密度计刻度在同一水平线上。

密度计法操作简便，可直接读数。适用于样品量多，而测定结果不需要十分精确的场合，如化工生产中控分析或个别产品密度的测定。

第二节　挥发性有机液体产品沸程的测定

一、基本概念

液态物质的分子由于热运动有从液体表面逸出的倾向，逸出的气态分子对液面产生一定的压力，即蒸气压。当液体受热温度升高后，其蒸气压也随之增大，当液体的蒸气压与大气压力相等时，称为沸腾。

液体的沸点是指在标准状况下，即大气压力为 101.325kPa 液体沸腾时的温度。在一定的大气压力下，纯净的液态物质沸腾时，其蒸气与液体处于平衡状态，组成不变，温度基本恒定。如果样品中含有杂质，沸点就会发生变化，且沸点范围会增大。液体产品的沸程（也称馏程）是指挥发性有机液体样品，在特定的蒸馏仪器中，于标准规定的条件下蒸馏，第一滴馏出物从冷凝管末端落下时的瞬间温度（初馏点）至蒸馏瓶底最后一滴液体蒸发时的瞬间温度（终馏点或干点）之间的温度间隔。在实际应用中往往不要求蒸干，而是规定一个从初馏点到终馏点的温度范围，在此范围内，馏出物的体积应不小于产品标准规定的体积。

或规定一定的馏出体积，测定相对应的温度范围。在化工产品检验中，对于挥发性有机液体产品和石油产品，沸程是其质量控制的主要指标之一。

必须指出，液体物质的沸点或沸程随外界大气压力变化而发生较大变化。对于同一产品，由于测定环境的大气压力和温度不同，测得的数据必然有所差异。因此，必须将观测到的温度值校正到标准状况下（101.325kPa，0℃）相应的沸程温度，才能报告测定结果。

二、仪器装置

沸（馏）程测定装置如图 2-4 所示。支管蒸馏瓶以硅硼酸盐玻璃制成，有效容积 100mL[1]。将其垂直安装在热源上方的隔热板上。测量温度计为水银单球内标式，分度值为 0.1℃，量程适合于所测样品的沸程温度范围。将温度计用合适的胶塞或木塞固定在烧瓶颈中。若使用全浸式温度计，则辅助温度计附在主温度计上，使其水银球位于在沸点时主温度计露出塞上部分的水银柱高度的二分之一处。冷凝管为直型水冷凝管，由硅硼酸盐玻璃制成。接收器容积为 100mL，两端分度值为 0.5mL。

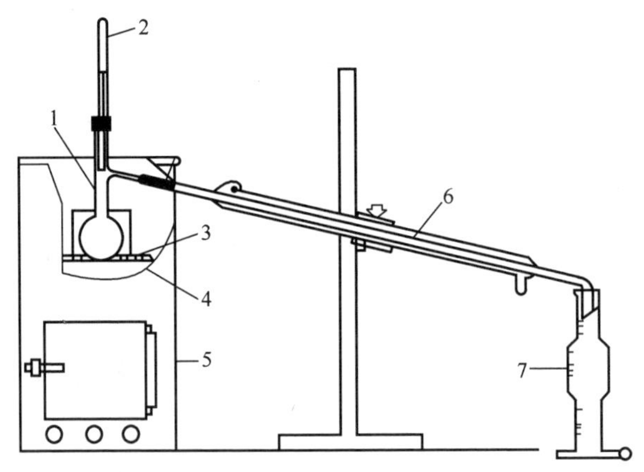

图 2-4　沸（馏）程测定装置

1—支管蒸馏瓶；2—温度计；3—隔热板；4—隔热板架；
5—蒸馏瓶外罩；6—冷凝管；7—接收器

三、操作

① 按图 2-4 安装沸程测定装置。测量温度计水银球的上端应与蒸馏瓶和支管接合部的下沿保持水平。记录室温及大气压力。

② 用干燥的接收器量取 (100±1)mL 试样，全部转移到干燥的蒸馏瓶中，加入几粒清洁、干燥的沸石，装好温度计。将接收器（不必经过干燥）置于冷凝管下端，使冷凝管口进入接收器部分不少于 25mm，也不低于 100mL 刻度线。接收器口塞以棉塞，并确保向冷凝管稳定地提供冷却水。

---

[1] 对于苯类产品，规定支管蒸馏瓶和接收器的容积为 150mL，每次试验取试样 150mL。

③ 调节蒸馏速度。对于沸程温度低于100℃的试样，应使自加热起至第一滴冷凝液滴入接收器的时间为5～10min；对于沸程温度高于100℃的试样，上述时间应控制在10～15min，然后将蒸馏速度控制在3～4mL/min。

④ 按被测产品标准的规定，记录规定馏出物体积对应的沸程温度，或规定沸程温度范围内的馏出物体积。或测定初馏点和干点的温度值。

⑤ 注意：沸程下限在80℃以下的样品，量取及测量馏出物体积时，均在5～10℃下进行，接收器距顶端25mm处以下应浸入5～10℃的水浴中；沸程下限在80℃以上的样品在常温下进行；若样品的沸程温度上限高于150℃，则应采用空气冷凝，在常温下量取样品及测量馏出物的体积。

四、测定值的校正

实验观察到的沸程温度，按下列公式加以校正。

$$t=t_1+\Delta t_2+\Delta t_3+\Delta t_p \tag{2-4}$$

$$\Delta t_3=0.00016h(t_1-t_4) \tag{2-5}$$

$$\Delta t_p=K(1013.25-p_0) \tag{2-6}$$

$$p_0=p_t-\Delta p_1+\Delta p_2 \tag{2-7}$$

式中 t——校正后的准确温度值，℃；

t_1——温度观测值（即测量温度计的读数），℃；

Δt_2——测量温度计本身的示值校正值，℃；

Δt_3——测量温度计露茎校正值，℃；

Δt_p——温度随气压变化校正值，℃；

t_4——测量温度计露茎部分的平均温度（即辅助温度计读数），℃；

h——测量温度计露茎部分的汞柱高度（以温度计的刻度值表示）；

K——沸程温度随气压的变化率，℃/hPa，由表2-3查出；

p_0——0℃时的气压，hPa；

p_t——室温时的气压，hPa；

Δp_1——室温换算到0℃时的气压校正值，hPa，由表2-1查出；

Δp_2——气压的纬度校正值，hPa，由表2-2查出；

0.00016——水银对玻璃的膨胀系数。

表2-1 气压计读数的温度校正值

室温/℃	气压计读数/hPa							
	925	950	975	1000	1025	1050	1075	1100
10	1.51	1.55	1.59	1.63	1.67	1.71	1.75	1.79
11	1.66	1.70	1.75	1.79	1.84	1.88	1.93	1.97
12	1.81	1.86	1.90	1.95	2.00	2.05	2.10	2.15
13	1.96	2.01	2.06	2.12	2.17	2.22	2.28	2.33

续表

室温/℃	气压计读数/hPa							
	925	950	975	1000	1025	1050	1075	1100
14	2.11	2.16	2.22	2.28	2.34	2.39	2.45	2.51
15	2.26	2.32	2.38	2.44	2.50	2.56	2.63	2.69
16	2.41	2.47	2.54	2.60	2.67	2.73	2.80	2.87
17	2.56	2.63	2.70	2.77	2.83	2.90	2.97	3.04
18	2.71	2.78	2.85	2.93	3.00	3.07	3.15	3.22
19	2.86	2.93	3.01	3.09	3.17	3.25	3.32	3.40
20	3.01	3.09	3.17	3.25	3.33	3.42	3.50	3.58
21	3.16	3.24	3.33	3.41	3.50	3.59	3.67	3.76
22	3.31	3.40	3.49	3.58	3.67	3.76	3.85	3.94
23	3.46	3.55	3.65	3.74	3.83	3.93	4.02	4.12
24	3.61	3.71	3.81	3.90	4.00	4.10	4.20	4.29
25	3.76	3.86	3.96	4.06	4.17	4.27	4.37	4.47
26	3.91	4.01	4.12	4.23	4.33	4.44	4.55	4.66
27	4.06	4.17	4.28	4.39	4.50	4.61	4.72	4.83
28	4.21	4.32	4.44	4.55	4.66	4.78	4.89	5.01
29	4.36	4.47	4.59	4.71	4.83	4.95	5.07	5.19
30	4.51	4.63	4.75	4.87	5.00	5.12	5.24	5.37
31	4.66	4.79	4.91	5.04	5.16	5.29	5.41	5.54
32	4.81	4.94	5.07	5.20	5.33	5.46	5.59	5.72
33	4.96	5.09	5.23	5.36	5.49	5.63	5.76	5.90
34	5.11	5.25	5.38	5.52	5.66	5.80	5.94	6.07
35	5.26	5.40	5.54	5.68	5.82	5.97	6.11	6.25

表 2-2 气压计读数的纬度校正值

纬度/(°)	气压计读数/hPa							
	925	950	975	1000	1025	1050	1075	1100
0	−2.18	−2.55	−2.62	−2.69	−2.76	−2.83	−2.90	−2.97
5	−2.14	−2.51	−2.57	−2.64	−2.71	−2.77	−2.81	−2.91
10	−2.35	−2.41	−2.47	−2.53	−2.59	−2.65	−2.71	−2.77
15	−2.16	−2.22	−2.28	−2.34	−2.39	−2.45	−2.54	−2.57
20	−1.92	−1.97	−2.02	−2.07	−2.12	−2.17	−2.23	−2.28
25	−1.61	−1.66	−1.70	−1.75	−1.79	−1.84	−1.89	−1.94
30	−1.27	−1.30	−1.33	−1.37	−1.40	−1.44	−1.48	−1.52
35	−0.89	−0.91	−0.93	−0.95	−0.97	−0.99	−1.02	−1.05
40	−0.48	−0.49	−0.50	−0.51	−0.52	−0.53	−0.54	−0.55
45	−0.05	−0.05	−0.05	−0.05	−0.05	−0.05	−0.05	−0.05
50	+0.37	+0.39	+0.40	+0.41	+0.43	+0.44	+0.45	+0.46
55	+0.79	+0.81	+0.83	+0.86	+0.88	+0.91	+0.93	+0.95
60	+1.17	+1.20	+1.24	+1.27	+1.30	+1.33	+1.36	+1.39
65	+1.52	+1.56	+1.60	+1.65	+1.69	+1.73	+1.77	+1.81
70	+1.83	+1.87	+1.92	+1.97	+2.02	+2.07	+2.12	+2.17

表 2-3　沸程温度随气压的变化率 K

标准中规定的沸程温度/℃	K/(℃/hPa)	标准中规定的沸程温度/℃	K/(℃/hPa)
10～30	0.026	210～230	0.044
30～50	0.029	230～250	0.047
50～70	0.030	250～270	0.048
70～90	0.032	270～290	0.050
90～110	0.034	290～310	0.052
110～130	0.035	310～330	0.053
130～150	0.038	330～350	0.055
150～170	0.039	350～370	0.057
170～190	0.041	370～390	0.059
190～210	0.043	390～410	0.061

五、应用实例

沸程测定适用于蒸馏过程中保持化学稳定的醇、酮、酯及苯类等挥发性有机液态产品。现以二甲苯沸程测定数据为例，说明校正沸程温度的方法和过程。

1. 由观测温度校正到标准沸程温度

设：观测到二甲苯样品的沸程温度为 135.5～138.5℃；实验室纬度 30°，室温 24.5℃，气压 999.92hPa，测量温度计本身的校正值为 0，测量温度计露出塞外处的刻度为 109.0℃，辅助温度计读数为 35.0℃。

求：该二甲苯样品在 0℃、1013.25hPa 时的沸程。

解　(1) 测量温度计露茎部分的校正

135.5℃：$\Delta t_3 = 0.00016 \times (135.5 - 109.0) \times (135.5 - 35.0) = 0.43$(℃)

138.5℃：$\Delta t_3 = 0.00016 \times (138.5 - 109.0) \times (138.5 - 35.0) = 0.49$(℃)

(2) 气压对沸程温度的校正

由表 2-1 查出　　$\Delta p_1 = 4.06$hPa

由表 2-2 查出　　$\Delta p_2 = -1.37$hPa

由表 2-3 查出　　$K = 0.038$

代入计算式　$p_0 = 999.92 - 4.06 + (-1.37) = 994.49$(hPa)

$\Delta t_p = 0.038 \times (1013.25 - 994.49) = 0.71$(℃)

(3) 校正后的样品沸程温度

135.5℃：$t = 135.5 + 0.43 + 0.71 = 136.6$(℃)

138.5℃：$t = 138.5 + 0.49 + 0.71 = 139.7$(℃)

即该二甲苯样品在 0℃、1013.25hPa 状况下的沸程应为136.6～139.7℃。

2. 由已知规定沸程温度求观测值

设：二甲苯样品的规定沸程温度为 137.0～140.0℃，实验条件和记录数据同上。

求：该二甲苯样品应观测到的沸程温度（适用于计量馏出物体积的情况）。

解 在沸程温度校正公式中，相当于已知 t 值，求 t_1。

（1）气压对沸程的校正

查出并代入已知数据，按上述同样的步骤求出：

$$p_0=994.49\text{hPa}，\Delta t_p=0.71℃$$

从而求出观测气压下的沸程温度为

137.0℃：$137-0.71=136.29(℃)$

140.0℃：$140-0.71=139.29(℃)$

（2）测量温度计的露茎校正

136.29℃：$\Delta t_3=0.00016\times(136.29-109.0)\times(136.29-35.0)=0.44(℃)$

139.29℃：$\Delta t_3=0.00016\times(139.29-109.0)\times(139.29-35.0)=0.51(℃)$

（3）应观测到的沸程温度

137.0℃：$t_1=137.0-0.44-0.71=135.9(℃)$

140.0℃：$t_1=140.0-0.51-0.71=138.8(℃)$

即规定沸程温度为137.0～140.0℃的二甲苯样品，在本实验条件下的观测沸程温度为135.9～138.8℃。

第三节 化工产品熔点和结晶点的测定

一、基本概念

物质受热时，从固态转变为液态的过程，称为熔化。在一定的压力下，物质的固态与熔融态处于平衡状态时的温度称为熔点。反之，当温度降低到一定程度，液态物质就会由液态转变为固态，此时的温度称为该物质的结晶点或凝固点。对于同一种纯物质，从理论上说，熔点温度就是结晶点温度。但实际上由于测定的物理过程不同，多数物质的结晶点低于熔点，且结晶点的测定较熔点测定更为清晰。

熔点和结晶点是晶体物质的重要物理常数。当物质中混有杂质时，通常导致熔点（结晶点）降低。许多有机物的熔点不是一个固定的温度，而有一定的温度区间。物质开始熔化至全部熔化的温度范围，称为熔点范围，也称为熔程。有机化工产品中杂质含量越多，其熔点范围越大，即熔程变宽，通过测定熔点（熔程）可以初步判断产品的纯度。

测定结晶点的方法是在特定的结晶管中，将液态物质逐渐降温。当出现结晶时，由于释放出的结晶潜热使温度有所上升，这时注意读取最高温度值即为结晶点温度。

二、熔点的测定

1. 仪器

毛细管法熔点测定装置如图 2-5 所示。试管通过一侧面开口的胶塞固定在 250mL 圆底烧瓶中。烧瓶内盛放约占其容积 2/3 的溶液，溶液应选用沸点高于被测物全熔温度，且性能稳定、清澈透明的载热体，如浓硫酸、甘油、有机硅油等。试管中垂直固定测量温度计和熔点毛细管，熔点毛细管由中性硬质玻璃制成，一端熔封，内径 0.9～1.1mm，壁厚0.10～0.15mm，长度约为 100mm。装入样品的毛细管固定在分度值为 0.1℃的单球内标式测量温度计上，使样品部位处于水银球中部。另将一辅助温度计用橡胶圈固定在测量温度计的露茎部位。

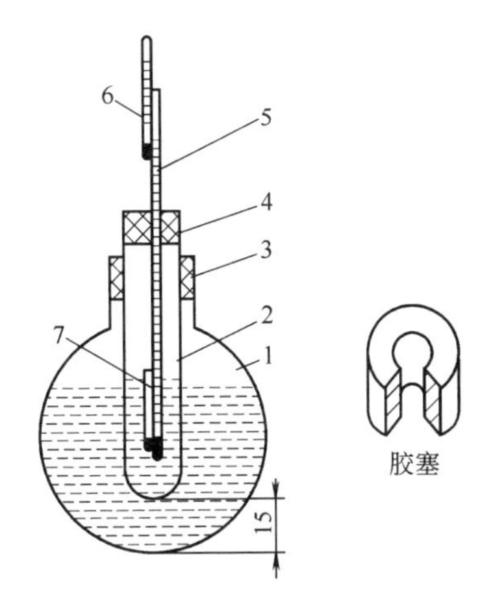

图 2-5 毛细管法熔点测定装置

（单位：mm）

1—圆底烧瓶；2—试管；3,4—胶塞；5—测量温度计；6—辅助温度计；7—熔点毛细管

2. 操作

（1）装入样品　将样品研成细末，放在清洁、干燥的表面皿上。将毛细管开口端插入到粉末中，取一支长约 800mm 的干燥玻璃管直立于玻璃板上，将装有试样的毛细管从上至下自由落下数次，直到管内样品压缩至 2～3mm 高。如果测定易分解或易脱水的样品，应将毛细管的开口端也熔封。

（2）安装　将装好样品的熔点毛细管附在内标式单球温度计上，使试样层面与温度计的水银球中部在同一高度。按图 2-5 安装熔点测定装置，将其固定在铁架台上，并加入载热体。

（3）测定　加热升温，当温度上升至低于预定初熔点 10℃时，控制升温速度为（1±0.1）℃/min。试样出现明显的局部液化现象时的温度即为初熔温度；当试样完全熔化时的温度为终熔温度。记录初熔和终熔温度值。

3. 测定值的校正

熔点的测定值需按下列公式进行温度计示值校正和露茎校正。

$$t=t_1+\Delta t_2+\Delta t_3 \tag{2-8}$$

$$\Delta t_3=0.00016h(t_1-t_4) \tag{2-9}$$

式中　t_1——熔点测定值，℃；

Δt_2——测量温度计的示值校正值，℃；

Δt_3——测量温度计的露茎校正值，℃；

t_4——露茎平均温度（即辅助温度计的读数），℃；

h——测量温度计露茎部分的水银柱高度（以温度计的刻度值表示）。

三、结晶点的测定

1. 仪器

套管式结晶点测定装置如图 2-6 所示。结晶管（即内试管）外径约 25mm，长约 150mm。结晶管装入套管内固定在冷却浴中（冷却液可用冰水、冰盐水或其他冷却剂）。将带有温度计的软木塞插入内试管，在内试管中装有可上下移动的环状搅拌器。

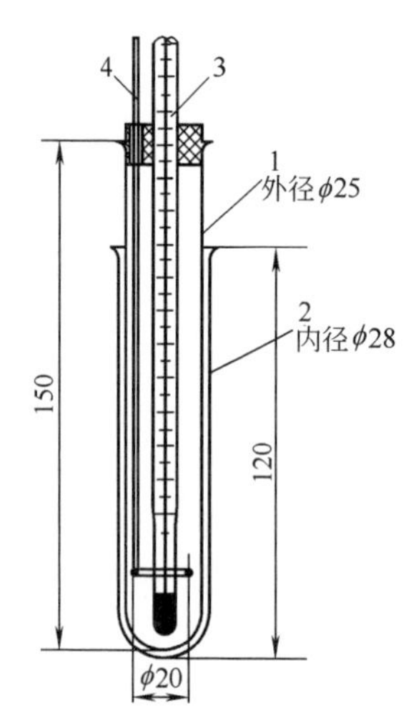

图 2-6　套管式结晶点测定装置

（单位：mm）

1—结晶管；2—套管；3—温度计；4—环状搅拌器

2. 操作

① 将样品加入干燥的结晶管中，使样品在管中的高度约为 60mm。若样品为固体，应适当大于 60mm，且在温度超过其熔点的热浴内将其熔化，加热至高于结晶点约 10℃。

② 插入环状搅拌器，装好温度计，使水银球至管底的距离约为 15mm，勿使温度计接触管壁。装好套管，将结晶管连同套管一起置于温度低于样品结晶点 5～7℃的冷却浴中。

③ 当样品冷却至低于结晶点 3～5℃时，开始搅拌并观察温度变化。出现结晶时停止搅拌，这时温度突然上升，读取最高温度，精确至 0.1℃。再经温度计刻度误差校正，即得样品的结晶点温度[1]。

④ 如果某些样品在一般冷却条件下不易结晶，可另取少量样品在较低温度下使之结晶，取少许样品作为晶种加入样品中，即可测出其结晶点。

四、应用实例

在化工产品检验中，由于产品性质不同，如苯甲酸、己二酸、硫脲、硬脂酸盐等，一般检测其熔点；而像苯胺、苯酚、萘等一般检测其结晶点。在产品标准中通常规定其熔点（或结晶点）必须高于或等于某一温度值。

有些化工产品的结晶点与其纯度呈线性关系，可以通过测定结晶点求出产品纯度。例如，GB/T 12688.2—90 规定了结晶点法测定工业苯乙烯纯度。纯苯乙

[1] 使用全浸式温度计测定结晶点时，原则上应按上述测定熔点的步骤进行温度校正。但在实际工作中由于测得结晶点的温度较低，温度计水银柱一般没有露茎部分，故不需进行露茎校正。

烯在大气压为101kPa的空气中结晶点为－30.61℃。工业苯乙烯中含有乙苯等杂质越多，其结晶点越低。该技术标准规定将套管式结晶点测定装置置于1,1,1-三氯乙烷作冷却剂（－45℃）的杜瓦瓶中，测量温度计的读数精确至0.01℃，测得的结晶点温度经温度计示值校正后，代入下列经验公式求出苯乙烯的纯度：

$$w(\text{苯乙烯})=[100+2.47(t+30.61)]\times 100\% \tag{2-10}$$

式中　t——经校正后的结晶点温度，℃。

测定和计算结果要求精确至0.01%。

第四节　液体化工产品折射率的测定

一、基本概念

如果把一支玻璃棒倾斜放入盛水的烧杯中，会发现玻璃棒在液面处好像被折弯了，这是由于光线从空气进入水中时传播速度改变而产生的折射现象造成的视觉感觉。当单色光从一种介质进入另一种介质时，设 α 为入射角，β 为折射角（见图2-7）。根据光的折射定律，入射角的正弦与折射角的正弦之比，称为折射率，常用符号 n 表示。

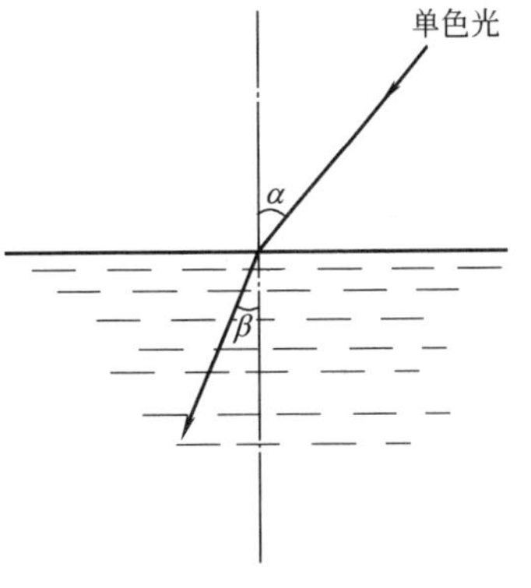

图2-7　光的折射

$$n=\frac{\sin\alpha}{\sin\beta} \tag{2-11}$$

当温度一定时，对两种固定的介质而言，n 为一常数，它是物质的重要物理性质之一。一般文献中记录的物质折射率数据是在20℃，以钠光灯为光源（D线），以空气作为入射介质测定出来的，用符号 n_D^{20} 表示。例如，水的折射率 $n_D^{20}=1.3330$。

二、仪器

测定液体样品的折射率常用阿贝（Abbe）折光仪，其外形结构如图2-8(a)所示。该仪器的主要组成部分是两块可以闭合的直角棱镜，上面一块是光滑的，为测量棱镜；下面一块是磨砂的，为辅助棱镜。两棱镜间可铺展一薄层液体。仪器上有两个目镜，左侧的为读数目镜，右侧的为测量目镜，用来观察折射情况。仪器下部有一块反射镜，光线由反射镜反射进入下面的棱镜，在磨砂面上发生漫射，以不同的入射角射入两个棱镜之间的液层，然后再折射到上面的棱镜。在此，一部分光线经折射进入空气而到达测量目镜，另一部分光线则发生全反射。这样，在测量目镜的视场中将出现明暗两个区域。调节测量目镜中的视场如图

2-8(b) 所示，这时即可从读数目镜中直接读出折射率。阿贝折光仪中设有消除色散装置，直接使用日光作光源测得的数据，与使用钠光灯（D 线）光源测得的数据相同。

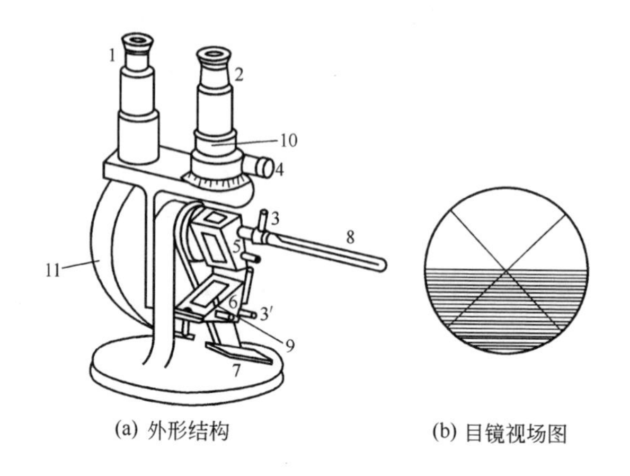

(a) 外形结构　　(b) 目镜视场图

图 2-8　阿贝折光仪

1—读数目镜；2—测量目镜；3,3′—循环恒温水接头；4—消色散旋柄；5—测量棱镜；6—辅助棱镜；7—平面反射镜；8—温度计；9—加液槽；10—校正螺钉；11—刻度盘罩

三、操作

（1）安装　将折光仪置于光线明亮处（但应避免阳光直射或靠近热源），用橡胶管将测量棱镜和辅助棱镜上的保温夹套的进出水口与超级恒温水浴连接起来，调节测定所需温度，一般选用 (20±0.1)℃。以折光仪上的温度计读数为准。

（2）清洗　开启辅助棱镜，用滴管滴加少量丙酮或乙醇清洗镜面。用擦镜纸轻轻吸干镜面（不可过分用力，不得使用滤纸）。

（3）校正　滴加 1～2 滴蒸馏水于镜面上，关紧棱镜。转动左侧刻度盘，使读数目镜内标尺读数对准蒸馏水在该温度下的折射率（20℃时水的折射率为 1.3330；25℃时为 1.3325）。调节反射镜使测量目镜中视场明亮。转动消色散旋柄，使视场内呈现一清晰的明暗分界线（即消除色散）。调节校正螺钉，使明暗交界线和视场中的“×”形线交点对齐，即校正完毕。

（4）测量　打开辅助棱镜，待镜面干燥后，滴加数滴待测液体，闭合棱镜（若为挥发性液体，可用滴管从加液槽加样）。转动左侧刻度盘手柄，直至在测量目镜中观察到半明半暗的视场，转动消色散旋柄，消除色散。仔细转动左侧刻度盘手柄，使目镜视场中的明暗分界线恰处在“×”形线交点上，从读数目镜中读出折射率值。读数应精确到小数点后第 4 位，一般应测定 2～3 次，读数差值不得超过±0.0002，取平均值报告结果。

（5）维护　折光仪使用完毕，应将棱镜用丙酮或乙醇清洗并干燥。拆下连接恒温水浴的胶管，排尽夹套中的水，将仪器擦拭干净，放入仪器盒中。

四、应用实例

由于测定折射率所需样品量少，测量精度高，重现性好，在溶剂、油脂及日用化学品检测方面应用较多。在化工产品检验中，有些产品也把折射率作为质量指标之一。例如，化工行业标准 HG/T 2092—1991 氯化石蜡-52 规定：优等品 $n_D^{20}=1.510\sim1.513$；一等品 $n_D^{20}=1.505\sim1.513$；而合格品对折射率没有要求。

在化学手册中能够查到许多物质的折射率数据，可供定性鉴定参考。若某种水溶性液态物质的折射率与水的折射率差别较大，则可通过测定折射率，求出该物质在水溶液中的含量。例如，表 2-4 列出了甘油水溶液的质量分数与其折射率的关系数据，由测得的折射率即可查出水溶液中甘油的含量。

表 2-4　甘油水溶液的折射率

w(甘油)/%	n_D^{20}	w(甘油)/%	n_D^{20}	w(甘油)/%	n_D^{20}
0	1.3330	36	1.3787	72	1.4308
2	1.3353	38	1.3814	74	1.4338
4	1.3376	40	1.3841	76	1.4368
6	1.3399	42	1.3868	78	1.4398
8	1.3428	44	1.3895	80	1.4429
10	1.3448	46	1.3922	82	1.4461
12	1.3472	48	1.3951	84	1.4493
14	1.3498	50	1.3980	86	1.4523
16	1.3523	52	1.4010	88	1.4553
18	1.3549	54	1.4040	90	1.4583
20	1.3574	56	1.4070	92	1.4613
22	1.3601	58	1.4100	94	1.4644
24	1.3627	60	1.4129	95	1.4659
26	1.3653	62	1.4159	96	1.4675
28	1.3680	64	1.4189	97	1.4690
30	1.3707	66	1.4219	98	1.4707
32	1.3733	68	1.4249	99	1.4723
34	1.3760	70	1.4278	100	1.4739

复习与测试

一、填空题

1. 密度的定义是（　　　），其表示符号和单位为（　　　）。

2. 采用密度计测定的是液体的（　　　　　　　　　）值，主要适用于（　　　　　）场合。

3. 液体物质的（　　　　　　）是指在标准状况下，即大气压力为（　　　　　）时，液体沸腾时的温度。

4. 测定液体沸程时，第一滴馏出物从冷凝管末端落下时的温度为（　　　　）；最后一滴液体蒸发时的温度为（　　　　）。

5. 物质开始熔化至全部熔化的温度范围称作（　　　　　）；化工产品中含有杂质越多，（　　　　　）越宽。

6. 20℃时纯水的折射率为（　　　　），25℃时则为（　　　　）。

二、选择题

1. 测定挥发性液体产品的密度，应该采用（　　）。

A. 密度瓶法；B. 韦氏天平法；C. 密度计法；D. 称量法

2. 液体化工产品的沸程测定数据与（　　）无关。

A. 大气压力；B. 测定装置；C. 产品纯度；D. 实验室经度

3. 有机化工产品的结晶点是（　　）温度数据。

A. 一个；B. 一组；C. 区间；D. 熔点

4. 熔点或熔程是（　　）化工产品检验中经常测定的指标。

A. 无机；B. 有机固体；C. 有机液体；D. 气体

5. 在化工产品检验中，通常规定其结晶点必须（　　）某一温度。

A. 等于；B. 低于；C. 高于；D. 高于或等于

6. 折射率的测定适用于（　　）液体产品。

A. 挥发性；B. 透明的；C. 浑浊的；D. 碱性的

三、问答题

1. 韦氏天平法测定液体物质密度的原理和操作步骤如何？

2. 画图说明测定沸程的仪器装置和操作步骤。

3. 测定液体化工产品沸程时，需要记录哪些数据？为什么？

4. 熔点和结晶点的含义如何？为什么化工产品的熔点有一个温度范围？而结晶点却是一个温度值？

5. 画图说明毛细管法测定熔点的仪器装置和操作步骤。

6. 采用套管式结晶点测定器测定结晶点操作步骤如何？何时使用搅拌器？何时读取温度值？

7. 什么叫折射率？影响折射率的因素有哪些？

8. 如何校正、使用和维护阿贝折光仪？

9. 实验测得某氯化石蜡产品的折光率 $n_D^{20}=1.5080$，问就此项指标而言该产品属于哪个等级？

10. 试查阅三氯乙烯的技术标准，说明测定物理参数对该产品质量分级的重要意义。

四、计算题

1. 使用密度瓶测定工业正丁醇的密度时，称得空密度瓶质量为 40.1800g，于 20℃充满蒸馏水的密度瓶的质量为 65.1400g，同样条件下装入试样后的质量为 60.2090g。求工业正丁醇样品的密度？

2. 用毛细管法测得一工业苯甲酸的熔程为 120～122℃。已知测量温度计的示值校正值为－0.1℃，测量温度计露茎处的刻度值为 100℃，辅助温度计读数为 28℃。求该苯甲酸样品的准确熔程温度？

3. 采用图 2-4 所示装置测得一吡啶产品的初馏点为 114.7℃，终馏点为 116.6℃。当时实验室的大气压力为 1000.32hPa，室温 20.3℃，纬度 20°，测量温度计校正值为＋0.1℃，露出塞外处的刻度为 87℃，辅助温度计读数为 31.0℃。问该产品标准的初馏点和终馏点温度应是多少？

4. 按 GB/T 12688.2—90 测得工业苯乙烯样品的结晶点为－30.84℃，温度计的校正值为＋0.08℃。求该苯乙烯样品的纯度（质量分数）？

第三章

化工产品定量分析技术

第一节　称量分析

称量分析习惯上称为重量分析[1]。称量分析是将试样进行某种物理或化学处理，以称量处理前后质量变化为基础的分析方法。在化工产品检验中，常用的称量分析有沉淀称量法和挥发称量法。

一、沉淀称量法

沉淀称量法是分析化学的经典方法，该法是利用特定的化学反应，使试样中的待测组分生成难溶化合物沉淀析出，经过滤、洗涤、烘干或灼烧，通过称量产物的质量计算出试样中待测组分的含量。例如，测定试样中的硫酸盐含量时，在试样溶液中加入稍过量的 $BaCl_2$ 溶液，使 SO_4^{2-} 生成难溶的 $BaSO_4$ 沉淀，经过滤、洗涤、灼烧后，称量硫酸钡的质量，便可求出试样中硫酸盐的含量。

沉淀称量法准确度高，适用于测定试样中的主成分含量；但操作烦琐、费时。在化工产品检验中主要用于硫酸盐、磷酸盐、钡盐和镍盐等产品的主成分测定。

二、挥发称量法

挥发称量法是通过加热等手段使样品中的挥发性组分逸出，然后根据样品减

---

[1] 在人民生活和贸易中，习惯称质量为重量。但在科学上质量与重量含义不同，质量是衡量物体惯性大小的物理量；重量表示一定质量的物体所受地球引力的大小。我们用天平称量物体时称其质量，因此原则上不应再用“重量”和“重量分析”的术语。

轻的质量计算挥发性组分的含量；或根据剩余物的质量计算样品中不溶解或不挥发物的含量。例如，通过加热蒸发测定样品中的湿存水和结晶水；通过蒸发或灼烧测定样品中的蒸发残渣、灼烧残渣或灰分；通过溶解、过滤、烘干等测定水溶性样品中的水不溶物，或水不溶性产品中的水溶物含量等。

挥发称量法主要用于化工产品中水分及一些杂质含量的测定。例如：

GB/T 6284—2006　化工产品中水分测定通用方法　干燥减量法；

GB/T 7531—2008　有机化工产品灼烧残渣的测定；

GB/T 23948—2009　无机化工产品中水不溶物测定通用方法。

第二节　滴定分析

滴定分析也称容量分析，是将一种已知准确浓度的标准滴定溶液（滴定剂）通过滴定管滴加到试样溶液中，与待测组分发生定量化学反应，到达化学计量点时（实际上是到达指示剂变色的滴定终点），根据标准滴定溶液的浓度和用量计算待测组分的含量。

滴定分析操作简便、快速，准确度较高，是定量测定化工产品主成分最常用的方法。

一、滴定反应的类型

根据滴定分析所发生化学反应类型的不同，滴定分析可分为酸碱滴定、氧化还原滴定、配位滴定和沉淀滴定四种类型。各类滴定分析的操作方式基本相同，只是所用标准滴定溶液、指示剂和测定对象不同。在技术标准 GB/T 601—2016 中规定了各种标准滴定溶液的制备方法；在技术标准 GB/T 603—2002 中规定了试验方法中所用制剂、制品（包括指示剂）的制备方法。

1. 酸碱滴定法

酸与碱中和生成盐和水，水的电离度极小，故中和反应能够定量地向右进行到底。反应本质为：

$$H^{+} + OH^{-} \longrightarrow H_2O$$

（1）碱量法　常用 $c(NaOH)=0.1\sim1.0mol/L$ 的氢氧化钠标准滴定溶液滴定酸性物质。

（2）酸量法　常用 $c(HCl)=0.1\sim1.0mol/L$ 的盐酸标准滴定溶液，或 $c\left(\frac{1}{2}H_2SO_4\right)=0.1\sim1.0mol/L$ 的硫酸标准滴定溶液滴定碱性物质。

酸碱滴定的关键是根据试样酸性或碱性强弱的不同，选择适合的指示剂，以使滴定终点尽可能与化学计量点相一致。酸类、碱类产品主成分含量的测定，有机化工产品酸度、碱度的测定都是酸碱滴定法的典型应用。

2. 氧化还原滴定法

根据所用氧化剂或还原剂标准滴定溶液及发生的氧化还原反应不同，氧化还原滴定法又包括以下几种具体方法。

（1）高锰酸钾法　常用 $c\left(\frac{1}{5}KMnO_4\right)=0.1mol/L$ 的高锰酸钾标准滴定溶液，在硫酸的酸性条件下，滴定还原性物质。反应本质为：

$$MnO_4^- + 8H^+ + 5e \longrightarrow Mn^{2+} + 4H_2O$$

本法在返滴定时，配合使用 $c[(NH_4)_2Fe(SO_4)_2]=0.1\ mol/L$ 的硫酸亚铁铵标准滴定溶液。

（2）重铬酸钾法　常用 $c\left(\frac{1}{6}K_2Cr_2O_7\right)=0.1mol/L$ 的重铬酸钾标准滴定溶液，在酸性条件下滴定 Fe^{2+} 等还原性物质。反应本质为：

$$Cr_2O_7^{2-} + 14H^+ + 6e \longrightarrow 2Cr^{3+} + 7H_2O$$

（3）碘量法　是利用 I_2 的氧化性和 I^- 的还原性来进行滴定分析的方法。其中，直接碘量法常用 $c\left(\frac{1}{2}I_2\right)=0.1mol/L$ 的碘标准溶液直接滴定还原性较强的物质，反应本质为：

$$I_2 + 2e \longrightarrow 2I^-$$

间接碘量法是首先利用 I^- 与氧化剂试样反应，定量地析出 I_2，再用还原剂硫代硫酸钠标准滴定溶液进行滴定。

$$2I^- - 2e \longrightarrow I_2$$

$$2S_2O_3^{2-} + I_2 \longrightarrow S_4O_6^{2-} + 2I^-$$

各种氧化还原滴定反应过程比较复杂，关键问题是必须严格控制反应条件，才能得到准确的分析结果。

3. 配位滴定法

配位滴定法是利用滴定剂与待测离子形成稳定配合物的滴定方法。目前应用较多的是 EDTA 滴定法和汞量法。

（1）EDTA 滴定法　乙二胺四乙酸（EDTA）能与许多金属离子形成稳定的配合物。常用其二钠盐配制成 $c(EDTA)=0.02\sim0.1mol/L$ 的 EDTA 标准滴定溶液，测定金属离子或间接测定其他物质。反应本质为：

$$M^{2+} + Y^{4-} \longrightarrow MY^{2-}$$

式中，M^{2+} 表示金属离子；Y^{4-} 表示 EDTA 的阴离子。

（2）汞量法　常用 $c\left[\frac{1}{2}Hg(NO_3)_2\right]=0.01\sim0.1mol/L$ 的硝酸汞标准滴定溶液滴定试样中的少量氯离子，反应本质为：

$$Hg^{2+} + 2Cl^- \longrightarrow HgCl_2$$

生成的 $HgCl_2$ 电离度很小，相当于一种配合物。技术标准 GB/T 3051—2000 规定了汞量法测定无机化工产品中少量氯化物的具体要求。

配位滴定的关键是控制溶液的酸度，通常需加入一定 pH 的缓冲溶液，以选择性地滴定待测离子。

4. 沉淀滴定法

沉淀滴定是利用滴定剂与待测离子生成沉淀的滴定方法，目前应用较多的是银量法，常用 $c(AgNO_3)=0.1mol/L$ 的硝酸银标准滴定溶液滴定卤素离子，如

$$Ag^+ + Cl^- \longrightarrow AgCl\downarrow$$

沉淀滴定的关键问题是如何确定滴定终点。根据试样中的待测组分和反应条件，可以选用不同的指示剂，必要时利用电位滴定法确定滴定终点。

二、分析仪器和操作要点

滴定操作常用的仪器有滴定管、容量瓶和吸管。滴定管和吸管是按“量出”计量溶液体积，计量放出的溶液体积；容量瓶是按“量入”计量溶液体积，计量装入的溶液体积。

1. 滴定管

酸式滴定管的操作包括：

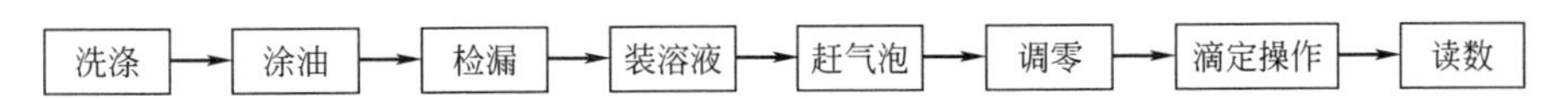

碱式滴定管除不需要涂油外，其他与酸式滴定管基本相同。

(1) 洗净滴定管　依次用自来水、洗涤剂或铬酸洗液、自来水洗涤滴定管至不挂水珠并用蒸馏水淋洗 3 次以上。

(2) 滴定管的涂油（酸式滴定管）和试漏　酸式滴定管如漏水需重新涂油，碱式滴定管漏水需更换玻璃珠。涂油要求“少、薄、匀”（注意：过多或过少都会导致漏液；以活塞孔为直径的中间圆周处不涂油；活塞座内壁不涂油!）。安装好活塞后，再用橡皮圈套在活塞小头的末端沟槽上，以防活塞脱落。

(3) 滴定管的使用

① 润洗　用待装溶液润洗三次，以免装入溶液后浓度改变。每次装液 1/3 左右进行润洗。

② 装溶液，赶气泡　碱管的赶气泡如图 3-1，轻轻捏挤玻璃珠处的胶管，使溶液从管口喷出可排除气泡。酸管的赶气泡：右手拿滴定管上部，倾斜 30°，左手迅速打开旋塞，反复数次使溶液冲出气泡，或可同时用左手敲击或振动握有滴定管的右手手腕。

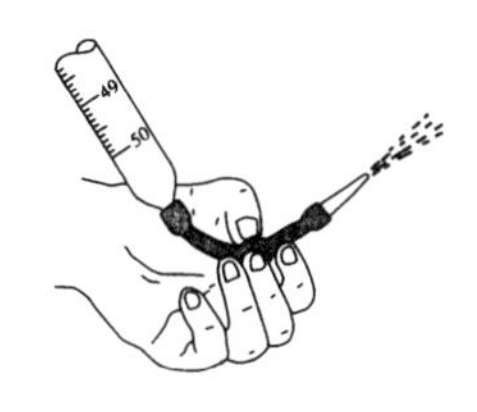

图 3-1　碱式滴定管排气泡

③ 调零　装入溶液至“0”刻度以上 5mm 左右，放置 1min 后再调零，每次滴定最好都从读数 0.00 开始。

④ 滴定　左手控制活塞或胶管滴定，右手同时摇动瓶子。滴定起初可以稍快，滴至接近终点前的1～2mL必须慢速，每次一滴或者半滴。当指示剂使溶液颜色30s内不再变化即到达滴定终点。熟练操作滴定管的技术包括：a. 使溶液逐滴流出；b. 只放出一滴溶液；c. 使液滴悬而未落（当在瓶内壁靠下来时即为半滴）。安装有聚四氟乙烯活塞的滴定管还可转动活塞来使溶液流出，快速旋转活塞一次可放出半滴溶液（更快旋转会使放出的溶液更少），并且放出的溶液直接落下，不用靠壁或洗瓶吹洗，节省滴定时间。

⑤ 读数　滴定管读数时，眼睛平视，和凹液面下缘水平面平齐；使用带有蓝色衬背的滴定管时，液面呈现三角交叉点，应对准交叉点处的刻度，平视读数；颜色太深看不清凹液面的溶液，可读取液面两侧的最高点。注意：视线高于液面，读数将偏低；反之，读数偏高。

2. 容量瓶

容量瓶的使用包括：

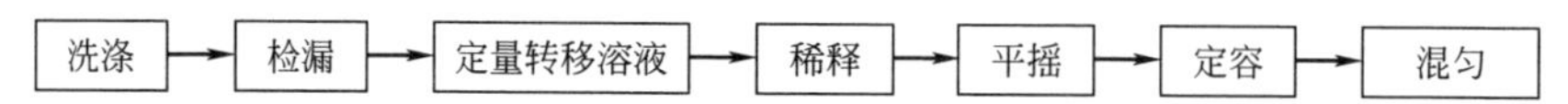

（1）容量瓶的洗涤　洗涤过程同滴定管。

（2）容量瓶的检漏　将瓶倒立2min以后不应有水渗出，转动瓶塞180°后，再倒立2min，不应渗水。

（3）配制溶液

① 在小烧杯中，加入少量水溶解所称量的固体样品，用玻璃棒搅拌。注意勿将玻璃棒取出，造成洒落外面。

② 定量转移溶液　将样品溶液沿玻璃棒注入容量瓶中，并洗涤小烧杯3～5次，将洗涤液也注入容量瓶中。

③ 初步摇匀　加水稀释至总体积的3/4左右时（不要盖瓶塞，不能颠倒），水平摇动容量瓶数圈。

④ 定容　注水至刻度线稍下方，放置1～2min，调定弯月面最低点和刻度线上缘相切（注意容量瓶垂直，视线水平）。

⑤ 混匀　塞紧瓶塞，颠倒摇动容量瓶14次以上（注意期间要数次间歇提起瓶塞旋转一定角度再盖上，以保证瓶口处均匀），混匀溶液。

（4）用毕后洗净，在瓶口和瓶塞间夹一纸片，放在指定位置。

3. 吸管

吸管包括单标线吸管（移液管）和分度吸管（吸量管）两类。单标线吸管较精确，但只能吸取对应体积的溶液；分度吸管准确度稍差，但可以吸取不同体积的溶液。

吸管的操作包括：

（1）吸管的洗涤　洗涤过程同滴定管。

（2）移液操作

① 用待吸液润洗 3 次。

② 吸取溶液　吸液时管尖插入液面下 1～2cm，不能太深也不能太浅。用洗耳球将待吸液吸至刻度线稍上方，用食指堵住管口，用滤纸擦干外壁。

③ 调定液面　将弯月面最低点调至与刻度线上缘相切，观察视线应水平，移液管要保持垂直，用一小烧杯在流液口下接取并注意处理管尖外的液滴。

④ 放出溶液　将移液管移至另一接收器（如锥形瓶）中，保持移液管垂直，接收器倾斜，移液管的流液口紧触接收器内壁。微松食指让液体自然流出，液面平稳下降，流完后停留 15s。

（3）使用后，洗净移液管，放置在移液管架上。

三、滴定方式

不是任何化学反应都能用于滴定分析，适于滴定分析的化学反应，必须符合以下基本要求：

① 反应按一定的化学反应式定量进行，即具有确定的化学计量关系，不发生副反应，这是定量计算的基础。如果有共存物干扰，需用适当方法排除。

② 反应必须进行完全，通常要求反应完全程度≥99.9%。

③ 反应速率要快。对于速率较慢的反应，可通过加热、增加反应物浓度、加入催化剂等加快反应速率，使反应速度和滴定速度基本一致。

④ 有适当的方法确定滴定终点。

只有符合以上要求的反应，才可用标准滴定液直接滴定被测物质。当不符合以上要求时，不能直接滴定，必须采取其他滴定方式。总体上，滴定方式有以下几种。

（1）直接滴定　符合滴定分析基本要求的反应，可以采用直接滴定分析。用标准溶液 A 滴定分析待测组分 B 时，由二者的计量关系和消耗量，计算组分 B 含量。例如：用 NaOH 标准溶液直接滴定醋酸溶液，检测含量。

（2）返滴定　当待测组分易挥发或难溶于水，不能直接滴定时，可采取返滴定方式。

① 在待测试液中准确地、过量地加入某标准溶液 A，将待测组分完全反应后，A 有剩余。

② 剩余的 A 由另一标准溶液 C 进行滴定，再推算待测组分的含量。

返滴定方式还适用于反应较慢、需要加热，或者直接滴定缺乏适当指示剂等情况。例如：直接滴定 Al^{3+} 反应慢，可应用返滴定方式。首先，定量加入过量 EDTA 标准溶液，加热，待反应完全后，剩余 EDTA 由 Zn^{2+} 标准溶液回滴，推算 Al^{3+} 含量。

（3）间接滴定　某些待测组分不能直接与滴定剂反应，但可加入化学试剂，利用某些化学反应使它们转化为相当量的反应产物，然后再滴定分析产物的含量，间接推算待测组分的含量。这种滴定方式称为置换滴定或间接滴定。例如：测定 Ca^{2+} 含量，加入 $C_2O_4^{2-}$ 反应形成沉淀，过滤并溶于 H_2SO_4 溶液，用

$KMnO_4$标液滴定分析 $C_2O_4^{2-}$ 的含量，间接推算 Ca^{2+} 含量。

四、滴定分析的计算

各类滴定分析采用的标准滴定溶液，不仅种类和浓度不同，而且在确定其物质的量和物质的量浓度时选取的基本单元也有所不同。正确选定待测物质和滴定剂的基本单元是滴定分析计算的基础。

1. 等物质的量反应规则

如上所述，滴定分析所用标准溶液的组成通常用物质的量浓度表示。物质的量浓度（c）简称浓度。物质 A 作为溶质时，其物质的量浓度 c_A 定义为物质的量 n_A 与溶液的体积 V 之比，单位为 mol/L。

$$c_A = \frac{n_A}{V} \tag{3-1}$$

按照 SI 制和我国法定计量单位，物质的量的单位是摩尔（mol）。它是一系统的物质的量，该系统中所包含的基本单元数与 0.012kg ^{12}C 的原子数目相等。使用摩尔时基本单元应予指明，可以是原子、分子、离子、电子及其他粒子，或是这些粒子的特定组合。因此在表示物质的量、物质的量浓度和摩尔质量时，必须同时指明基本单元。

在滴定分析中，为了便于计算分析结果，规定了标准溶液和待测物质选取基本单元的原则：酸碱反应以给出或接受一个 H^+ 作为基本单元；氧化还原反应以给出或接受一个电子作为基本单元；EDTA 配位反应和卤化银沉淀反应通常以参与反应物质的分子或离子作为基本单元。例如，用氢氧化钠标准溶液滴定硫酸溶液时，反应方程式为：

$$H_2SO_4 + 2NaOH \longrightarrow Na_2SO_4 + 2H_2O$$

按照选取基本单元的原则，1 分子 H_2SO_4 给出 2 个 H^+，应以$\frac{1}{2}H_2SO_4$作为基本单元；1 分子 NaOH 接受 1 个 H^+，基本单元就是 NaOH。显然，参加反应的硫酸的物质的量 $n\left(\frac{1}{2}H_2SO_4\right)$等于参加反应的氢氧化钠的物质的量 $n(NaOH)$。因此，在上述规定选取基本单元的原则下，滴定到达化学计量点时，待测组分的物质的量 n_B 与滴定剂的物质的量 n_A 必然相等。这就是等物质的量反应规则。

若 c_A、c_B 分别代表滴定剂 A 和待测组分 B 两种溶液的浓度（mol/L）；V_A、V_B 分别代表两种溶液的体积（L），则当反应到达化学计量点时

$$n_A = n_B \tag{3-2}$$

$$c_A V_A = c_B V_B \tag{3-3}$$

若 m_B、M_B 分别代表物质 B 的质量（g）和摩尔质量（g/mol），则 B 的物质的量为：

$$n_B = \frac{m_B}{M_B} \tag{3-4}$$

按照等物质的量反应规则，当B与滴定剂A反应完全时

$$c_A V_A = \frac{m_B}{M_B} \tag{3-5}$$

2. 滴定分析结果的计算

滴定分析的结果，通常需要表述为待测组分（B）在样品中的质量分数 w_B，或质量浓度 ρ_B。根据滴定方式和表述结果的要求不同，分别讨论如下。

（1）计算直接滴定的结果　设试样质量为 m，直接滴定试样溶液消耗标准滴定溶液的浓度和体积分别为 c_A、V_A；则按式(3-5)，试样中B的质量分数为[❶]：

$$w_B = \frac{m_B}{m} = \frac{c_A V_A M_B}{m} \tag{3-6}$$

或表示成

$$w(B) = \frac{c(A)V(A)M(B)}{m}$$

或

$$w(B) = \frac{c(A)V(A)M(B)}{m} \times 100\%$$

必须指出，采用式(3-6)计算滴定分析结果时，如果滴定剂体积 V_A 以 mL 为单位，应除以 10^3 换算为 L，才符合等物质的量反应规则。为简化计算过程，在有些计算公式中 V_A 以 mL 为单位，而将 $M_B/10^3$ 直接写成待测组分的毫摩尔质量（g/mmol）。

在分析实践中，有时不是滴定全部试样溶液，而是取其中一部分进行滴定，这种情况应将 m 乘以适当的分数。如将质量为 m 的试样溶解后定容为 250.0mL，取出 25.00mL 进行滴定，则每份被滴定的试样质量应是 $m \times \frac{25}{250}$。如果滴定试液，并做了空白试验，则式(3-6)中的 V_A 应减去空白值（V_0），即

$$w_B = \frac{c_A (V_A - V_0) M_B}{m} \tag{3-7}$$

式(3-6)、式(3-7)原则上也适用于间接滴定的情况。

（2）计算返滴定的结果　此时，需要求出与待测组分反应所用第一种标准溶液物质的量的净值，此净值等于预先加入的第一种标准溶液的物质的量（$c_1 V_1$）减去返滴定所测出的第一种标准溶液的剩余量（$c_2 V_2$），以这个净值代入计算公式即可求出待测组分的含量，即

$$w_B = \frac{(c_1 V_1 - c_2 V_2) M_B}{m} \tag{3-8}$$

---

❶ 物质的量浓度（c_A）和摩尔质量（M_B）的下角标或后面括号中指明的是基本单元；而溶液的体积（V_A、V_B）、纯物质的质量（m_B）、质量分数（w_B）及质量浓度（ρ_B）的下角标或后面括号中标明的是相应物质的化学式。

在返滴定中，如果做了空白试验，试液和空白溶液中加入第一种标准溶液的浓度和体积是相同的。这种情况显然应该按下式计算分析结果。

$$w_B=\frac{(c_2V_0-c_2V_2)M_B}{m} \tag{3-9}$$

式中　c_2——返滴定所用第二种标准滴定溶液的浓度，mol/L；

V_2——返滴定试液所用第二种标准滴定溶液的体积，L；

V_0——返滴定空白液所用第二种标准滴定溶液的体积，L。

其他符号与含义同前。

(3) 以质量浓度表示分析结果　在化工产品检验中，有些液体产品要求用质量浓度（ρ_B，g/L）表示滴定分析的结果。这种情况一般需要准确计量所取液态试样的体积（V），并按滴定方式的不同选择下列公式之一求出分析结果。

$$\rho_B=\frac{m_B}{V}=\frac{c_AV_AM_B}{V} \tag{3-10}$$

$$\rho_B=\frac{c_A(V_A-V_0)M_B}{V} \tag{3-11}$$

$$\rho_B=\frac{(c_1V_1-c_2V_2)M_B}{V} \tag{3-12}$$

$$\rho_B=\frac{c_2(V_0-V_2)M_B}{V} \tag{3-13}$$

注意，采用这组公式计算滴定分析结果时，取试样体积（V）和耗用标准滴定溶液的体积（V_A、V_0、V_1、V_2）必须采用相同的计量单位，如 mL。

【例 3-1】 称取工业硫酸 1.740g，以水定容于 250.0mL 容量瓶中，摇匀。移取 25.00mL，用 c(NaOH)＝0.1044mol/L 氢氧化钠溶液滴定，终点消耗 32.41mL。求试样中 H_2SO_4 的质量分数。

解　根据式(3-6)，注意到硫酸的基本单元为$\frac{1}{2}H_2SO_4$；实际被滴定的试样质量为$m\times\frac{25}{250}$，于是

$$w(H_2SO_4)=\frac{c(NaOH)V(NaOH)M\left(\frac{1}{2}H_2SO_4\right)}{m\times\frac{25}{250}}$$

$$=\frac{0.1044\times32.41\times10^{-3}\times\frac{1}{2}\times98.08}{1.740\times\frac{25}{250}}$$

$$=0.9536\text{（或表示为 }95.36\%\text{）}$$

【例 3-2】 用碱水解-返滴定法测定乙酸异丙酯含量。取试样 2.00mL，放入

盛有 50.00mL、浓度为 0.5000mol/L 的氢氧化钾乙醇溶液的锥形瓶中，加热回流。水解完全后用 0.4980mol/L HCl 标准滴定溶液返滴定，用去 18.40mL。同样条件下做空白试验，消耗该 HCl 标准滴定溶液 48.30mL。求样品中乙酸异丙酯的质量浓度（g/L）？

解 乙酸异丙酯的碱水解反应为：

$$CH_3COOCH(CH_3)_2 + KOH \longrightarrow CH_3COOK + (CH_3)_2CHOH$$

计算出乙酸异丙酯的摩尔质量 $M_B = 102.1g/mol$。根据题意，应用式(3-13)求算分析结果。

$$\rho_B = \frac{c_2(V_0 - V_2)M_B}{V}$$

$$= \frac{0.4980 \times (48.30 - 18.40) \times 102.1}{2.00}$$

$$= 760.1(g/L)$$

第三节 电位分析

电位分析是以测量电池电动势为基础的仪器分析方法，包括直接电位法和电位滴定法两大类。

一、直接电位法测定水溶液的 pH

1. 测定原理

直接电位法是根据电极电位与有关离子浓度间的函数关系，直接测定该离子的浓度❶，电位法测定水溶液的 pH 就是典型的例子。

在电位分析中，将电极电位随待测组分浓度变化而变化的电极称为指示电极。如果能测量指示电极的电位，就能求出待测组分的浓度。但是，单一电极因不能构成测量回路，无法测其电极电位。必须与一个电位恒定（与待测组分浓度无关）的参比电极组成原电池，测定该电池的电动势（E），才能得知指示电极电位，从而确定待测组分浓度。

直接电位法测定水溶液的 pH，是以 pH 玻璃电极为指示电极，以饱和甘汞电极（SCE）为参比电极，浸入试液中构成工作电池，按图 3-2 组成测定装置。为了准确测出试液的 pH，通常需要用已知 pH 的标准缓冲溶液对仪器进行校准。

❶ 严格地说，电极电位与有关离子的活度之间呈一定的函数关系。在稀溶液中，离子间作用力很小，可以近似地认为浓度等于活度。

即先将pH玻璃电极和SCE浸入已知pH的标准缓冲溶液中，调节测量仪器上的“定位”和“斜率”调节器，使测量仪表显示标准缓冲溶液的pH。然后再把这套电极浸入到试液中，这时仪表显示值即为试液的pH。

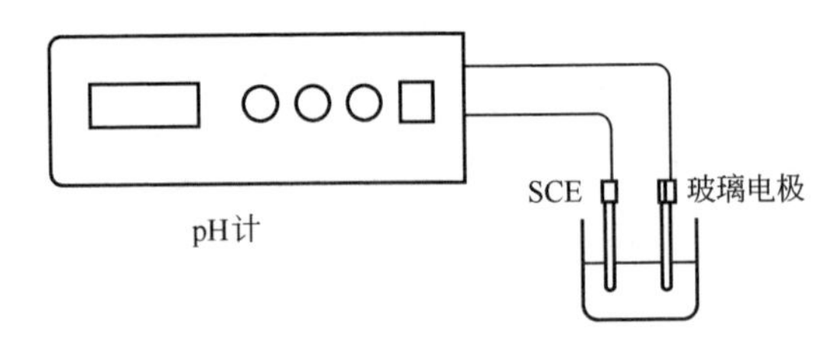

图3-2　溶液pH测定装置

技术标准GB/T 9724—2007规定了电位法测定溶液pH的一般规则。准确配制pH标准缓冲溶液，在电位法测定pH中非常重要。表3-1给出了几种常用的标准缓冲溶液在不同温度时的pH，必须严格按规定进行配制和使用。

表3-1　标准缓冲溶液的pH

标准缓冲溶液	不同温度时的pH					
	10℃	15℃	20℃	25℃	30℃	35℃
0.05mol/L邻苯二甲酸氢钾	4.00	4.00	4.00	4.01	4.01	4.02
0.025mol/L磷酸二氢钾 0.025mol/L磷酸氢二钠	6.92	6.90	6.88	6.86	6.85	6.84
0.01mol/L硼砂	9.33	9.27	9.22	9.18	9.14	9.10
25℃饱和酒石酸氢钾				3.56	3.55	3.55

2. 操作步骤

国产pH计（酸度计）或离子计种类很多，不同型号仪器的结构和性能不尽相同，使用时应严格按照仪器说明书进行操作。下面给出采用标准缓冲溶液校准仪器的方法和测定溶液pH的操作步骤。

① 接通电源，安装仪器。将浸泡好的玻璃电极和甘汞电极安装在电极夹上固定好，玻璃电极插头插入电极插口，甘汞电极引线连接到接线柱上。

② 将酸度计的“功能转换”开关拨至“pH”挡，将“温度”调节器拨至溶液温度值（预先用水银温度计测量溶液温度）。将“斜率”调节器左旋到头。

③ 将电极浸入第一种标准缓冲溶液中（如邻苯二甲酸氢钾溶液），调节“定位”使仪表显示该温度下的标准pH（20℃，pH=4.00）。

④ 移开第一种标准缓冲溶液，冲洗电极，用滤纸吸干。再将电极浸入第二种标准缓冲溶液中（如硼砂溶液），调节“斜率”使仪表显示该温度下的标准pH（20℃，pH=9.22）。

⑤ 将电极冲洗，吸干后，再浸入第一种标准缓冲溶液的测定。若此时仪表显示的pH与标准值在允许误差范围内，即已校准完毕；否则再重复上述操作。

⑥ 校准仪器后，冲洗、吸干电极，把这套电极浸入待测试液中，这时仪表显示值即为试液的pH，要求pH读数至少稳定1min。将样品溶液分成2份，分别测定。两次测定溶液的pH允许误差不得大于±0.02。

以上是采用“两点定位法”校准仪器的步骤。选用的两种标准缓冲溶液的pH，应分别位于待测样品溶液的pH的两侧，并接近样品溶液的pH。在要求不很高的场合，或所用酸度计上无“斜率”调节器时，可以采用“一点定位”，即仅用一种标准缓冲溶液按上述①、②、③、⑥步骤操作。这种情况下，选用标准缓冲溶液的pH应接近试液的pH，以减小测量误差。

具备斜率系数调节功能的pH计，当使用两种标准缓冲溶液校准酸度计后，测得的斜率值在90%～100%范围内，电极使用状态正常。若酸度计不具备斜率系数调节功能，可用两种标准缓冲溶液相互校准，其pH误差不得大于0.1（如斜率值小于90%或pH误差大于0.1，则该电极应清洗或更换）。

电极使用和保养的相关注意事项：

① 新电极使用前应在水中浸泡24h以上，使用后应立即清洗，并浸于水中保存。

② 饱和甘汞电极，使用时电极上端小孔的橡皮塞必须拔出，以防止产生扩散电位，影响测定结果。电极内氯化钾溶液中不能有气泡，以防止断路。溶液中应保持有少许氯化钾晶体。

③ pH复合电极，是将玻璃电极和饱和甘汞电极组合在一起的。使用时，电极上端小孔的橡皮塞也必须拔出。其内参比液3mol/L氯化钾溶液，可以从该小孔加入，电极不使用时，应将橡皮塞塞入，以防止内参比补充液干枯。

④ 复合电极使用完后，应将电极保护帽套上，帽内应放少量外参比补充液3mol/L氯化钾溶液，以保持电极球泡的湿润。如果使用前发现保护帽中补充液干枯，应先在3mol/L氯化钾溶液中浸泡活化8h，以保证电极使用性能。

⑤ 当待测溶液中含有Ag^+、S^{2-}、Cl^-时，需使用双盐桥型饱和甘汞电极测定，盐桥套管内装饱和硝酸铵或硝酸钾溶液。

⑥ 经长期使用后，如发现斜率有所降低，可将电极下端浸泡在氢氟酸溶液（4%）中3～5s，用蒸馏水洗净，再在0.1mol/L盐酸溶液中浸泡，使之活化。

二、电位滴定法确定滴定分析的终点

1. 仪器与操作

电位滴定是利用滴定过程中指示电极电位的突跃来确定到达滴定终点的一种电化学方法。可以代替指示剂更加客观、准确地确定各类滴定分析的终点。技术标准GB/T 9725—2007中规定了电位滴定方法的通则。

手动电位滴定装置如图3-3所示，它包括滴定管、滴定池、指示电极、参比电极、电磁搅拌器、pH计或直流电位差计等。进行电位滴定时，根据滴定反应

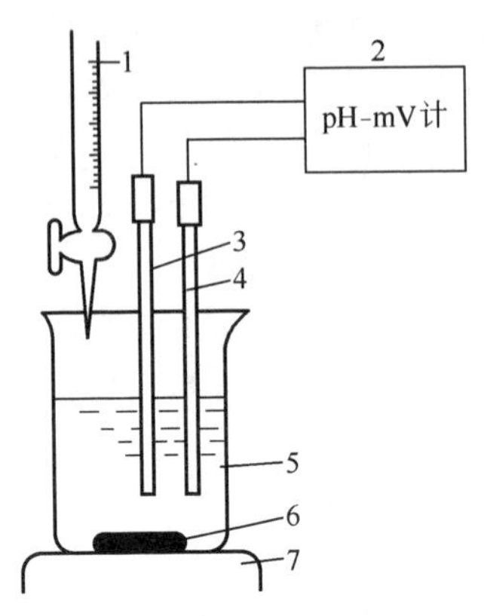

图 3-3 手动电位滴定装置
1—滴定管；2—pH 计；3—指示电极；4—参比电极；5—试液；6—搅拌子；7—电磁搅拌器

类型选择适当的指示电极和参比电极，按图所示连接组装仪器。将滴定剂装入滴定管，调好零点，准确量取一定量试液于滴定池中，插入电极，开启电磁搅拌器和直流电位差计，读取初始电动势值，然后开始滴定，在滴定过程中每加一次滴定剂，测量一次电动势。在终点附近应放慢滴定速度（如每次滴加 0.10mL），因为这时滴定剂体积的很小变化，都将引起指示电极电位的较大变化而发生电位突跃。这样就得到一系列滴定剂体积 V 和相应的电动势 E 数据，根据这些 E、V 数据，利用适当方法即可确定滴定终点。

电位滴定与普通滴定的区别仅在于指示终点的方法不同。各类滴定反应都可以采用电位滴定，只是所需的指示电极有所不同。在酸碱滴定中，溶液的 pH 发生变化，常用 pH 玻璃电极作为指示电极；在氧化还原滴定中，溶液中氧化态与还原态组分的浓度比值发生变化，多采用惰性金属铂电极作指示电极；在沉淀滴定中，常采用银电极或相应卤素离子选择电极；在配位滴定中常用汞电极或相应金属离子选择电极作指示电极。

2. 滴定终点的确定

（1）图解法　以加入滴定剂体积（V）作为横坐标，以测得工作电池的电动势（E）作为纵坐标，在方格坐标纸上绘制 E-V 曲线。曲线的拐点即电位突变最大的一点所对应的滴定剂体积，即为滴定终点体积 V_{ep}。

对于滴定突跃不十分明显的体系，利用 E-V曲线确定滴定终点的误差较大。这种情况可绘制 ΔE_1-V 曲线。在接近滴定终点时每次只加入少量滴定剂，为简便一般每次加入滴定剂 $\Delta V=0.10$mL，导致电动势的增量记作 ΔE_1。ΔE_1 反映了由于滴定剂体积变化而引起电池电动势的变化率，以该变化率为纵坐标对滴定剂体积 V 作图，显然应得到一条尖峰状曲线，曲线极大值处所对应的滴定剂体积即为 V_{ep}，如图 3-4 所示。

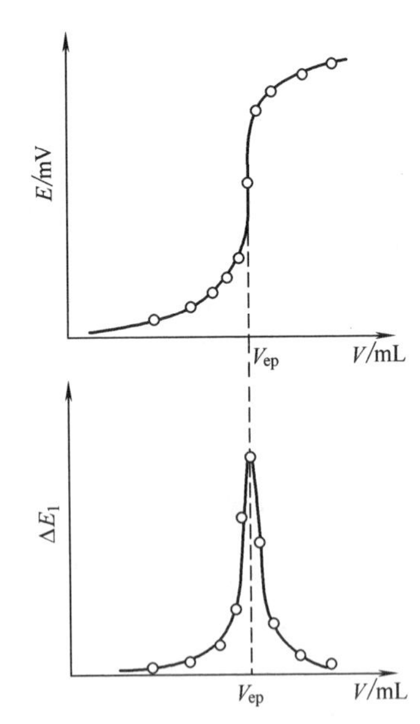

图 3-4 电位滴定曲线

（2）计算法　在 ΔE_1-V 曲线中，若顺次将各个 ΔE_1 之间的差值记作 ΔE_2，可以观察到：在尖峰状曲线的左侧，$\Delta E_2>0$，为正值；而在尖峰状曲线的右侧，$\Delta E_2<0$，为负值。显然，$\Delta E_2=0$ 时即为滴定终点。根据这个道理，按简

单比例关系不通过绘图，就能够直接计算出滴定的终点体积 V_{ep}。

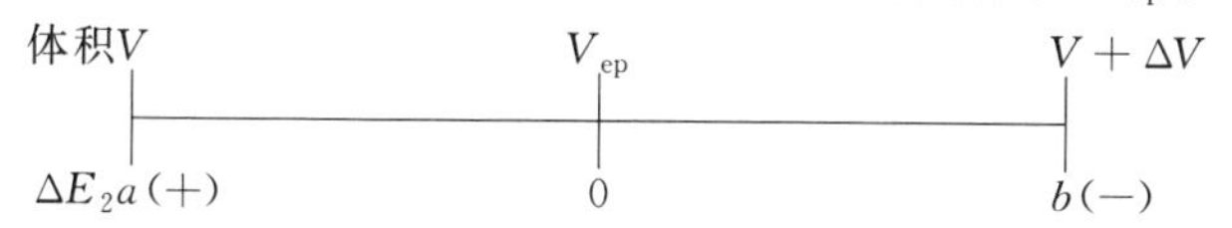

$$V_{ep}=V+\frac{a}{a-b}\times\Delta V \qquad (3\text{-}14)$$

式中 a——ΔE_2 最后一个正值；

b——ΔE_2 第一个负值；

V——ΔE_2 为 a 时所加入的滴定剂体积，mL；

ΔV——ΔE_2 由 a 至 b 时，滴加的滴定剂体积，mL。

【例 3-3】 在某项电位滴定中，终点附近滴定剂消耗体积 V 与测得电动势 E 值如下。求滴定终点的体积 V_{ep}。

V/mL	14.80	14.90	15.00	15.10	15.20	15.30
E/mV	176	211	283	306	319	330

解 将记录数据按下列格式列表，计算出 ΔE_1、ΔE_2

V/mL	E/mV	ΔE_1/mV	ΔE_2/mV
14.80	176		
		35	
14.90	211		+37
		72	
15.00	283		−49
		23	
15.10	306		−10
		13	
15.20	319		
15.30	330		

将 $a=+37$，$b=-49$，$V=14.90$，$\Delta V=0.10$ 代入式(3-14)，得

$$V_{ep}=14.90+\frac{37}{37-(-49)}\times 0.10=14.94(\text{mL})$$

(3) 自动电位滴定 手动电位滴定需要作图或计算来确定滴定终点，费时麻烦。为解决这一问题，发展了自动电位滴定。自动电位滴定仪器有两种类型，一类是通过电子单元控制滴定的电磁阀，使其在电位突跃最大时自动关闭；另一类是利用仪器自动控制加入滴定剂，并自动记录滴定曲线，然后由滴定曲线确定滴定终点。

第四节 分光光度分析

利用物质对光的选择性吸收特性建立起来的分析方法称为分光光度法，包括

紫外-可见分光光度法、红外分光光度法、原子吸收光谱法、目视比色及比浊法等。在技术标准 GB/T 9721—2006“分子吸收分光光度法通则”和 GB/T 602—2002“杂质测定用标准溶液的制备”中，规定了分光光度法的一般准则和标准溶液的制备规程。本节主要介绍化工产品检验中应用较多的目视比色和比浊法、可见分光光度法以及原子吸收光谱法。

一、目视比色和比浊法

目视比色法是用眼睛观察溶液颜色深浅来测定物质含量的方法。如高锰酸钾水溶液，浓度越大，呈现的紫红色越深。

目视比色所用仪器是一组以同样材料制成的、形状大小相同的平底玻璃管，称为比色管。将已知浓度的标准溶液以不同体积依次加入各比色管中，分别加入等量的显色剂及其他试剂，然后用水稀释至同一刻度，即形成颜色逐渐加深的标准色阶。测定试样时，在相同条件下处理后与标准色阶对比，从上向下观察（图 3-5）。若试液与某一标准溶液的颜色深度一致，则它们的浓度相等。如果试液颜色深度介于相邻两标准溶液之间，可取两标准溶液浓度的平均值作为试液浓度。

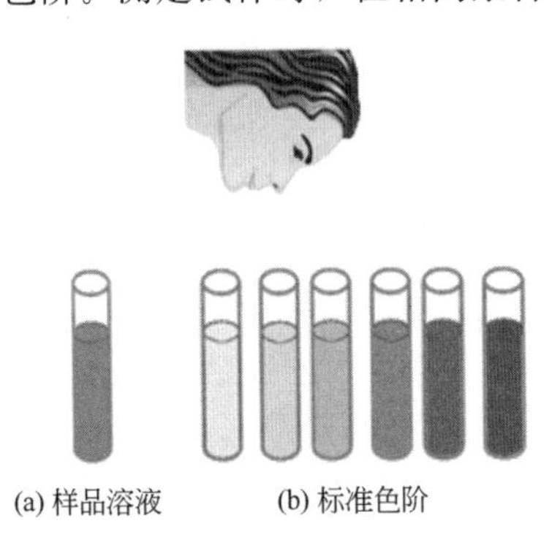

图 3-5　目视比色法观察和对比

目视比色多用于限量分析。限量分析要求确定试样中杂质的含量是否在规定的限量以下。这种情况只需配制一种限量浓度的杂质标准溶液。测定时，在相同条件下与待测溶液比较，如果显色试液比标准溶液颜色浅，说明是在允许限量内；否则，杂质含量为不合格。

目视比色的主要缺点是准确度不高。因为人的眼睛对不同颜色及其深浅的分辨率不同，会产生较大的主观误差。但由于该方法仪器简单、操作方便，目前仍应用于准确度要求不很高的例行分析中。

比浊分析是利用试剂与待测组分发生化学反应，生成的少量沉淀物悬浮在溶液中，对光线具有吸收和散射作用。将试液与杂质标准溶液做同样处理，然后比较其浑浊程度，从而测定化工产品中的微量杂质。

例如，测定尿素中的微量硫酸盐时，向尿素试液中加入 $BaCl_2$ 溶液，即生成少量 $BaSO_4$，使溶液浑浊；也可利用生成 AgCl 的浊度测定少量氯化物；利用生成金属硫化物的浊度测定试样中的重金属总量等。

在比浊分析中，为防止少量沉淀物的下沉，有时需加入增大溶液黏稠度的物质如聚乙烯醇水溶液、甘油等。比浊分析可以采用目视法，也可以采用分光光度计进行测量。具体操作步骤与目视比色及可见分光光度法相同。

比色、比浊和分光光度分析灵敏度高、应用范围广。大多数无机组分和有机物都可以直接或间接地用此法测定，测定物质浓度下限可达 $10^{-5}\sim10^{-6}$ mol/L，故适用于测定试样中的微量组分，如化工产品中杂质分析、水质分析等。

二、紫外-可见分光光度法

用一定波长的单色光照射试液，通过测量试液对光的吸收程度确定待测组分含量的方法称为分光光度分析，也称为光谱分析法。这种方法灵敏度高，主要用于测定试样中微量成分。

紫外-可见分光光度法，包含紫外、可见两种分光光度法，两种方法的光源和待测组分不同，方法原理和操作步骤相同。紫外分光光度法，使用 200～400nm 的近紫外光，用于测定含有共轭体系或含杂原子（O、N、S 等）的不饱和化合物。可见分光光度法，使用 400～780nm 的可见光，用于测定有色溶液，或者无色溶液经显色反应生成的有色试液。

1. 光的吸收定律

紫外-可见分光光度法，利用了物质对紫外光或可见光的吸收。当光通过含有吸光物质的稀溶液时，由于溶液吸收了一部分光，光通量就要减少。设入射光通量为 Φ_0，通过溶液后透射光通量为 Φ_T（见图 3-6），则比值 $\frac{\Phi_T}{\Phi_0}$ 表示该溶液对光的透射程度，称为透射比，用符号 T 表示：

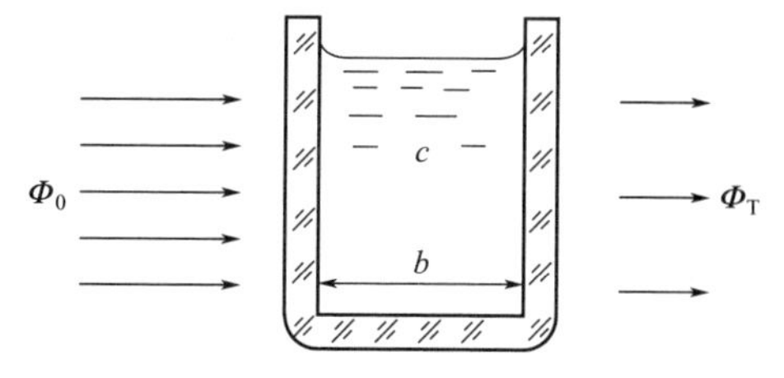

图 3-6　单色光通过盛溶液的吸收池

$$T=\frac{\Phi_T}{\Phi_0} \tag{3-15}$$

在分光光度法中还经常以透射比倒数的对数表示溶液对光的吸收程度，称为吸光度，用 A 表示。

$$A=\lg\frac{\Phi_0}{\Phi_T}=-\lg T \tag{3-16}$$

当入射光全部透过溶液时，$\Phi_T=\Phi_0$，$T=1$（或 100%），$A=0$；当入射光全部被溶液吸收时，$\Phi_T\to 0$，$T\to 0$，$A\to\infty$。

实验和理论推导都已证明，一束平行单色光垂直入射通过一定光程的均匀稀溶液时，溶液的吸光度 A 与吸光物质浓度及光程长度（b）的乘积成正比。这就是光的吸收定律，也称朗伯-比耳定律，即

$$A=\varepsilon bc=\alpha b\rho \tag{3-17}$$

式中　c——溶液中吸光物质的浓度，mol/L；
ε——摩尔吸光系数，L/(cm·mol)；
ρ——溶液中吸光物质的质量浓度，g/L；
α——质量吸光系数，L/(cm·g)；
b——吸收液层的厚度（光程），cm。

摩尔吸光系数 ε 或质量吸光系数 α 是吸光物质的特性常数。它与吸光物质的

性质、入射光波长及温度有关。ε 或 α 值愈大，表示该吸光物质的吸光能力愈强，用于分光光度分析的灵敏度愈高。

2. 仪器与操作

测定溶液吸光度或透射比的仪器称为分光光度计。紫外-可见分光光度计的种类和型号繁多。按波长范围划分，有可见分光光度计（400～780nm）、紫外可见分光光度计（200～1000nm）。常用的可见分光光度计如国产 721 系列、722 系列、723 系列等；常用的紫外-可见分光光度计有 752 型、754 型、UV1801 型、UV1800PC 型、TU-1810 PC 型、TU-1901 型、T6 新世纪等。不同型号仪器的光学系统大体相似，适用的波长范围及测量系统不尽相同。

分光光度计组成示意如图 3-7 所示。由光源发出的复合光经棱镜或光栅单色器色散为测量所需的单色光，然后通过盛有吸光溶液的吸收池，透射光照射到接收器上。接收器是一种光电转换元件如光电池或光电管，它使透射光转换为电信号。在测量系统中对此电信号进行放大和其他处理，最后在显示仪表上显示吸光度和透射比的数值。

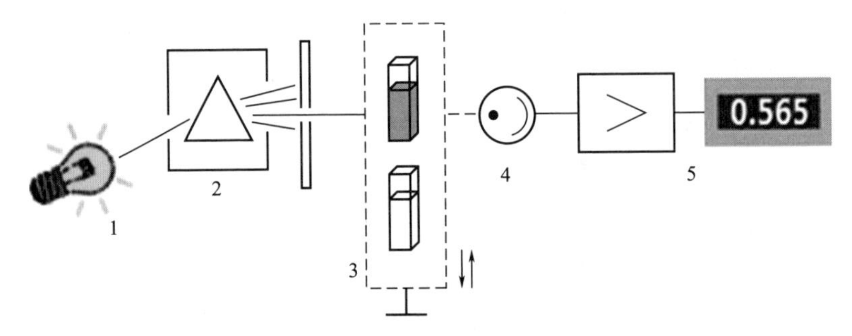

图 3-7　分光光度计组成示意图

1—光源；2—单色器；3—吸收池；4—接收器；5—测量系统

可见分光光度计的光源常用钨丝灯，适用波长范围 360～800nm；紫外可见分光光度计常用卤钨灯和氘灯 2 个光源，分别适用于 360～850nm 可见光区和 200～360nm 紫外光区范围。当分光光度计使用可见光测定时，用玻璃吸收池盛放吸光溶液；当使用紫外光测定时，用石英吸收池盛放吸光溶液。

为了能够准确测出试液中待测物质的吸光度，必须扣除吸收池壁、溶剂和所加试剂对光吸收的影响。为此，首先要用一个吸收池盛空白溶液（除待测物质外，所有试剂都加入）作为参比，置于仪器光路中，用相应的调节器将显示仪表读数调到透射比 $T=100\%$，即吸光度 $A=0$；然后再将盛有试液的吸收池送入仪器光路，这样测出的吸光度才能反映待测物质对光的吸收程度。因此，用分光光度计测量溶液的吸光度，必须遵循以下三个基本操作步骤。

（1）仪器调零　在光源被切断的情况下，用调零装置将显示仪表读数调到 $T\%=0$（即 $A=\infty$）。

（2）空白调百　将参比吸收池置于光路中，选定单色光波长，接通光源，用电流（或光量）调节器将显示仪表读数调到 $T\%=100$（即 $A=0$）。

（3）测量试液　各调节器不动，用试液吸收池代替参比吸收池，这时显示仪表的读数就是试液的透射比或吸光度。

注意：参比吸收池与试液吸收池提前应做校准或配对工作，以消除吸收池的误差，即在测定前应对两个吸收池进行配套性检验。根据 JJG 178—2007 规定，石英吸收池在 220nm 处、玻璃吸收池在 440nm 处，装入适量蒸馏水，以一个吸收池为参比，调节 $T\%=100$，测量其他吸收池的透射比，与参比透射比的偏差小于 0.5%的吸收池可配成一套。

实际工作中，如果两个吸收池不配套，可以装入测定用溶剂，以吸光度较小的吸收池做参比，测定出另一个吸收池的吸光度，即修正值（也称皿差），以后将待测液装入校正过的吸收池，所测得的吸光度减去修正值即得到此待测液的真正吸光度。

3. 标准曲线定量分析

根据光吸收定律，当波长一定的入射光通过液层厚度一定的吸光物质溶液时，吸光度与溶液中吸光物质的浓度成正比。若以吸光度对浓度作图，应得到一条直线。为测绘这种直线关系，需要配制一组不同浓度的吸光物质的标准溶液，用同样的吸收池分别测量其吸光度。在方格坐标纸上，以浓度为横坐标，相应的吸光度为纵坐标作图，得到一条直线。该直线称为校准曲线或标准曲线，如图 3-8 中实线所示。

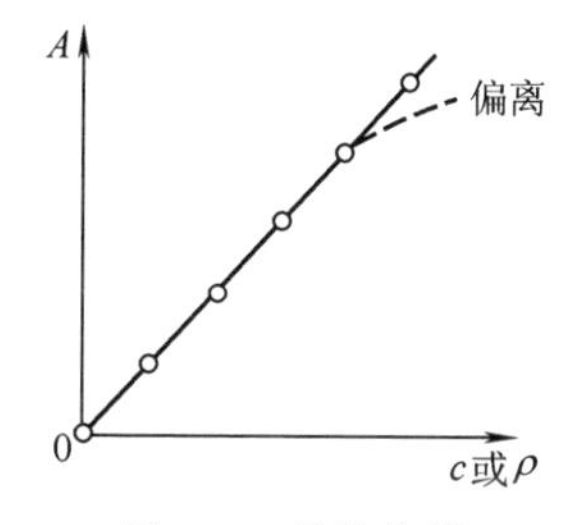

图 3-8　标准曲线

分析试样时，试样溶液也经同样处理，按照测绘标准曲线相同的条件，测定试液的吸光度，并从标准曲线上查出对应的浓度。

需要注意的是，当显色溶液浓度高时，可能出现实测点偏离直线的情况，如图 3-8 中虚线所示。偏离直线的区域显然不能用于定量分析，即定量分析要求必须在标准曲线的线性范围内进行。

在实际测绘标准曲线时，由于仪器和操作等方面的原因，由标准溶液测得的若干个点可能不完全在一条直线上，这样画直线的任意性很大。这种情况可以利用数学上的最小二乘法求出一条校准曲线方程，或称直线回归方程。该方程的一般形式为：

$$y=bx+a \tag{3-18}$$

式中　y——显示量（吸光度）；

x——被测量（浓度）；

b——回归直线的斜率；

a——回归直线的截距。

设 x 的取值分别为 x_1、x_2、…、x_i、…、x_n；y 的对应值分别为 y_1、y_2、…、y_i、…、y_n，则 a、b 值按下列公式求出：

$$a=\frac{\sum x_i^2 \sum y_i - \sum x_i \sum x_i y_i}{n\sum x_i^2-(\sum x_i)^2} \tag{3-19}$$

$$b=\frac{n\sum x_i y_i - \sum x_i \sum y_i}{n\sum x_i^2-(\sum x_i)^2} \tag{3-20}$$

求出 a、b 值后代入式(3-18)，即得到直线回归方程。每次测定试样时，只要将测得的 y 值代入回归方程，即可计算出被测 x 值。

所建立的回归方程的精密度，可以通过计算的相关系数 R 来检验：

$$R=b\sqrt{\frac{\sum(x_i-\overline{x})^2}{\sum(y_i-\overline{y})^2}}=\frac{\sum(x_i-\overline{x})(y_i-\overline{y})}{\sqrt{\sum(x_i-\overline{x})^2\sum(y_i-\overline{y})^2}} \tag{3-21}$$

R 值越接近 1，回归方程精密度越好，越可信。一般要求 R 值>0.999，定量分析的精密度较好。

【例 3-4】 用分光光度法测定某显色配合物的标准溶液，得到下列一组数据。求这组数据的直线回归方程。

标准溶液浓度 ρ/(mg/L)	1.00	2.00	3.00	4.00	6.00	8.00
吸光度 A	0.114	0.212	0.335	0.434	0.670	0.868

解 设直线回归方程为 $y=bx+a$。即列出 $y=A$，$x=\rho$。由实验数据得到：

$$\sum x_i=24.00、\sum x_i{}^2=130.00、\sum y_i=2.633、\sum x_i y_i=14.243$$

代入式(3-19) 和式(3-20) 计算 a、b 值：

$$a=\frac{130.00\times2.633-24.00\times14.243}{6\times130.00-(24.00)^2}=0.002245$$

$$b=\frac{6\times14.243-24.00\times2.633}{6\times130.00-(24.00)^2}=0.109147$$

于是得到直线回归方程

$$y=0.109147x+0.002245$$

即

$$A=0.109147\rho+0.002245$$

$$\rho=9.1620A-0.0206$$

计算此回归方程的 R 值：$\sum(x_i-\overline{x})^2=34$、$\sum(y_i-\overline{y})^2=0.405397$

$$R=0.109147\times\sqrt{\frac{34}{0.405397}}=0.99956$$

【例 3-5】 利用 Excel 软件，将例 3-4 中的数据，绘制成 ρ-A 关系的标准曲线，并得出直线回归方程和相关系数 R。

解 ① 以 Excel 2016 版为例，打开 Excel 软件，将 ρ 与 A 的数值，分别输入 Excel 软件中的两行表格中。

② 用鼠标框选已输入的两行数值，在工具栏中点击“插入”→再点击“图表”中的“散点图”。图表中就出现了一个散点图。

③ 鼠标点击在散点图的上面，在工具栏的“设计”中点击“添加图表元素”，出现了下拉菜单，点击其中的“趋势线”→“线性”，散点图中出现了标准曲线。

④ 点击“添加图表元素”下拉菜单中的“其他趋势线选项”，在右侧出现设置趋势线格式的窗口，点击其中的趋势线选项图标，出现在选项“显示公式”和“显示 R 平方值”前打对钩。此时图中即可出现曲线方程和 R 平方值的标示了。

⑤ 可以根据需要对图表进行修饰。例如：可以输入图表标题和坐标轴标题，可以给图表加上网络线，可以修改坐标轴、图例、数据标签的位置和格式，可以添加误差线等，如图 3-9。

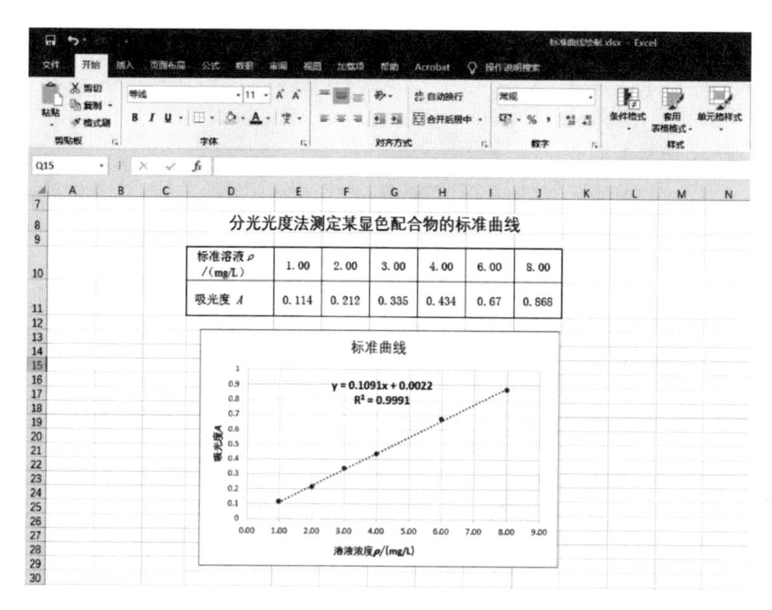

图 3-9 用 Excel 软件绘制的含有曲线方程和 R 平方值的标准曲线

三、原子吸收光谱法

1. 基本原理

试样在火焰或电热原子化器中被加热，使待测元素原子化，成为基态原子蒸气。对基态原子施加光辐射，当光能量恰好等于原子由基态到激发态所需要的能量 ΔE 时，基态原子便吸收光辐射，产生原子吸收光谱。通过测定试样原子对特征光辐射的吸收程度，可测出试样含量，这种分析方法称为原子吸收光谱法。

一般原子由基态跃迁至第一激发态所需能量 ΔE 最低，其吸收的特征光线称为第一共振吸收谱线（简称共振线），也称最灵敏线、特征谱线。测定时，常选择最灵敏线，测定它的吸收程度，进行定量分析。不同种类的原子有不同的原子结构，由基态→激发态所需的能量差不同，吸收的特征光辐射也不同。例如，测定镁时，一般采用镁的 285.2nm 的特征谱线；测定铜时，选择铜的特征谱线 324.7nm。

原子蒸气对光源发射的特征辐射进行选择性吸收。在仪器操作条件一定时，在一定浓度范围内，原子蒸气的吸光度与试液中被测元素的含量成正比，其定量关系遵循朗伯-比耳定律，因此测量基态原子对特征谱线的吸收程度可以进行定量分析。多数金属在一定条件下受到激发会产生原子蒸气，所以原子吸收光谱法主要用来测定金属的含量。

2. 仪器装置

原子吸收光谱仪或称原子吸收分光光度计一般由四大部分组成，即光源、试样原子化器、单色器、检测器和数据处理系统。从光源发射出的具有待测元素的特征谱线的光，通过试样蒸气时，被蒸气中待测元素的基态原子所吸收，经过单色器分光，筛选出特征谱线，再由检测器测定它的吸光度，求得待测元素的含量。

① 光源常用空心阴极灯，作用是辐射待测元素的特征谱线。它内部有空心圆筒状阴极，是用待测元素的纯金属或合金材料做成的，所以能发出具有待测元素特征谱线的、半宽度很窄的锐线光。一般某元素做的空心阴极灯只能测定其对应元素。因而测定前，一定要根据待测元素，更换相应元素的空心阴极灯。

② 试样的原子化器主要有两大类，即火焰原子化器和电热原子化器。火焰有多种火焰，目前普遍应用的是空气-乙炔火焰，火焰原子化的温度在 2100～2400℃之间。电热原子化器普遍应用的是石墨炉原子化器，其原子化温度在 2900～3000℃之间。

图 3-10 为火焰原子吸收光谱仪的装置示意图。火焰原子化法的优点是操作简便，重现性好，有效光程大，对大多数元素有较高灵敏度，因此应用广泛。缺点是原子化效率较低，灵敏度不够高，一般不能直接分析固体样品。

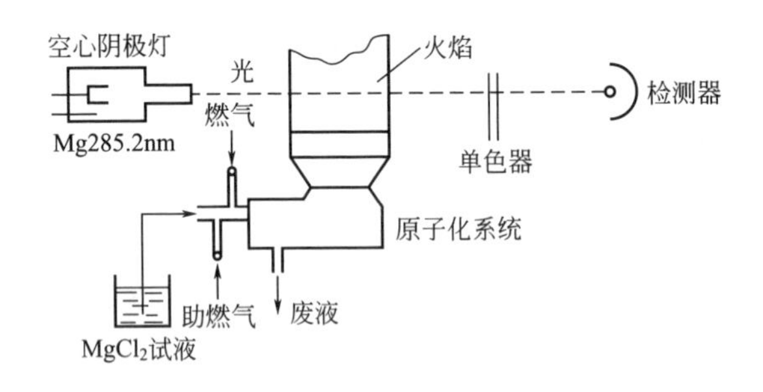

图 3-10　火焰原子吸收光谱仪示意图

石墨炉原子化器的优点是原子化效率高，灵敏度高，试样用量少，适用于难熔元素的测定。缺点是测定精密度较低，共存化合物的干扰比火焰原子化法大，干扰背景比较严重，一般都需要校正背景。

对比火焰原子吸收法与石墨炉原子化法，前者的误差较小，但后者的灵敏度更高，检出限更低。火焰原子吸收光谱法的相对误差小于1%，石墨炉原子化法为3%～5%。火焰原子吸收光谱法检出限可达10^{-6}g/L，石墨炉原子化法检出限可达10^{-9}g/L。

③ 单色器的作用是将待测元素的共振线与邻近的干扰谱线分开。核心元件是色散元件光栅，此外还有透镜、凹面镜、狭缝等元件。单色器效率主要取决于色散元件性能和狭缝大小。

④ 检测器和数据处理系统，其作用是将分光系统的出射光信号转变为电信号，进而放大、显示。检测器常采用光电转换效率高、信噪比大、线性关系好的光电倍增管。

原子吸收光谱法主要用于痕量杂质元素的分析，具有灵敏度高及选择性好两大主要优点。多数情况下，共存元素对被测元素不产生干扰。可测定的元素达70多种，几乎包括所有金属元素和一些类金属元素（如As、Se、Sb等）。广泛应用于化工产品、地矿试样和环境试样中微量元素的分析。

3. 仪器操作

原子吸收光谱仪属于大型精密分析仪器，必须严格按照仪器使用说明书的规定进行操作。通常采用标准曲线法或标准加入法进行定量分析。需要强调的是，测定试液和标准溶液吸光度的仪器操作条件必须相同，且在一次开机时完成测试。

目前原子吸收仪多采用电脑联机控制的方式运行。此处简述火焰原子化法的仪器操作方法和步骤。

① 进行开机前的各项检查工作。

② 安装空心阴极灯。

③ 开机和仪器自检。打开电脑和原子吸收仪的主机电源；点击打开电脑中控制软件，仪器将开始自检。

④ 选灯。自检完成后，根据向导提示，选择对应的空心阴极灯，并点燃预热。

⑤ 设置元素测量的条件和参数。分别输入测量参数灯电流、光谱带宽、负高压值、燃烧器高度和位置、燃气流量等数值，系统将自动按照参数进行调整。

⑥ 选择分析线。系统内提供多条分析线，选中最佳波长后，点击寻峰，仪器自动检测，出现峰形图，完成寻峰。

⑦ 原子化器的操作和样品测定

a. 设置样品测定参数和数据表格。在测量界面中设置定量方法、曲线方程、浓度单位、样品名称和编号；设置标准样品的个数和浓度、未知样品名称和数量、编号等信息。

b. 打开空气压缩机电源，调整空气输出压力0.25～0.3MPa。

c. 打开乙炔气瓶的开关总阀，调节减压阀使输出压力为0.06MPa左右。

d. 点击菜单中的“点火”按钮，点燃后，可再调节乙炔流量，选择合适火焰。

e. 调零。火焰稳定后，吸喷空白试剂溶液进行调零。

f. 样品测量。分别吸喷系列标准溶液和样品溶液（浓度从小到大），每次待吸光度稳定后，点击读取吸光值。注意每次测量前都要用空白试剂调零。

g. 测量结束后依次关闭乙炔，空压机，关闭主机。整理实验台。

第五节　气相色谱分析

气相色谱分析是以气体作为流动相的柱色谱技术。它能分离气体及在操作温度下能够气化的物质（一般指沸点在450℃以下的物质）。具有分离效能高、分析速度快、仪器易普及等特点。现已成为气体分析和有机化工产品检验中广泛应用的分离分析手段。

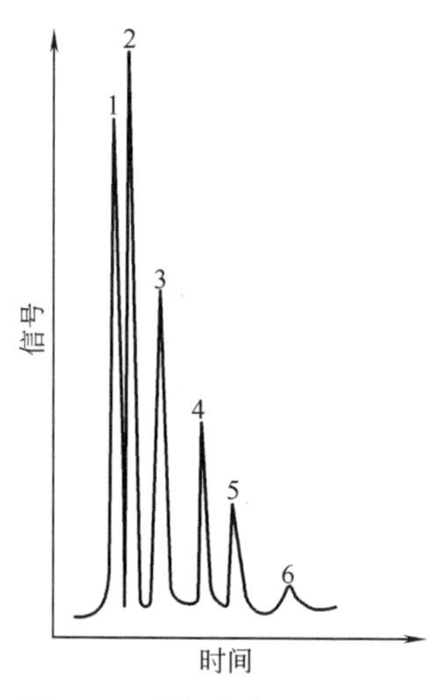

图 3-11　裂解气中 $C_1 \sim C_3$ 烃类的色谱图

1—甲烷；2—乙烯；3—乙烷；4—丙烯；5—丙烷；6—丙二烯

一、方法原理

气相色谱是基于试样混合物中各组分在固定相和流动相（载气）之间分配特性的不同而建立起来的分离分析方法。常用的载气是氢气或氮气，应用较多的固定相是将某种高沸点的液体（固定液）涂渍在多孔载体上，装入色谱柱。

当气化了的试样混合物进入色谱柱时，首先溶解到固定液中；随着载气的流动，已溶解的组分会从固定液中挥发到气相，接着又溶解到以后的固定液中。这样反复多次溶解、挥发、再溶解、再挥发……由于各组分在固定液中溶解度的差异，当色谱柱足够长时，各组分就彼此分离。例如，在硅藻土载体上涂以异三十烷作为固定相，用氢气作载气，$C_1 \sim C_3$ 烃类得到了良好的分离，如图 3-11 所示。

在有机化工产品或气体分析中，对于指定的试样一般已经规定了固定液、载体的种类及分离操作条件。操作者需将一定量的固定液溶于适当溶液中，加入载体，搅拌均匀，再挥发掉溶剂，固定液就以液膜形式分布在载体表面上。这样涂渍好的固定相均匀地装入柱管，安装到仪器上，通载气“老化”数小时，即可投入使用。如果进样以后出峰效果不甚理想，可适当调整柱温和载气流速，以得到分离良好的色谱图。

二、仪器与操作

1. 仪器的构成

单柱单气路气相色谱仪气路流程如图 3-12 所示。载气由高压气瓶供应，经

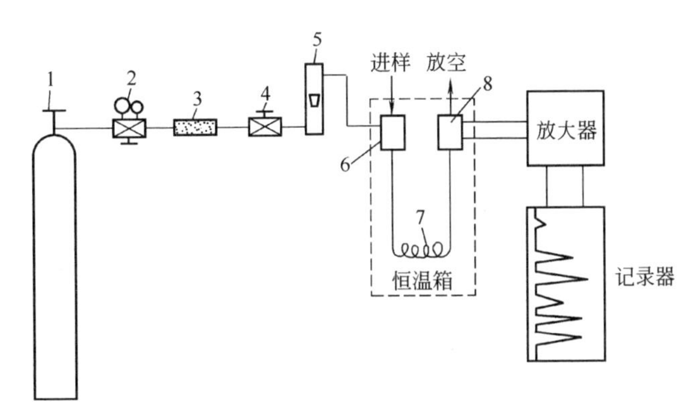

图 3-12　单柱单气路气相色谱仪气路流程

1—载气钢瓶；2—减压阀；3—净化器；4—气流调节阀；5—转子流速计；6—气化室；7—色谱柱；8—检测器

减压、净化，调至适宜的压力和流量，流经进样-气化室、色谱柱和检测器。试样用注射器由进样口注入气化室，气化了的样品由载气携带经过色谱柱进行分离，被分离的各组分依次流入检测器，在此将各组分的浓度或质量的变化转换为电信号，并在记录仪上记录出色谱图。国产 GC9790 型、HP4890 型气相色谱仪即属于这种类型。

双柱双气路气相色谱仪气路流程如图 3-13 所示。载气经净化、稳压后分成两路，分别进入两根色谱柱。每个色谱柱前装有进样-气化室，柱后连接检测器。双气路能够补偿气流不稳及固定液流失对检测器产生的影响，特别适用于程序升温。新型双气路仪器的两个色谱柱可以装入性质不同的固定相，供选择进样，具有两台气相色谱仪的功能。国产 9720 型、SP3420 型及 G5 型气相色谱仪都属于这种类型。

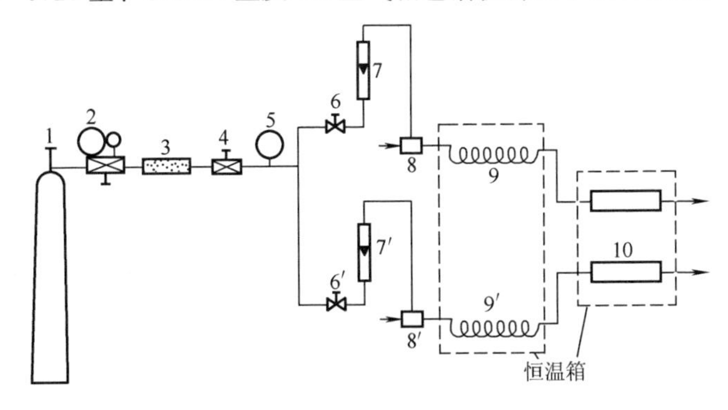

图 3-13　双柱双气路气相色谱仪气路流程

1—载气钢瓶；2—减压阀；3—净化器；4—稳压阀；5—压力表；6，6′—针形阀；7，7′—转子流速计；8，8′—进样-气化室；9，9′—色谱柱；10—检测器

气相色谱检测器有多种类型，其中常用的是热导检测器（TCD）和氢火焰离子化检测器（FID）。热导检测器是基于载气和待测组分通过热敏元件时，由

于两者热导率不同，使其电阻变化而产生电信号；氢火焰离子化检测器是基于有机物蒸气在氢火焰中燃烧时生成的离子，在电场作用下产生电信号。氢火焰离子化检测器对有机物有很高的灵敏度，对无机物没有响应。

由于气化室、色谱柱和检测器都需要调控温度，故仪器设有加热装置和温度控制系统，分别控制气化室、柱箱和检测器的温度。

2. 操作程序

气相色谱仪种类、型号繁多，构造和性能各具特色，其具体使用操作步骤详见有关仪器的说明书。这里仅说明普及型气相色谱仪的一般操作程序。

(1) 使用 TCD 的操作程序

① 检查气密性。将载气钢瓶输出气压调到 0.3MPa 左右，堵住仪器排气口，缓慢开启载气稳压阀，这时载气流量计应无指示；若有指示，表示气路漏气，应找到漏气处加以处理。

② 调节载气流量。调节载气稳压阀及针形阀，使载气流量计指示实验所需的载气流量值。

③ 调控温度。开启电源开关，缓慢调节各温度调节旋钮，将气化室、柱箱和检测器分别调控到指定的温度。

④ 调节热导电流和池平衡。将热导电桥电流调至设定值（150～250mA）。开启记录仪，反复调节“调零”和“池平衡”，直到记录仪基线稳定为止。

⑤ 进样。用注射器吸取一定量的试样，由进样口注入气化室，记录仪画出试样的色谱图。

⑥ 关机。顺次关闭记录仪、检测器及控温系统电源和总电源，待自然降温后再关闭载气稳压阀和钢瓶总阀。

(2) 使用 FID 的操作程序

① 检查、调控载气流量和温度，操作程序与使用 TCD 时①、②、③相同。

② 调节氢气和空气流量。开启氢气钢瓶和空气压缩机，用各自的调节阀门将氢气和空气流量调节到氢火焰离子化检测器所需的流量值。

③ 点火。开启氢火焰离子化检测器和记录仪电源，按下“点火”开关或用点火枪在检测器顶部直接点火，若记录仪基线未发生变化或将金属扳手的光亮面置于检测口处未观察到水柱生成，则表明火未点着，重新点火至点着为止。

④ 进样。进样方法与使用 TCD 时相同，只是进样量较少。

⑤ 关机。首先关断氢气和空气，使火焰熄灭。再按使用 TCD 同样的步骤关闭电源和载气钢瓶。

三、色谱图及有关术语

在技术标准 GB/T 4946—2008《气相色谱法术语》和 GB/T 9722—2006《化学试剂气相色谱法通则》中，规定了气相色谱的有关概念、术语和方法。一个典型的两组分试样的气液色谱图如图 3-14 所示，现以该色谱图为例说明常用的术语。

(1) 基线　没有样品组分进入检测器时记录仪画出的线就是基线，稳定的基

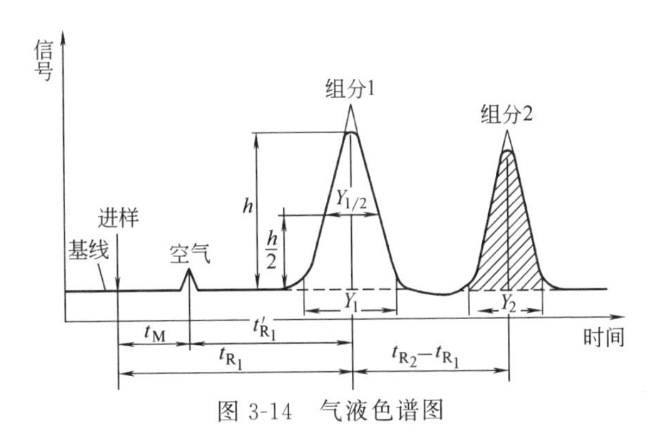

图 3-14　气液色谱图

线是一条平行于时间坐标轴的直线。

(2) 保留时间 (t_R)　待测组分从进样开始到检测器出现其浓度最大值所需的时间。

(3) 死时间 (t_M)　不与固定相作用的组分（如空气）的保留时间。

(4) 调整保留时间 (t'_R)　扣除死时间后的保留时间，即

$$t'_R = t_R - t_M \tag{3-22}$$

(5) 相对保留值 ($\gamma_{1,2}$)　组分 1 和组分 2 调整保留时间之比。

$$\gamma_{1,2} = \frac{t'_{R_1}}{t'_{R_2}} \tag{3-23}$$

在一定的色谱条件下，每种物质都有一个自确定的保留值。可以通过比较未知物与纯物质保留值是否相同，来进行色谱定性分析。相对保留值与固定相及柱温有关，不受其他操作条件的影响，在色谱定性分析中应用较多。

(6) 峰高 (h)　色谱峰的最高点到基线的距离。

(7) 峰宽 (Y)　又称为峰底宽度，指通过色谱峰两侧的拐点所做切线在基线上的截距。

(8) 半峰宽 ($Y_{1/2}$)　指 1/2 峰高处色谱峰的宽度。

(9) 峰面积 (A)　某组分色谱峰与基线延长线之间所围成的面积。图 3-14 中画有斜线的区域即为组分 2 的峰面积。

当色谱峰形对称时，可用峰高乘半峰宽法求出峰面积，即

$$A = hY_{1/2} \tag{3-24}$$

当操作条件稳定不变时，在一定的进样量范围内，对称峰的半峰宽不变，这种情况下可用峰高代替峰面积进行定量分析。

四、定量分析方法

在仪器操作条件一定时，待测组分的进样量与其色谱峰面积成正比，这是色谱定量分析的基本依据。即

$$m_i = f_i A_i \tag{3-25}$$

式中　m_i——组分 i 的质量；

f_i——组分 i 的绝对校正因子；

A_i——组分 i 的峰面积。

由式(3-25) 可知，色谱定量分析需要解决三个问题：准确测量峰面积；确定校正因子；运用适当的定量计算方法，将色谱峰面积换算为试样中组分的含量。

绝对校正因子 f_i 表示单位峰面积所代表的组分 i 的进样量。在相对测量中，还经常使用相对校正因子数据（f'_i）。相对校正因子 f'_i 是某组分的绝对校正因子 f_i 与一种基准物的绝对校正因子 f_s 的比值。各种物质的相对校正因子可以在分析化学手册中查到，也可以用纯物质自行测定。

下面介绍几种常用的定量分析方法。

1. 归一化法

把所有出峰组分的质量分数之和按 1.00 计的定量方法称为归一化法。其计算式为：

$$w_i=\frac{m_i}{m_1+m_2+\cdots+m_n}=\frac{f'_iA_i}{f'_1A_1+f'_2A_2+\cdots+f'_nA_n} \tag{3-26}$$

式中 w_i——试样中组分 i 的质量分数；

m_1，m_2，…，m_n——各组分的质量；

A_1，A_2，…，A_n——各组分的峰面积；

f'_1，f'_2，…，f'_n——各组分的相对校正因子；

m_i，A_i，f'_i——试样中组分 i 的质量、峰面积和相对校正因子。

归一化法简便、准确。进样量和操作条件变化时，对分析结果影响较小。但要求试样中的所有组分都必须流出色谱柱，并在记录仪上单独出峰。

2. 内标法

将已知量的内标物（试样中没有的一种纯物质）加入试样中，进样出峰后根据待测组分和内标物的峰面积及相对校正因子计算待测组分的含量。

设 m 为称取试样的质量；m_s 为加入内标物的质量；A_i、A_s 分别为待测组分和内标物的峰面积；f_i、f_s 分别为待测组分和内标物的绝对校正因子。

则

$$\frac{m_i}{m_s}=\frac{f_iA_i}{f_sA_s}$$

$$w_i=\frac{m_i}{m}=f'_{i/s}\frac{A_im_s}{A_sm} \tag{3-27}$$

式中，$f'_{i/s}$ 表示待测组分 i 对内标物 s 的相对校正因子。

内标法定量准确，不像归一化法有使用上的限制。但需要称量试样和内标物的质量，不适用于快速控制分析。

3. 外标法

所谓外标法就是标准曲线法。利用待测组分的纯物质配成不同含量的标准样，分别取一定体积的标准样进样分析，测绘峰面积对含量的标准曲线。分析试样时，在同样条件下注入相同体积的试样，根据待测组分的峰面积，从标准曲线上查出其含量。

外标法的操作和计算都很简便，适用于生产控制分析。但要求操作条件稳定，进样量准确。

【例 3-6】 某混合溶剂由丙酮、甲苯和乙酸丁酯组成。利用气相色谱（TCD）分析得到各组分的峰面积为 $A_{丙酮}=1.63\text{cm}^2$，$A_{甲苯}=1.52\text{cm}^2$，$A_{乙酸丁酯}=3.30\text{cm}^2$。求该试样中各组分的质量分数。

解 由《分析化学手册》中查出有关组分在热导检测器上的相对质量校正因子为：

$$f'_{丙酮}=0.87,\ f'_{甲苯}=1.02,\ f'_{乙酸丁酯}=1.01$$

$$\sum f'A=0.87\times1.63+1.02\times1.52+1.01\times3.30=6.30$$

按式(3-26)，试样中各组分的质量分数分别为：

$$w_{丙酮}=\frac{0.87\times1.63}{6.30}=0.225$$

$$w_{甲苯}=\frac{1.02\times1.52}{6.30}=0.246$$

$$w_{乙酸丁酯}=\frac{1.01\times3.30}{6.30}=0.530$$

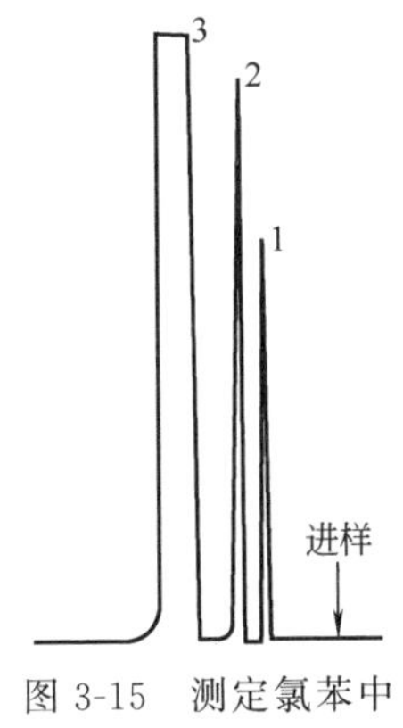

图 3-15 测定氯苯中杂质苯的色谱图
1—苯；2—甲苯；3—氯苯

【例 3-7】 测定工业氯苯中的微量杂质苯，以甲苯作内标物。称取氯苯样品 5.119g，加入甲苯 0.0421g。将混合样注入色谱仪（FID），得到如图 3-15 所示的色谱图。求试样中杂质苯的质量分数（以百分数表示）。

解 由色谱图测量出苯和甲苯的峰高：$h_{苯}=3.8\text{cm}$，$h_{甲苯}=5.4\text{cm}$。由《分析化学手册》查出在氢火焰离子化检测器上的相对质量校正因子：$f'_{苯}=1.00$，$f'_{甲苯}=1.04$。用峰高代替峰面积，代入式(3-27)，

$$w_{苯}=\frac{f'_{苯}h_{苯}\,m_{甲苯}}{f'_{甲苯}h_{甲苯}m}$$

$$=\frac{1.00\times3.8\times0.0421}{1.04\times5.4\times5.119}\times100\%=0.56\%$$

近年来已有多种型号的色谱数据处理机或计算机工作站，它们可与气相色谱仪联机。操作者根据分析要求，预先置入有关参数和定量方法，进样后便自动显示并打印出色谱图、各组分的保留时间、峰面积和质量分数等数据。

第六节 定量分析方法的选择与评价

一、定量分析方法的选择原则

对于化工新产品的试制或生产控制分析，往往找不到标准的分析检验方法。

这时需要从大量的参考资料中选择适宜的方法加以应用，或拟定具体的操作规程。同一种物质可能有几种不同的分析方法。这些情况下如何选择适合的定量分析方法呢？下面讨论选择定量分析方法应考虑的一般原则。

1. 测定的具体要求

接受检验任务时，首先要明确检验的目的和要求，确定待测组分、要求的准确度和允许的分析时间等。对于成品检验，涉及质量等级，准确度是主要的；环境试样中微量有害物质的测定，灵敏度是主要的；生产过程控制分析，分析速度成为了主要问题。应根据分析目的和要求选择适宜的分析方法。

2. 待测组分的含量

测定常量组分多采用滴定分析法。滴定分析准确、简便、迅速，其相对误差可达千分之几。对于微量组分的测定，滴定分析就很困难，一般应采用灵敏度较高的仪器分析法。例如，测定硫酸亚铁中的铁含量可采用滴定分析；测定其他化工产品中杂质铁的含量，则需采用分光光度法。

3. 待测组分的性质

定量分析方法是基于被测物质的某种性质制定的。例如，试样具有酸性或碱性，即可采用酸碱滴定法来测定；试样具有氧化还原性，即可采用氧化还原滴定法来测定。多数金属离子能与 EDTA 形成稳定的配合物，故配位滴定是测定金属离子的重要方法。对于沸点在 450℃以下的有机混合物及气体试样，通常采用气相色谱法加以分离和测定。

4. 共存组分的影响

选择分析方法时，必须考虑试样中共存组分对测定有无影响，应尽量选择不受共存组分干扰的方法。对于复杂物质的分析，需优选分析条件、加入掩蔽剂或选择适当的分离方法，排除干扰以后，才能进行准确的测定。

5. 实验室的条件

随着科学技术的发展，新的分析方法和测量仪器不断出现。选择方法时，一方面应尽可能采用新的技术；另一方面还应考虑现有实验室的条件。选择准确度高的方法，需考虑实验室是否具备这样的仪器和环境；选择灵敏度高的方法，还要考虑现有试剂的纯度是否适应等。

二、定量分析方法的评价

初步确定分析方法以后，应拟出详细、具体的操作步骤，以便进行验证性试验。验证性试验的目的是证实该方法是否适用于欲测物质的定量分析，并通过实际试验获得分析方法的精密度和准确度。

1. 精密度

精密度是指在相同条件下，对同一试样进行多次平行测定，所得结果相互符合的程度。通常用偏差的大小来表示精密度。

设测定次数为 n，其各次测得值（x_1、x_2、…、x_n）的算术平均值为 $\bar{x}$，则绝对偏差（d_i）是各次测得值（x_i）与它们的平均值之差。

$$d_i = x_i - \bar{x} \tag{3-28}$$

在化工产品标准中，常用“允许差”来衡量定量分析的精密度。一般规定某一项指标的平行测定结果之间的绝对偏差不得大于某一数值，这个数值就是“允许差”。在规定试验次数的测定中，每次测定结果均应符合允许差要求。若超出允许差范围，应在短时间内增加测定次数，至测定结果与前面几次（或其中几次）测定结果的偏差符合允许差规定时，再取其平均值。

精密度高的测定结果不一定准确度也高，因为在多次平行测定中可能有相同的因素造成系统误差。

2. 准确度

分析结果的准确度是指测得值与真实值或标准值之间相符合的程度。标准值是采用公认可靠的分析方法，由具有丰富经验的分析人员经过反复多次测得的准确结果。定量分析结果的准确度通常用误差来表示。

$$\text{绝对误差} = \text{测得值} - \text{标准值} \tag{3-29}$$

$$\text{相对误差} = \frac{\text{绝对误差}}{\text{标准值}} \times 100\% \tag{3-30}$$

评价定量分析方法的准确度，可以采用对照试验的方法。

（1）用标准样品对照　用所拟定的分析方法测定标准样品，将标准样品的测定值与标准值比较。若测定结果符合允许差要求，说明拟定的分析方法可靠。否则，存在系统误差。

（2）用标准方法对照　在相同条件下，用所拟定的分析方法与公认的标准方法分别测定同一试样。若所得结果符合允许差要求，说明所拟定的分析方法准确可靠。否则，存在系统误差。

（3）用标准加入对照　在实验条件下，取两等份试样，在其中一份中加入已知量的待测组分。然后用所拟定的分析方法分别测定这两份样品，并比较其分析结果，计算出待测组分加入量的回收率。理论上加入量的回收率应是100%；实际上若符合该项测定的误差范围，即认为所拟定的分析方法准确可靠。

采用上述方法若检查出所拟定的分析方法存在系统误差，说明该方法测定不准确。系统误差值越大，方法的准确度越低。若通过对照试验没有发现所拟定的分析方法存在系统误差，则说明该方法准确，且所拟定方法的测定结果与标准结果越接近，方法的准确度越高。此外，还要考虑到分析方法的分析速度、应用范围、复杂程度、成本、操作安全及创新性与污染等因素。这样才能对定量分析方法做出比较全面的综合评价，从而完善分析方法。

复习与测试

一、填空题

1. 沉淀称量法是利用（　　）反应，使待测组分转化为（　　）从试样中分离出来。

2. 滴定分析按反应类型可分为（　　）法、（　　）法、（　　）法和（　　）法。

3. 酸碱滴定常用的碱标准滴定溶液是（　　），其常用浓度为（　　）mol/L。

4. EDTA配位滴定常用标准滴定溶液的浓度为（　　），其化学名称是（　　）。

5. 间接碘量法是利用I^-的（　　）作用，与（　　）物质反应生成游离I_2，再用（　　）标准溶液滴定，从而求出待测组分的含量。

6. 直接电位法测定溶液pH的指示电极是（　　），参比电极是（　　）。

7. 分光光度计由（　　）、（　　）、（　　）、（　　）和测量系统五部分构成。

8. 气相色谱法常用的流动相是（　　），其固定相多由（　　）上涂以（　　）构成。

9. 原子吸收光谱仪按原子化方式不同，有（　　）和（　　）两种类型。常用的光源是（　　）。

二、选择题

1. 酸碱滴定中常用的酸标准滴定溶液是（　　）。

A. 盐酸；B. 硫酸；C. 硝酸；D. 乙酸

2. 在高锰酸钾氧化还原滴定法中，高锰酸钾的基本单元是（　　）。

A. $KMnO_4$；B. $\frac{1}{2}KMnO_4$；C. $\frac{1}{5}KMnO_4$；D. $\frac{1}{7}KMnO_4$

3. 汞量法测定水溶液中少量氯化物属于（　　）滴定法。

A. 酸碱；B. 氧化还原；C. 配位；D. 沉淀

4. 在重铬酸钾氧化还原滴定法中，重铬酸钾的基本单元是（　　）。

A. $K_2Cr_2O_7$；B. $\frac{1}{2}K_2Cr_2O_7$；C. $\frac{1}{6}K_2Cr_2O_7$；D. $\frac{1}{3}K_2Cr_2O_7$

5. 电位滴定与普通滴定的根本区别在于（　　）不同。

A. 滴定仪器；B. 指示终点方法；C. 标准溶液；D. 滴定步骤

6. 一束（　　）通过有色溶液时，溶液的吸光度与溶液浓度和液层厚度的乘积成正比。

A. 平行可见光；B. 平行单色光；C. 白光；D. 任意光

7. 色谱定性分析的依据是：在固定相和操作条件一定时，被分离组分有一确定的（　　）。

A. 峰高；B. 保留时间；C. 峰面积；D. 校正因子

8. 色谱分析中用归一化法定量的优点是（　　）。

A. 不需校正因子；B. 不需准确进样；

C. 不需定性；D. 不用标样

9. 用火焰原子吸收-标准曲线法定量分析，要求（　　）。

A. 预先绘制标准曲线；B. 同时测定试液和标液；

C. 适当改变操作条件；D. 仅需一种浓度的标准溶液

三、问答题

1. 举例说明称量挥发法在化工产品检验中的应用。

2. 欲制备一种标准滴定溶液，从何处去查阅其配制和标定方法？

3. 银量沉淀法确定滴定终点的方法有哪些？各适用于什么情况？

4. 用酸度计测定水溶液 pH 的方法要点和操作步骤如何？

5. 画图说明电位滴定的仪器装置和操作方法。

6. 用可见分光光度计测定显色溶液的吸光度应遵循的基本步骤如何？为什么要使用空白溶液？

7. 举例说明目视比色和比浊分析在化工产品检验中的应用。

8. 采用气相色谱技术为什么能够将试样混合物分离为单一组分？影响分离的因素有哪些？

9. 常用的气相色谱检测器有哪些类型？如何选用？

10. 分别说明采用热导和氢火焰离子化检测器时，启动和调试气相色谱仪的原则步骤。

11. 使用原子吸收光谱仪时，如何选择空心阴极灯和测定波长？

四、计算题

1. 称取氯化钡样品 0.4801g，经沉淀、灼烧后得到 $BaSO_4$ 0.4578g。求样品中 $BaCl_2$ 的质量分数？

2. 欲配制 $c(HCl)=0.100$mol/L 盐酸溶液 300mL，需要含量为 37.2%、密度为 1.19g/mL 的浓盐酸多少毫升？

3. 取 3.00mL 乙酸溶液稀释至 250.0mL，取出 25.00mL，用 $c(NaOH)=0.2000$mol/L 的氢氧化钠标准溶液滴定，消耗 23.40mL。求乙酸溶液的质量浓度（g/L）？

4. 在 1.000g 不纯的碳酸钙中加入 0.5100mol/L HCl 溶液 50.00mL，再用 0.4900mol/L NaOH 溶液回滴过量的 HCl，消耗 NaOH 溶液 25.00mL。求碳酸钙（$CaCO_3$）的纯度？

5. 某厂生产水合氯化铁产品。技术标准规定一级品 $FeCl_3 \cdot 6H_2O$ 含量不低于 99.0%，合格品不低于 98.0%。为了检验质量，称取样品 0.5000g，用水溶解后加适量 HCl 和 KI，用 $c(Na_2S_2O_3)=0.09026$mol/L 标准溶液滴定析出的 I_2，用去 20.15mL。同样条件下做空白试验，耗用硫代硫酸钠标准溶液 0.12mL。问该产品属于哪一等级？

6. 用银量-电位滴定法测定某化工产品中氯化物的含量，称取试样 3.210g，用 0.02mol/L $AgNO_3$ 标准溶液滴定。近终点时记录数据如下。求试样中氯化物（以 Cl 表示）的质量分数？

$V(AgNO_3)$/mL	10.40	10.60	10.80	11.00	11.20
E/mV	198	208	225	255	281

(要求用图解和计算两种方法求出结果)

7. 用1cm吸收池，在波长540nm测得$KMnO_4$稀溶液的吸光度为0.322；问该溶液的透射比是多少？如果改用2cm的吸收池，该溶液的透射比将是多少？

8. 用硅钼蓝分光光度法测定某试样中硅的含量。由标准溶液测得下列数据：

SiO_2含量/(mg/50mL)	0.05	0.10	0.15	0.20	0.25
A	0.210	0.421	0.630	0.839	1.000

分析试样时，称样500mg，溶解后转入50mL容量瓶中，在相同条件下进行显色和比色，测得吸光度为0.522。试绘制标准曲线，并求出试样中SiO_2的质量分数。

9. 利用第8题的数据，用计算法求出标准曲线的回归方程并计算试样的分析结果。

10. 利用第8题的数据，按Excel作图法，得出标准曲线的回归方程和相关系数。

11. 某混合物含有乙醇、正庚烷、苯和乙酸乙酯。用气相色谱（TCD）分析得到各组分的峰面积分别为乙醇5.0cm^2、正庚烷9.0cm^2、苯4.0cm^2、乙酸乙酯7.0cm^2。求试样中各组分的质量分数？

12. 用内标法测定环氧丙烷中的水分，称取0.0115g甲醇作内标物，加入到2.2679g试样中。进行两次色谱进样，得到下列数据：

分析次序	水峰高/mm	甲醇峰高/mm
1	150.0	174.0
2	148.8	172.3

已知水和内标物甲醇的峰高相对质量校正因子分别为0.55和0.85，计算试样中水分含量的平均值。

13. 用气相色谱（TCD）测定富氧空气中氧的含量时，以新鲜空气作标样。在一定条件下测得试样气体和标样的峰高分别为23.5cm和15.8cm。求富氧空气中氧的体积分数。

第四章 化工产品中杂质和水分的检验

在化工生产过程中，由于原料、用水、工艺及设备等原因，其产品往往含有少量水分和其他杂质。在各种化工产品的质量标准中规定了杂质的允许含量；在试验方法标准中还规定了检验常见杂质的通用方法。例如：

GB/T 23770—2009　液体无机化工产品色度测定通用方法

GB/T 6283—2008　化工产品中水分含量的测定　卡尔·费休法

GB/T 2366—2008　化工产品中水分含量的测定　气相色谱法

GB/T 3049—2006　工业用化工产品　铁含量测定的通用方法　1,10-菲啰啉分光光度法

GB/T 7686—2008　化工产品中砷含量测定的通用方法

GB/T 3050—2000　无机化工产品中氯化物含量的测定　电位滴定法

GB/T 3051—2000　无机化工产品中氯化物含量的测定　汞量法

第一节　液体化工产品色度的测定

一、概念

本应无色透明的液体化工产品有时带有淡棕黄色。为了测定其色度，规定以一定浓度的铂-钴溶液作为比较的标准。

液体色度的单位是黑曾（Hazen），一个黑曾单位是每升含有 1mg 以氯铂酸（H_2PtCl_6）形式存在的铂和 2mg 六水合氯化钴（$CoCl_2 \cdot 6H_2O$）配成的铂-钴溶液的色度。按一定比例将氯铂酸钾、氯化钴和盐酸配制成一系列铂-钴色度标准

液，试液直接与标准液比较，用目视比色法判断确定与试液色度相同的标准液色号，即为试液的色度。

二、仪器与试剂

1. 仪器

比色管 50mL 或 100mL；可见分光光度计（校准用）。

2. 试剂

氯铂酸钾（K_2PtCl_6）；氯化钴（$CoCl_2 \cdot 6H_2O$）；盐酸　12mol/L。

三、操作

1. 标准比色母液的制备（500 黑曾）

准确称取 1.000g 氯化钴（$CoCl_2 \cdot 6H_2O$）和 1.245g 氯铂酸钾（K_2PtCl_6），溶于 100mL 盐酸和适量水中，稀释至 1000mL，摇匀，贮于棕色瓶中。注意，如果试剂不纯，应根据试剂纯度修正称取量。

此标准液配制是否合格，可按下法进行检验。用 1cm 比色皿，以蒸馏水为参比进行分光光度测定，溶液在不同波长下的吸光度应符合下列范围。

波长/nm	吸光度	波长/nm	吸光度
430	0.110～0.120	480	0.105～0.120
450	0.130～0.145	510	0.055～0.065

2. 标准系列对比溶液的配制

在 10 个 500mL 及 14 个 250mL 的两组容量瓶中，分别加入表 4-1 所列数量的标准比色母液，用水稀释至刻度线，保存在棕色玻璃瓶中。

表 4-1　色度标准对比溶液

500mL 容量瓶		250mL 容量瓶	
标准比色母液的体积/mL	相应的铂-钴色号/黑曾	标准比色母液的体积/mL	相应的铂-钴色号/黑曾
5	5	30	60
10	10	35	70
15	15	40	80
20	20	45	90
25	25	50	100
30	30	62.5	125
35	35	75	150
40	40	87.5	175
45	45	100	200

续表

500mL 容量瓶		250mL 容量瓶	
标准比色母液的体积/mL	相应的铂-钴色号/黑曾	标准比色母液的体积/mL	相应的铂-钴色号/黑曾
50	50	125	250
		150	300
		175	350
		200	400
		225	450

3. 测定试样

向一支 50mL 或 100mL 的比色管中注入样品至刻度处，同样向另一支比色管中注入具有类似颜色的标准铂-钴对比溶液至刻度处。比较样品与铂-钴标准对比溶液的颜色，比色时在日光或日光灯照射下正对白色背景，从上至下观察，避免侧面观察，提出接近的颜色。

四、结果表述

样品的颜色以最接近于样品的标准铂-钴对比溶液的铂-钴色号（黑曾）表示。如果样品的颜色与任何标准铂-钴对比溶液不相符合，则根据可能估计一个接近的铂-钴色号，并描述观察到的颜色。

第二节　化工产品中水分的测定

一、干燥减量法

1. 原理

在一定温度下（一般在 105～110℃，特殊产品根据其性质，在有关产品标准中另行规定温度）将试样烘干至恒重，试样减少的质量即为水分含量。本法适用于稳定性好的化工产品中湿存水的测定。

2. 仪器

带盖称量瓶；烘箱；干燥器。

3. 操作

① 根据试样中的水分含量确定称取试样的质量。

水分含量/%	称样量/g	水分含量/%	称样量/g
0.01～0.1	≥10	1.0～10	5～1
0.1～1.0	10～5	>10	1

② 称取一定量的试样（精确至0.0002g），置于预先在105～110℃下干燥至恒重的称量瓶中。

③ 将称量瓶盖稍微打开，置于105～110℃的烘箱中。称量瓶应放在温度计水银球的周围。烘干2h后，将瓶盖盖严，取出称量瓶送入干燥器内，冷却至室温（不得少于30min），称量。

④ 再烘干1h，按上述操作，取出称量瓶，冷却相同时间，称量，直至恒重。

所谓恒重即两次连续称量操作的结果之差不大于0.0003g，取最后一次称量值作为测定结果。

4. 结果计算

试样中水的质量分数按下式计算：

$$w(H_2O)=\frac{m_1-m_2}{m}$$

式中 m——试样的质量，g；

m_1——称量瓶及试样在烘干前的质量，g；

m_2——称量瓶及试样在烘干后的质量，g。

二、有机溶剂蒸馏法

1. 原理

样品与一些有机溶剂（如苯、甲苯、二甲苯等）共同蒸馏时，样品中的水分可在低于其沸点温度时随有机溶剂一起蒸馏出来。在冷凝管中冷凝后，由于水与有机溶剂互不混溶，且水的密度大，在接收器中沉入下层，即可计量冷凝的水量。本法适用于高温下易分解的有机物中水分的测定。

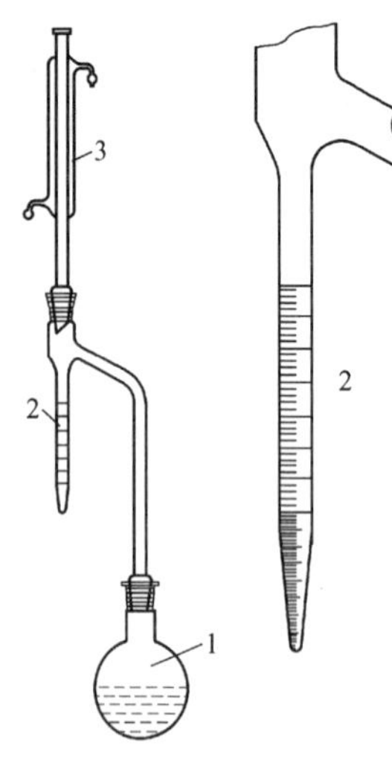

图4-1 水分测定器
1—圆底烧瓶；2—接收器；3—冷凝管

2. 仪器与试剂

仪器：蒸馏计量法水分测定器，如图4-1所示。

试剂：苯、甲苯或二甲苯，先加入少量水，充分振荡后放置，将水层分离弃去。苯、甲苯或二甲苯经蒸馏后使用。

3. 操作

① 称取适量样品（水分含量在0.1%～1%时约称100g，精确至0.1g；在1%～2%时约称50g，精确至0.01g；2%以上时约称25g，精确至0.01g），置于洁净、干燥的圆底烧瓶中。加入100mL苯（甲

苯或二甲苯），必要时加数粒玻璃珠，连接蒸馏装置，再从冷凝管顶部加入溶剂，装满至接收器的刻度处。在冷凝管上端用少许脱脂棉塞住，以防空气中的水分在冷凝管内凝结。

② 开始加热回流，控制回流速度为每秒2～4滴，直至接收器刻度管中的水量不再增加为止。

③ 停止加热，从冷凝管顶部注入少量溶剂，以洗下凝结于管壁上的水滴。静置30min，当接收器中溶剂上层完全透明时，读取刻度管中水层的体积。如接收器中液体浑浊时，则将接收器放入温水中，使其澄清，冷却至室温后读数。

4. 计算

试样中水的质量分数按下式计算：

$$w(H_2O)=\frac{V}{m}$$

式中 V——接收器中水的体积，mL[1]；

m——样品的质量，g。

三、卡尔·费休法

1. 原理

碘氧化二氧化硫时需要定量的水参加反应：

$$I_2+SO_2+2H_2O \rightleftharpoons H_2SO_4+2HI$$

该反应是可逆反应，通常用吡啶作溶剂，同时加入甲醇或乙二醇单甲醚，以使反应向右进行到底并防止副反应发生。因此本法测定水分所用滴定剂是含有碘、二氧化硫、吡啶和甲醇或乙二醇单甲醚的混合液，称为卡尔·费休试剂。该试剂对水的滴定度一般用纯水或二水酒石酸钠进行标定。

采用本法测定水分，有两种指示终点的方法。

（1）目视法　卡尔·费休试剂呈现 I_2 的棕色，与水反应后棕色立即褪去。当滴定至溶液出现棕色时，表示到达终点。

（2）电量法　浸入滴定池溶液中的二支铂丝电极之间施加小的电压（几十毫伏）。溶液中存在水时，由于极化作用外电路没有电流流过，电流表指针指零；当滴定到达终点时，稍过量的 I_2 导致去极化，使电流表指针突然偏转，非常灵敏。

本方法适用于大部分无机和有机固体、液体化工产品中游离水或结晶水的测定。不适用于能与卡尔·费休试剂主要成分发生化学反应并生成水的样品，以及能还原碘或氧化碘化物的样品中水分的测定。

---

[1] 室温下水的密度可视为1.00g/mL，因此接收器计量的水的体积（mL）和水的质量（g）在数值上相等。若试样质量为100g，则接收器中收集到的水的体积（mL）读数，即是以百分数表示的水的质量分数。

2. 仪器与试剂

（1）仪器　卡尔·费休法测定水分的装置如图4-2所示。该试剂与水的反应十分敏锐，所用仪器应预先干燥并在密封系统中使用自动滴定管进行滴定，防止外界水分侵入。

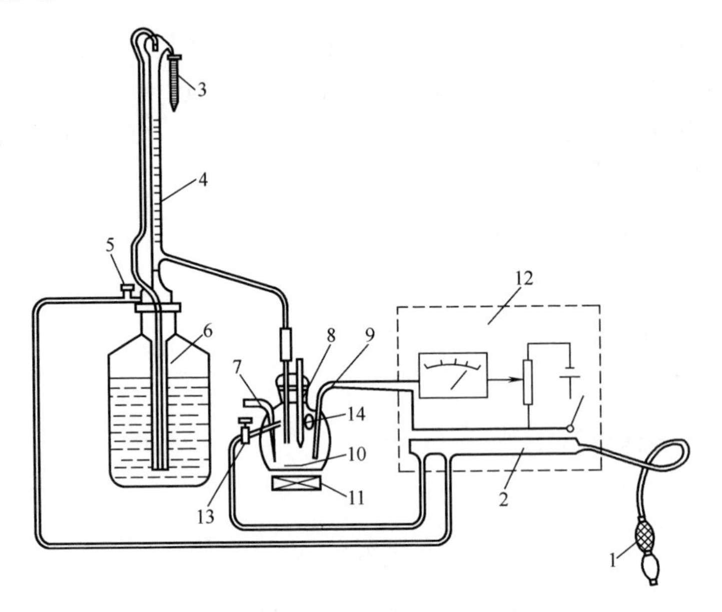

图4-2　卡尔·费休法测定水分的装置

1—双连球；2,3—干燥管；4—自动滴定管；5—具塞放气口；6—试剂贮瓶；7—废液排放口；8—反应瓶；9—铂电极；10—磁棒；11—搅拌器；12—电量法测定终点装置；13—干燥空气进气口；14—进样口

（2）试剂

卡尔·费休试剂：取670mL无水甲醇[❶]于1000mL干燥的磨口棕色试剂瓶中，加入85g碘，盖紧瓶塞，振摇至碘全部溶解，加入270mL无水吡啶，摇匀。于冰水浴中缓慢通入干燥的二氧化硫气体，使磨口棕色试剂瓶增重65g左右，盖紧瓶塞摇匀，于暗处放置24h以上备用。

二水酒石酸钠（$Na_2C_4H_4O_6 \cdot 2H_2O$）：含结晶水15.66%。

甲醇：要求含水量小于0.05%。

3. 操作与计算

（1）卡尔·费休试剂的标定　用注射器将25mL甲醇注入滴定容器中，开启电磁搅拌器，连接终点电量测定装置，此时电流表指示电流接近于零。用卡尔·费休试

---

❶ 配制卡尔·费休试剂所用甲醇和吡啶，要求含水量≤0.05%。当试剂含水量超标时，需于500mL甲醇（或吡啶）中加入4A分子筛约50g，塞上瓶塞，放置24h后，吸取上层清液使用。

剂滴定甲醇中的微量水，滴定至电流突然增大至10～20μA，并保持稳定1min（不计消耗试剂的体积）。

在玻璃称样管中称取约0.25g二水酒石酸钠（精确至0.0001g）。移开滴定容器的胶皮塞，迅速将二水酒石酸钠倾入滴定容器中。然后再称量玻璃称样管的质量，以求得加入二水酒石酸钠的准确质量。或用滴瓶加入30～40mg水进行标定。

用卡尔·费休试剂滴定加入的标准物质或已知量的水，直至电流表指针达到与上述同样的偏离度，至少保持稳定1min，记录消耗试剂的体积。

试剂的滴定度：

$$T=\frac{m_1\times 0.1566}{V_1} \quad 或 \quad T=\frac{m_2}{V_1}$$

式中 T——卡尔·费休试剂对水的滴定度，mg/mL；

m_1——加入二水酒石酸钠的质量，mg；

m_2——加入纯水的质量，mg；

V_1——标定所消耗的卡尔·费休试剂的体积，mL。

（2）试样中微量水的测定　通过排液口放掉滴定容器中的废液。用注射器将25mL甲醇（或按待测样品规定体积的溶剂）注入滴定容器中。按标定试剂的操作过程滴定甲醇中的微量水（不计消耗试剂的体积）。然后加入待测试样，按同样的操作步骤，用卡尔·费休试剂滴定至终点，记录消耗试剂的体积。

对于液体试样，以注射器准确计量体积，并通过胶皮塞注入；固体粉末试样以玻璃称样管准确称量，移开胶皮塞倾入滴定容器。加入试样量以含水20～40mg为宜。

试样含水量按下式计算：

$$w(H_2O)=\frac{V_2T}{m\times 10^3}$$

或

$$w(H_2O)=\frac{V_2T}{V\rho\times 10^3}$$

式中 T——卡尔·费休试剂对水的滴定度，mg/mL；

V_2——滴定试样所消耗的卡尔·费休试剂的体积，mL；

m——固体试样的质量，g；

V——液体试样的体积，mL；

ρ——液体试样的密度，g/mL。

四、气相色谱法

1. 原理

采用高分子多孔微球（GDX）作为固定相，该多孔聚合物与羟基化合物的亲和力极小，且基本上按相对分子质量顺序出峰，故相对分子质量较小的水在一般有机物之前流出，水峰陡而对称，便于测量。

本法适用于易挥发有机物中微量水分的测定。采用外标法定量时，通常用一定温度下苯中饱和溶解水值作为定量基准。不同温度时苯中饱和水的溶解度见表4-2。也可以向试样中外加一定量纯水，用叠加法进行定量分析。

表 4-2 苯中饱和水的溶解度

温度/℃	$w(H_2O)/\%$	温度/℃	$w(H_2O)/\%$	温度/℃	$w(H_2O)/\%$
10	0.0440	20	0.0614	30	0.0859
11	0.0457	21	0.0635	31	0.0888
12	0.0474	22	0.0655	32	0.0918
13	0.0491	23	0.0676	33	0.0947
14	0.0508	24	0.0696	34	0.0977
15	0.0525	25	0.0716	35	0.1006
16	0.0543	26	0.0745	36	0.1055
17	0.0561	27	0.0773	37	0.1104
18	0.0579	28	0.0802	38	0.1153
19	0.0597	29	0.0830	39	0.1202

2. 仪器与试剂

（1）仪器　气相色谱仪：热导检测器（灵敏度大于80mV·mL/mg）；记录仪（量程 0～5mV）；色谱柱（内径 4mm，长 2m 的玻璃柱）。

注射器：10μL，50μL。

（2）试剂　氢气：纯度大于 99%。

固定相：401 有机载体，或 GDX-1 型高分子微球（40～60 目，60～80 目）。

苯；丙酮。

（3）装柱与老化　采用一般方法将高分子多孔微球固定相装入色谱柱。装柱时如有静电现象，可用少量丙酮润湿，易装柱。但必须在使用色谱柱前将丙酮吹净，否则基线长期不稳。装填好的色谱柱在载气（H_2）流中（25mL/min，柱温170℃）老化 2h。再升温至 200℃，老化 8～10h。

3. 操作与计算

（1）色谱分离的参考操作条件　柱温 160℃；气化室温度 200℃；桥电流180mA；载气流速 30～45mL/min；记录纸速 300mm/h；进样量 3～5μL。

（2）外标法

① 水饱和苯标液的制备。将一定量的分析纯苯置于分液漏斗中，用同体积的水振荡、洗涤，去掉水溶性物质，洗涤次数不少于 5 次。最后一次振荡均匀后连水一起装入容量瓶中备用。每次使用前振荡 30s 以上，静置 2min 后，吸取苯层进样，同时用温度计准确测量苯层温度。

② 于规定的操作条件下启动色谱仪，待仪器稳定后，用微量注射器进样。进样前必须用待测样品将注射器洗涤5～10次，赶走气泡。进样速度要快，针尖在气化室的停留时间要短而统一。取两次峰高的平均值为测定结果（两次进样峰高的相对偏差小于5%方可取值）。

③ 严格控制同一操作条件和进样量，再取水饱和苯进样，重复上述操作。同时测量待测样品和水饱和苯的密度。

④ 计算

$$w(H_2O)=\frac{h_x\rho_s w_s}{h_s\rho_x}$$

式中 h_x——被测样品水峰高，mm；

h_s——水饱和苯的水峰高，mm；

ρ_x——测定温度下被测样品的密度；

ρ_s——测定温度下苯的密度；

w_s——测定温度下苯中饱和水的溶解度（由表4-2查出）。

（3）叠加法

① 取1～2个清洁、干燥的10mL容量瓶分别称量，加入10～20μL水，称量；再加入约6mL被测样品，再称量（每次称量均精确至0.0002g），充分摇匀。如此配制出外加水约0.2%～0.4%的标准样。

② 操作步骤同外标法中的②。

③ 严格控制同一操作条件和进样量，再取外加水的样品进样，重复上述操作。

④ 计算

$$w(H_2O)=\frac{h_x m_s}{(h_s-h_x)m}$$

式中 h_x——被测样品的水峰高，mm；

h_s——外加水后的样品的水峰高，mm；

m_s——外加水的质量，g；

m——样品质量，g。

第三节 化工产品中杂质铁的测定

一、原理

显色剂1,10-菲啰啉（也称邻菲啰啉）与 Fe^{2+} 在 pH=2～9 的溶液中生成橙红色配合物，可在最大吸收波长（510nm）处用可见分光光度计测定其吸光度。测定试样中的 Fe^{3+} 和总铁时，预先要加入还原剂抗坏血酸，将 Fe^{3+} 还原为 Fe^{2+}。

$$2Fe^{3+} + C_6H_8O_6 \longrightarrow 2Fe^{2+} + C_6H_6O_6 + 2H^+$$

$$Fe^{2+} + 3C_{12}H_8N_2 \longrightarrow [Fe(C_{12}H_8N_2)_3]^{2+}$$

在特定的条件下，配合物在 pH 为 4～6 时测定。

该显色反应灵敏度高（$\varepsilon_{510}=1.1\times10^4$），选择性好，是测定化工产品中杂质铁的通用方法。本法适用于所取样品溶液中铁含量为 10～500μg，其体积不超过 60mL。

二、仪器与试剂

1. 仪器

可见分光光度计，带有光程为 1cm、2cm、4cm 或 5cm 的比色皿；容量瓶；吸量管等。

2. 试剂

盐酸溶液［180g/L，将 409mL 质量分数为 38％的盐酸溶液（ρ＝1.19g/mL）用水稀释至 1000mL，并混匀（操作时要小心）］。

氨水［85g/L，将 374mL 质量分数为 25％氨水（ρ＝0.910g/mL）用水稀释至 1000mL 并混匀］。

乙酸-乙酸钠缓冲溶液（在 20℃ 时 pH＝4.5，称取 164g 无水乙酸钠用 500mL 水溶解，加 240mL 冰醋酸，用水稀释至 1000mL）。

抗坏血酸（100g/L，该溶液一周后不能使用）。

1,10-菲啰啉盐酸一水合物（$C_{12}H_8N_2 \cdot HCl \cdot H_2O$），或1,10-菲啰啉一水合物（$C_{12}H_8N_2 \cdot H_2O$）（1g/L，用水溶解 1g 1,10-菲啰啉一水合物或 1,10-菲啰啉盐酸一水合物，并稀释至 1000mL。避光保存，使用无色溶液）。

铁标准溶液Ⅰ（每升含有 0.200g 的 Fe）按下法之一制备。

① 称取 1.727g 十二水硫酸铁铵［$NH_4Fe(SO_4)_2 \cdot 12H_2O$］，精确至 0.001g，用约 200mL 水溶解，定量转移至 1000mL 容量瓶中，加 20mL 硫酸溶液（1＋1），稀释至刻度并混匀。

② 称取 0.200g 纯铁丝（质量分数为 99.9％），精确至 0.001g，放入 100mL 烧杯中，加 10mL 浓盐酸（ρ＝1.19g/mL）。缓慢加热至完全溶解，冷却，定量转移至 1000mL 容量瓶中，稀释至刻度并混匀。

1mL 该标准溶液含有 0.200mg 的 Fe。

铁标准溶液Ⅱ（每升含有 0.020g 的 Fe，移取 50.0mL 铁标准溶液至Ⅰ 500mL 容量瓶中，稀释至刻度并混匀。1mL 该标准溶液含有 20μg 的 Fe。该溶液现用现配）。

三、操作

1. 标准曲线的测绘

① 根据样品溶液中预计的铁含量选用适当光程的比色皿，按照表 4-3 指出的范围，在一组 100mL 的容量瓶中分别加入给定体积的铁标准溶液Ⅱ（1mL 溶

液含有 0.020mg Fe)。

表 4-3 铁标准溶液的取用量

试液中预计的铁含量/μg					
50～500		25～250		10～100	
铁标准溶液Ⅱ/mL	对应的铁含量/μg	铁标准溶液Ⅱ/mL	对应的铁含量/μg	铁标准溶液Ⅱ/mL	对应的铁含量/μg
0①	0	0①	0	0①	0
2.50	50	3.00	60	0.50	10
5.00	100	5.00	100	1.00	20
10.00	200	7.00	140	2.00	40
15.00	300	9.00	180	3.00	60
20.00	400	11.00	220	4.00	80
25.00	500	13.00	260	5.00	100
比色皿光程/cm					
1		2		4 或 5	

① 试剂空白溶液。

② 在每个容量瓶中加水至约 60mL，用盐酸溶液调整 pH 接近 2（用精密 pH 试纸试验），加 2.5mL 抗坏血酸溶液、20mL 乙酸-乙酸钠缓冲溶液（pH≈4.5）和 10mL 1,10-菲啰啉溶液，用水稀释至刻度处，摇匀。放置不少于 15min。

③ 在可见分光光度计上，以水为参比，用 510nm 的波长，选用适当光程的比色皿（见表 4-3），测定吸光度。从每个标准液的吸光度中减去空白试验的吸光度。以每 100mL 溶液铁含量（mg）为横坐标，对应的吸光度为纵坐标，绘制标准曲线。

2. 试样溶液的测定

① 称样的数量和制备样品溶液的方法，按有关产品检验标准中的规定进行。

② 在测定样品溶液的同时，用同样的步骤、同样的试剂及用量进行空白试验，只是不加试样。

③ 参照表 4-3，取一定量的样品溶液置于 100mL 烧杯中，加水到 60mL，用盐酸溶液或氨水溶液调整 pH 接近 2（用精密 pH 试纸试验），将溶液全部转移到 100mL 容量瓶中并按“标准曲线的测绘”中所述从“加 2.5mL 抗坏血酸……”处开始进行操作。

④ 显色后，以水为参比，用 510nm 的波长，选用测绘标准曲线所用厚度的比色皿，测定样品溶液和试剂空白溶液的吸光度。

⑤ 从标准曲线上查出所测样品溶液和试剂空白溶液的铁含量，按有关产品检验标准中规定的计算公式计算分析结果。

四、讨论

① 某些阳离子，特别是铝(Ⅲ)、锡(Ⅴ)、锑(Ⅲ)、锑(Ⅴ)、钛、锆、铈(Ⅲ)和铋在 pH 约为 4 的乙酸盐溶液中会水解。但如果有足够的柠檬酸盐和酒石酸盐存在，这些离子仍保持在溶液中。如果用柠檬酸钠(或酒石酸钠)缓冲溶液代替乙酸盐缓冲溶液，可以消除这些离子的干扰。

② 镉、锌、镍、钴和铜离子和 1,10-菲啰啉形成可溶性配合物。如果这些金属存在，会妨碍显色，降低吸光度。每 0.1mg 的铁含量最少显色剂用量为 1.7mL，但当这些干扰金属存在时，需增加要求的试剂。对于每 0.1mg 的镍、钴或铜，0.5mg 的锌和 3mg 的钙，需增加 1mL 的试剂用量。

③ 溶液中含有钨(Ⅴ)、钼(Ⅳ)、银、汞、铼、氟化物和焦磷酸盐时，对测定有干扰，必须采取适当的化学方法消除干扰，方可用本法测定。

第四节　无机化工产品中少量氯化物的测定

一、银量-电位滴定法

1. 原理

在酸性的水或乙醇水溶液中，以银（或银-硫化银）电极为指示电极，甘汞电极为参比电极，用硝酸银标准滴定溶液滴定，借助于电位突跃确定反应终点。

本法适用于氯化物（以 Cl 计）含量为 0.01～75mg 的样品。当所使用的硝酸银标准滴定溶液的浓度 $c(AgNO_3)$ 小于 0.02mol/L 时，滴定应在乙醇水溶液中进行。

2. 仪器与试剂

(1) 仪器　电位滴定装置。

电位差计或酸度计 mV 挡（精度为 2mV/格，量程－500～＋500mV)；参比电极（双液接型饱和甘汞电极，外套管内盛有饱和硝酸钾溶液)；指示电极（银电极或 ϕ0.5mm 银丝，与电位差计连接时要使用屏蔽线)；当所使用的硝酸银标准滴定溶液的浓度 $c(AgNO_3)$ 小于 0.01mol/L 时，应使用具有硫化银涂层的银电极。

(2) 试剂　95％乙醇溶液；硝酸溶液（3＋5)；室温下饱和硝酸钾溶液；溴酚蓝指示液（1g/L 乙醇溶液)；氢氧化钠溶液（200g/L)。

氯化钾标准滴定溶液的配制方法如下。

$c(KCl)$＝0.1mol/L：称取 3.728g 预先在 130℃下烘干至恒重的基准氯化钾（精确至 0.0002g)，置于烧杯中，加水溶解后全部移入 500mL 容量瓶中，用水稀释至刻度，摇匀。

$c(KCl)=0.01mol/L$、$0.005mol/L$、$0.001mol/L$ 或其他浓度的氯化钾标准滴定溶液，由 $c(KCl)=0.1mol/L$ 准确稀释至一定倍数制得。

硝酸银标准滴定溶液的配制方法如下。

$c(AgNO_3)=0.1mol/L$。

$c(AgNO_3)=0.01mol/L$、$0.005mol/L$、$0.001mol/L$ 或其他浓度的硝酸银标准滴定溶液，由 $c(AgNO_3)=0.1mol/L$ 准确稀释至一定倍数制得。

3. 操作与计算

(1) 硝酸银标准滴定溶液的标定

① 准确吸取 5mL（或 10mL）选定浓度的氯化钾标准滴定溶液，置于 50mL 烧杯中，加 1 滴溴酚蓝指示液（1g/L 乙醇溶液），加 1～2 滴硝酸溶液（3＋5），使溶液恰呈黄色，再加 15mL（或 30mL）95％乙醇，放入电磁搅拌子，将烧杯置于电磁搅拌器上，将指示电极和参比电极插入到溶液中，连接电位计接线。启动搅拌器，调整电位计零点，记录起始电位值。

② 用与氯化钾标准滴定溶液浓度相对应的硝酸银标准滴定溶液进行滴定，先加入 4mL（或 9mL），再逐次加入一定体积。对浓度为 0.001mol/L、0.005mol/L 和 0.01mol/L 的硝酸银标准滴定溶液，每次加入量分别为 0.2mL、0.1mL、0.05mL（或增加一点），记录每次加入硝酸银标准滴定溶液后的总体积及相应的电位值 E，计算出连续增加的电位值 ΔE_1 和各个 ΔE_1 之间的差值 ΔE_2。ΔE_1 的最大值即为滴定终点，到达终点后再继续记录一个电位值。记录格式见第三章第三节例 3-3。

③ 标定 $c(AgNO_3)=0.1mol/L$ 硝酸银标准滴定溶液时，应取 25mL $c(KCl)=0.1mol/L$ 氯化钾标准滴定溶液，加入 2mL 硝酸溶液（3＋5），在水溶液中进行，其他操作与上述步骤相同。

④ 按第三章第三节式(3-14)计算出滴定终点所消耗的硝酸银标准滴定溶液的体积 V_{ep}，按下式求出硝酸银标准滴定溶液的准确浓度：

$$c(AgNO_3)=\frac{c(KCl)V(KCl)}{V_{ep}}$$

(2) 样品溶液中氯化物的测定

① 样品溶液的制备　称取适量样品，用适宜的处理方法制备成样品水溶液，置于烧杯中，加 1 滴溴酚蓝指示液（1g/L 乙醇溶液），用氢氧化钠溶液（200g/L）或硝酸溶液（3＋5）调节样品溶液至恰呈黄色，移入适当大小的容量瓶中，加水到刻度，摇匀，使此样品溶液中 Cl^- 的浓度为 $(1\sim1.5)\times10^3 mg/L$。

② 滴定　准确移取一定量的样品溶液（氯含量为 0.01～75mg），置于 50mL 烧杯中，加 95％乙醇，使乙醇与所取样品溶液体积之比为 3∶1，总体积不超过 40mL。当所用硝酸银标准滴定溶液浓度 $c(AgNO_3)>0.02mol/L$ 时，可不加乙醇。以下操作按上述硝酸银标准滴定溶液的标定中加入乙醇以后的规定进行，但不再一次加入 4mL（或 9mL）硝酸银标准滴定溶液。同时做空白试验。

③ 计算　样品中氯化物的质量分数按下式计算。

$$w(\mathrm{Cl})=\frac{(V-V_0)c(\mathrm{AgNO_3})\times 0.03545}{m}$$

式中　V——滴定样品溶液耗用硝酸银标准滴定溶液的体积，mL；

V_0——滴定空白溶液耗用硝酸银标准滴定溶液的体积，mL；

$c(AgNO_3)$——硝酸银标准滴定溶液的准确浓度，mol/L；

m——被滴定样品溶液中的样品质量，g；

0.03545——氯化物（以 Cl 计）的毫摩尔质量，g/mmol。

4. 讨论

（1）标准溶液浓度和指示电极的选择　表 4-4 提供了所取样品溶液中氯化物含量和建议采用的标准滴定溶液浓度及指示电极的种类。

表 4-4　标准滴定溶液浓度和指示电极的选择

样品溶液中 Cl^- 含量/(mg/L)	选用标准滴定溶液 $c(AgNO_3)$/(mol/L)	选用指示电极的种类
1～10	0.001	Ag-Ag_2S
10～100	0.005	Ag-Ag_2S
100～250	0.01	Ag-Ag_2S
250～1500	0.1	Ag

（2）其他离子的影响　对本法不干扰测定的离子及其规定限量（离子浓度，g/L）为：Ba^{2+}、BO_3^{3-}、$H_2PO_4^-$（150g/L）；Mg^{2+}、Pb^{2+}、CO_3^{2-}、HCO_3^-、$Cr_2O_7^{2-}$、NO_3^-、SO_4^{2-}、ClO_3^-、F^-、HPO_4^{2-}、PO_3^{3-}（120g/L）；Ca^{2+}、Cu^{2+}、Zn^{2+}(80g/L)；Na^+、Mn^{2+}(60g/L)；Cr^{3+}(20g/L)；Al^{3+}(10g/L)。

干扰测定的离子及其限量(离子浓度，mg/L)为：MnO_4^-、NO_3^-、S^{2-}、SO_3^{2-}、$S_2O_3^{2-}$、CNS^-、I^-、$[Fe(CN)_6]^{4-}$、$[Fe(CN)_6]^{3-}$（1mg/L）；NH_4^+（1×10^3 mg/L）；CN^-、Br^-(2mg/L)；Fe^{3+}(2×10^2 mg/L)。

若试样中存在超过允许限量的干扰离子，应采取适当方法预先消除。

二、汞量法

1. 原理

在微酸性的水或乙醇水溶液中（pH＝2.5～3.5），用硝酸汞标准滴定溶液滴定可溶性氯化物，Hg^{2+} 与 Cl^- 生成电离度很小的氯化汞。

$$Hg^{2+}+2Cl^- \longrightarrow HgCl_2$$

过量的 Hg^{2+} 与预先加入的指示剂二苯偶氮碳酰肼生成红紫色配合物，指示滴定终点。

本法适用于氯化物（以 Cl^- 计）含量为 0.01～80mg 的样品。当所使用的硝酸汞标准滴定溶液浓度 $c\left[\frac{1}{2}Hg(NO_3)_2\right]<0.02$mol/L 时，滴定应在乙醇水溶液

中进行。

2. 试剂

硝酸溶液（1+1，1+15）；95%乙醇；溴酚蓝指示液（1g/L 乙醇溶液）；二苯偶氮碳酰肼指示液（5g/L 乙醇溶液）；氢氧化钠溶液（40g/L）。

氯化钠基准溶液的配制方法如下。

$c(\mathrm{NaCl})=0.1$(或0.05)mol/L：预先将基准氯化钠于500～600℃灼烧至恒重。准确称取5.844g（或2.922g）（精确至0.001g），置于烧杯中，加少量水溶解，将溶液全部移入1000mL容量瓶中，加水到刻度，摇匀。

$c(\mathrm{NaCl})=0.02$mol/L、0.001mol/L或其他浓度的氯化钠基准溶液由准确稀释 $c(\mathrm{NaCl})=0.1$mol/L 的基准溶液得到。

硝酸汞标准滴定溶液的配制方法如下。

$c\left[\frac{1}{2}\mathrm{Hg(NO_3)_2}\right]=0.1$mol/L（或0.05mol/L）：称取17.13g（或8.57g）硝酸汞［$\mathrm{Hg(NO_3)_2 \cdot H_2O}$］，置于250mL烧杯中，加7mL硝酸溶液（1+1），加少量水溶解，必要时过滤，全部移入1000mL容量瓶中，加水至刻度，摇匀。

$c\left[\frac{1}{2}\mathrm{Hg(NO_3)_2}\right]=0.02$mol/L、0.01mol/L、0.005mol/L、0.001mol/L或其他浓度的硝酸汞标准滴定溶液由 $c\left[\frac{1}{2}\mathrm{Hg(NO_3)_2}\right]=0.1$mol/L 准确稀释一定倍数得到。稀释时应补加适量硝酸溶液(1+1)，以防止硝酸汞水解。

3. 操作与计算

（1）硝酸汞标准滴定溶液的标定

① $c\left[\frac{1}{2}\mathrm{Hg(NO_3)_2}\right]=0.1$mol/L或0.05mol/L　准确移取25mL $c(\mathrm{NaCl})=0.1$mol/L或0.05mol/L氯化钠基准溶液，置于300mL锥形瓶中，加入100mL水和2～3滴溴酚蓝指示液，滴加硝酸溶液（1+15）至溶液由蓝变黄，再过量2～6滴，加1mL二苯偶氮碳酰肼指示液，用相应浓度的硝酸汞标准滴定溶液滴定，直至溶液颜色由黄色变为紫红色时为终点。同时进行空白试验。

硝酸汞标准滴定溶液的浓度按下式计算：

$$c\left[\frac{1}{2}\mathrm{Hg(NO_3)_2}\right]=\frac{c(\mathrm{NaCl})V(\mathrm{NaCl})}{V-V_0}$$

式中　V——滴定耗用硝酸汞标准滴定溶液的体积，mL；

V_0——空白试验耗用硝酸汞标准滴定溶液的体积，mL。

② $c\left[\frac{1}{2}\mathrm{Hg(NO_3)_2}\right]=0.02$mol/L、0.01mol/L、0.005mol/L、0.001mol/L或其他浓度　准确移取5mL相应的氯化钠基准溶液，置于锥形瓶中，加5mL水、30mL95%乙醇和2滴溴酚蓝指示液，滴加硝酸溶液（1+15）至溶液颜色由蓝变黄，再过量2～3滴，加1mL二苯偶氮碳酰肼指示液，用相应浓度的硝酸汞

标准滴定溶液滴定至溶液颜色由黄色变为紫红色即为终点。同时做空白试验。

硝酸汞标准滴定溶液浓度的计算方法同上。

（2）样品溶液中氯化物的测定

① 样品溶液的制备　称取适量样品，用适宜的方法处理，或移取经化学处理后的适量样品溶液（氯含量为 0.01～80mg），置于锥形瓶中，控制总体积为 100～200mL。如在乙醇水溶液中进行滴定，则总体积应不大于 40mL，乙醇与水的体积比为 3∶1。加2～3 滴溴酚蓝指示液，按下述步骤之一将溶液的 pH 调节至2.5～3.5。

若溶液为黄色，滴加氢氧化钠溶液（40g/L）至蓝色，再滴加硝酸溶液（1+15）至恰呈黄色，再过量 2～6 滴（在乙醇水溶液中应过量 2～3 滴）；若溶液为蓝色，滴加硝酸溶液（1+15）至恰呈黄色，再过量 2～6 滴（在乙醇水溶液中应过量 2～3 滴）。

② 滴定　向调节完 pH 的样品溶液中加入 1mL 二苯偶氮碳酰肼指示液，用适宜浓度的硝酸汞标准滴定溶液滴定至溶液由黄色变为紫红色即为终点。同时做空白试验。

③ 计算

$$w(\mathrm{Cl})=\frac{(V-V_0)c\left[\frac{1}{2}\mathrm{Hg(NO_3)_2}\right]\times 0.03545}{m}$$

式中　V——滴定样品溶液耗用硝酸汞标准滴定溶液的体积，mL；

V_0——空白试验耗用硝酸汞标准滴定溶液的体积，mL；

$c\left[\frac{1}{2}\mathrm{Hg(NO_3)_2}\right]$——硝酸汞标准滴定溶液的准确浓度，mol/L；

m——被滴定样品溶液中的样品质量，g；

0.03545——氯化物（以 Cl 计）的毫摩尔质量，g/mmol。

4. 讨论

（1）氯化物含量与标准溶液浓度的近似关系　预计样品溶液中氯化物（以 Cl 计）的含量和建议采用的硝酸汞标准溶液浓度如下。

样品溶液中的 Cl^-/mg	0.01～2	2～25	25～80
标准溶液浓度 c/(mol/L)	0.001～0.02	0.02～0.03	0.03～0.1

（2）其他离子的影响　不干扰测定的离子及其限量（离子浓度，g/L）为：Pb^{2+}、Zn^{2+}、Ca^{2+}(100g/L)；K^+、Mg^{2+}(40g/L)；NO_3^-、CO_3^{2-}(70g/L)；Na^+(30g/L)。

干扰测定的离子及其限量(离子浓度，mg/L)为：Hg^{2+}、Ag^+(0.5mg/L)；PO_4^{3-}(3.5mg/L)；NO_2^-(10mg/L)；SO_3^{2-}、S^{2-}、CrO_4^{2-}、CN^-、$[Fe(CN)_6]^{4-}$、$[Fe(CN)_6]^{3-}$、SCN^-、$S_2O_3^{2-}$、Br^-、I^-(1mg/L)；F^-(1×10^2mg/L)；Cr^{3+}、Cu^{2+}(2×10^2mg/L)；NH_4^+、Fe^{2+}(3×10^2mg/L)；Al^{3+}、Co^{2+}(1×10^3mg/L)；Ni^{2+}(2.5×10^3mg/L)；SO_4^{2-}(1×10^4mg/L)。

若试样中存在超过允许限量的干扰离子，应采取适当方法预先消除。

（3）含汞废液的处理　氯化汞有毒，为防止含汞废液的污染，必须对汞量法测定氯化物后所得的废液进行处理。其处理原理为：在碱性介质中，用过量的硫化钠沉淀汞，再用过氧化氢氧化剩余的硫化钠，防止汞以多硫化物的形式溶解。

步骤：将废液收集于50L的容器中，当废液量达到40L时，依次加入400mL氢氧化钠溶液（400g/L）和100g硫化钠($Na_2S \cdot 9H_2O$)，摇匀，10min后缓慢加入400mL、30%过氧化氢溶液，充分混合，放置24h后将上部清液排入废水中，沉淀物转入另一容器，由专人进行汞的回收（本操作所用试剂均为工业级）。

第五节　化工产品中微量砷的测定

一、二乙基二硫代氨基甲酸银光度法

1. 原理

在酸性介质中，用还原剂碘化钾和氯化亚锡将试样中As^{5+}还原为As^{3+}，再以锌与酸作用产生的新生态氢将As^{3+}还原为砷化氢，逸出的砷化氢气体被二乙基二硫代氨基甲酸银（Ag-DDTC）吡啶溶液吸收，游离出单质胶态银，使溶液呈紫红色，其颜色深浅与砷含量成正比，可于最大吸收波长540nm进行光度测量。

$$As_2O_3 + 6Zn + 12HCl \longrightarrow 6ZnCl_2 + 3H_2O + 2AsH_3 \uparrow$$

$$AsH_3 + 6Ag\text{-}DDTC \longrightarrow 6Ag + 3H(DDTC) + As(DDTC)_3$$

2. 仪器与试剂

（1）仪器　15球定砷器，如图4-3所示。测定砷的所有玻璃仪器必须用热的浓硫酸小心洗涤，再用水清洗干净，并完全干燥。

分光光度计。

（2）试剂　盐酸；锌粒，粒径为0.5～1mm；碘化钾溶液，15%。

氯化亚锡溶液：溶解40g氯化亚锡（$SnCl_2 \cdot 2H_2O$）于25mL水和75mL盐酸的混合液中。

二乙基二硫代氨基甲酸银（Ag-DDTC)，5g/L吡啶溶液：溶解1g二乙基二硫代氨基甲酸银于吡啶（ρ=0.980g/mL）中，用吡啶稀释至200mL，贮于棕色瓶中避光保存（可稳定2周）。

砷标准溶液（100μg As/mL）：准确称取0.1320g基准三氧化二砷（As_2O_3)，置于100mL烧杯中，加2mL、50g/L氢氧化钠溶液，使其溶解，小心移入1000mL容量瓶中，用水洗涤烧杯数次，洗液一并倒入容量瓶内，稀释至刻度，摇匀，备用。

砷标准溶液（2.5μg As/mL）：准确吸取100μg As/mL的砷标准溶液

25.0mL，移入 1000mL 容量瓶中，稀释至刻度，摇匀。此标准溶液要现用现配。

乙酸铅脱脂棉：溶解 50g 乙酸铅 [$Pb(C_2H_3O_2)_2 \cdot 3H_2O$] 于 250mL 水中，用该溶液将脱脂棉浸透，取出，任其滴干。在室温下干燥后，保存在密闭容器中。

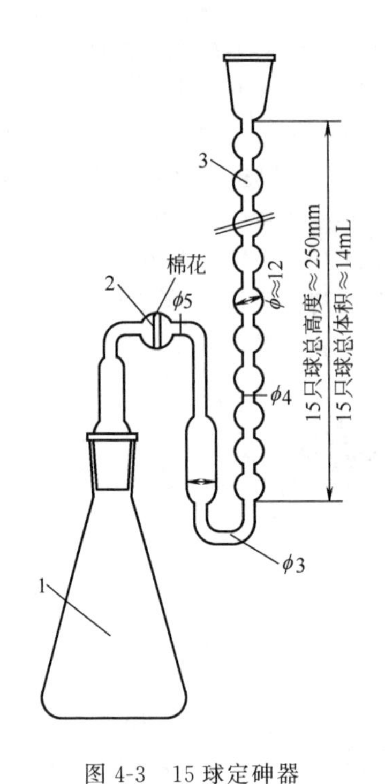

图 4-3　15 球定砷器

（单位：mm）

1—砷发生瓶；2—连接管；3—15 球吸收器

3. 操作

（1）标准曲线的测绘

① 标准显色溶液的制备　在 6 个 100mL 锥形反应瓶中分别加入 2.5μg As/mL 的砷标准溶液 0.00mL（空白）、1.00mL、2.00mL、4.00mL、6.00mL、8.00mL（相应的砷含量分别为 0μg、2.5μg、5μg、10μg、15μg、20μg），向每个反应瓶中依次加入 10mL 盐酸和适量的水，使体积约为 40mL，再加 2mL 碘化钾溶液和 2mL 氯化亚锡溶液，摇匀，放置 15min（当试液为硫酸介质时，应以 10mL、7.5mol/L 硫酸溶液代替 10mL 盐酸）。

在每支连接管中装入少量乙酸铅脱脂棉，用于捕集反应逸出的硫化氢气体。吸取 5.0mL 二乙基二硫代氨基甲酸银吡啶溶液于每支吸收器中，将连接管接到吸收器上。放置 15min 后，通过一漏斗向锥形瓶中加 5g 锌粒，并迅速按图示连接好仪器，使反应进行约 45min。拆下吸收器，摇动，以使底部生成的紫红色沉淀溶解与溶液完全混合。

② 测量吸光度　在分光光度计上，于 540nm 波长处，用 1cm 吸收池，以水为参比，测量各标准显色溶液的吸光度。

③ 绘制标准曲线　从各标准显色溶液的吸光度中减去空白溶液的吸光度。以所得吸光度为纵坐标，相应的标准砷含量为横坐标，绘制标准曲线。每次用一批新的锌粒和配制新的吸收液，均应重新绘制标准曲线。

（2）试液的制备和测定

① 待测试样的称取量和制备试液的方法，按有关产品技术标准的规定进行。

② 在 100mL 锥形反应瓶中，加入适量试液，其中砷含量应在 1～20μg 范围。在另一锥形瓶中做空白试验。向每个锥形瓶中加入 10mL 盐酸，并补充水至总体积为 40mL（此时溶液酸度应为 3mol/L），加入 2mL 碘化钾溶液和 2mL 氯化亚锡溶液，摇匀，放置 15min。以下按测绘标准曲线相同的步骤加入试剂、连接仪器，完成吸收操作并测定试液显色溶液和空白显色溶液的吸光度。

③ 从试液显色溶液的吸光度中减去空白显色溶液的吸光度，用所得吸光度从标准曲线上查出相应的砷含量。按被测样品技术标准中规定的计算公式，求出

试样中砷含量的最终结果。

4. 讨论

本方法适用于砷含量1～20μg范围内的试液。

试液中其他离子（或金属单质）对10μg砷的测定引起不超过±5%的误差的允许限量（表示在圆括号中，mg）为：Ge^{4+}（0.03）；Sb^{3+}、Pt^{4+}、Se(0.1)；Ag^{+}、Hg^{2+}、Mo^{6+}(0.5)；Co^{2+}、Ni^{2+}、Bi^{3+}（1.0）；V^{5+}（1.5）；W^{6+}（3.0）；Cu^{2+}、Cd^{2+}、Pb^{2+}、Cr^{3+}、Cr^{6+}、Fe^{3+}(5.0)；Sr^{2+}(15.0)、Ti^{3+}(40.0)；Mn^{2+}(125)；Mn^{7+}(100)；F^{-}、ClO_4^{-}(1000)。

如果被测样品中存在超过允许限量的干扰离子，必须采用适当的化学方法消除干扰，方可利用本法测定。

二、砷斑法（古蔡氏法）

1. 原理

在酸性介质中将As^{5+}还原为As^{3+}，再被新生态的氢还原为砷化氢逸出(其反应与Ag-DDTC法相同)，砷化氢遇溴化汞生成黄色的砷溴化汞或棕色的砷化汞，其颜色深度与砷含量成正比，可利用溴化汞试纸进行斑点比色。

$$AsH_3 + 3HgBr_2 \longrightarrow As(HgBr)_3 + 3HBr\uparrow$$

$$As(HgBr)_3 + AsH_3 \longrightarrow As_2Hg_3 + 3HBr\uparrow$$

2. 仪器和试剂

(1) 仪器　定砷器如图4-4所示。在磨口锥形反应瓶上安装定砷管，在定砷管中塞入适量的乙酸铅脱脂棉（吸收硫化氢用），在定砷管上端管口和定砷管帽之间夹入溴化汞试纸，用橡皮筋固定。

(2) 试剂　溴化汞试纸：称取1.25g溴化汞，溶于25mL乙醇中，将无灰滤纸放入该溶液中浸泡1h，取出于暗处晾干，保存于密封的棕色瓶中。

砷标准溶液、乙酸铅脱脂棉的制备以及发生砷化氢所需试剂，与Ag-DDTC法相同。

3. 操作

① 在一组定砷器的锥形反应瓶中，分别加入一定量的试样溶液和不同量的砷标准溶液，按照Ag-DDTC法同样的步骤加入盐酸、水、碘化钾溶液和氯化亚锡溶液等，加入锌粒后立即按图4-4连接定砷管，置于暗处60～90min。

② 拆下各定砷管的定砷管帽，取出溴化汞试纸。在每支标准管中取出的溴化汞试纸上标记对应的砷含量（可用熔融石蜡浸透，置于干燥器中，供长期使用)。将试样管中取出的溴化汞试纸与标准

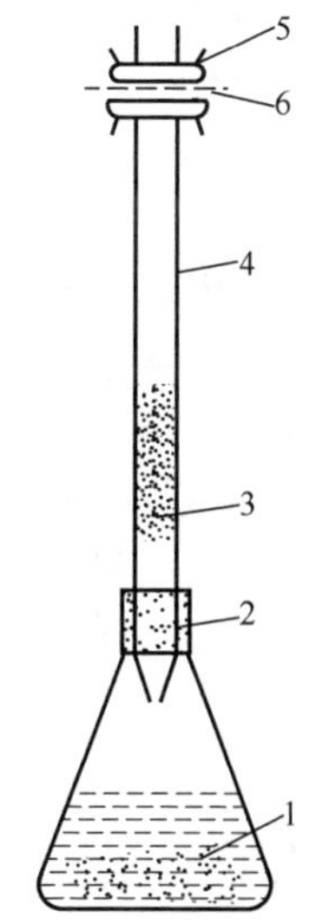

图4-4　定砷器

1—反应瓶；2—磨口；3—乙酸铅脱脂棉球；4—定砷管；5—定砷管帽；6—溴化汞试纸

色斑进行比较（目视），得出试样中砷的含量。

4. 说明

采用本法测定微量砷操作简便，但误差稍大，适用于对分析结果准确度要求不很严格的场合。如有争议，可用 Ag-DDTC 法仲裁。

第六节　化工产品中微量重金属的测定

一、无机化工产品中重金属的测定

1. 原理

无机化工产品中的铜、铅、汞等重金属离子与负二价硫离子在弱酸介质（pH 为 3～4）中生成有色硫化物沉淀。重金属元素含量较低时，形成稳定的棕褐色悬浮液，可用于重金属的目视比浊法测定。

本法适用于无机化工产品中重金属（以 Pb 计）的限量测定。检测范围为：0.2～2μg/mL。

2. 仪器与试剂

（1）仪器　两支匹配的 50mL 比色管。

（2）试剂　盐酸溶液（1+1）。

氨水溶液（1+14）。

乙酸盐缓冲溶液［pH≈3.5，称取 25.0g 乙酸铵，加 25mL 水溶液，加 45mL 盐酸溶液（1+1），再用稀盐酸或稀氨水调节 pH 为 3.5，用水稀释至 100mL］。

硫化氢饱和溶液（临用时制备）。

硫化钠溶液。

铅标准溶液Ⅰ（1mL 溶液含 Pb 0.10mg。用移液管移取 10mL 按 HG/T 3696.2—2011 配制的铅标准溶液，置于 100mL 容量瓶中，用水稀释至刻度，摇匀。置于冰箱内保存，有效期一个月）。

铅标准溶液Ⅱ（1mL 溶液含 Pb 0.010mg。用移液管移取 10mL 铅标准溶液Ⅰ，置于 10mL 溶量瓶中，用水稀释至刻度，摇匀，此溶液现用现配）。

酚酞指示液（10g/L 的乙醇溶液）。

3. 操作

（1）试样溶液的配制　按照产品标准的规定称取试样。不同的产品选用与其相应的样品处理方法，将处理后得到的试样溶液（如果试样溶液不澄清，应进行过滤）放入 50mL 比色管中，稀释至 25mL，加一滴酚酞指示液，再用盐酸溶液或氨水溶液调节 pH 至中性（酚酞的红色刚刚褪去）。然后加 5mL 乙酸盐缓冲溶液，混匀，备用。

（2）标准比浊溶液的配制　标准比浊溶液是按照产品标准重金属指标要求，移取规定量的铅标准溶液Ⅱ和适量基体（如果试液中不含基体，或基体的存在对测定无影响，则不必加入），与同体积试液同时同样处理。

（3）测定　向试样溶液和标准比浊溶液的比色管中各加入10mL新制备的饱和硫化氢水溶液或2滴硫化钠水溶液，加水至50mL刻度，摇匀，放置10min。置于白色背景下从上方或侧方观察，试样溶液所呈现的颜色不深于标准比浊溶液，则该样品中重金属含量（以Pb计）即为合格。

二、有机化工产品中重金属的测定

有机化工产品中微量重金属测定的方法原理、仪器试剂，与无机化工产品中重金属测定基本相同，都是采用生成重金属硫化物的目视比浊法。只是样品性质和处理方法有所不同。可以按以下步骤进行操作。

① 按照产品标准规定的方法取样并进行样品处理。若处理后的试样为溶液时，可移取一定量溶液于50mL比色管中，加入0.2mL乙酸溶液；若处理后的试样为残渣时，可先用0.2mL乙酸溶液溶解，定量移入比色管中。应保证溶液pH约为4，必要时可用氨水溶液或盐酸溶液调节。

② 标准比浊溶液是按照产品标准的规定，移取规定量的铅标准溶液，与试样溶液同时同样处理。

③ 向试样溶液和标准比浊溶液的比色管中各加入10mL饱和硫化氢水溶液，加水至刻度，摇匀。于10min后置于白色背景下从上方或侧方观察，试样溶液所呈现的颜色不深于标准比浊溶液，则该样品中重金属含量（以Pb计）为合格。

三、无机化工产品中铅含量的测定

1. 原理

样品经处理后，铅离子在一定pH条件下与二乙基二硫代氨基甲酸钠（DDTC）溶液形成络合物，经用甲基异丁酮（MIBK）萃取分离，导入原子吸收光谱仪中，火焰（采用空气-乙炔火焰）原子化后吸收283.3nm共振线，其吸收量与铅含量成正比，与标准系列比较定量。

本法适用于测定无机化工产品中铅含量，其最低检测浓度为0.1mg/L。

2. 仪器与试剂

（1）仪器　原子吸收光谱仪，配有铅空心阴极灯。

（2）试剂　甲基异丁酮（MIBK）。

氨水溶液（1+1）。

硫酸铵溶液（300g/L）。

柠檬酸铵溶液（250g/L）。

二乙基二硫代氨基甲酸钠（DDTC）溶液（50g/L）。

溴百里酚蓝指示剂（1g/L）。

铅标准溶液（1mL 溶液含 Pb 0.010mg）。

3. 操作

（1）试样溶液的制备　称样量和试样溶液的制备按有关产品标准中的规定。

（2）空白溶液的制备　在制备试样溶液的同时，除不加试样外，其他操作和加入试剂的种类、数量与试样溶液相同。

（3）工作曲线的绘制　用移液管分别吸取 0.00mL、2.00mL、4.00mL、6.00mL、8.00mL 铅标准溶液，分别置于 125mL 分液漏斗中，加水至 60mL，加 2mL 柠檬酸铵溶液，3～5 滴溴百里酚蓝指示剂，用氨水溶液调 pH 至溶液由黄变蓝，加 10mL 硫酸铵溶液，10mL DDTC 溶液，摇匀。放置 5min 左右，用移液管加入 10.0mL MIBK，剧烈振摇提取 1min，分层，弃去水层，将 MIBK 层放入 10mL 带塞刻度管中，导入原子吸收光谱仪。用水调零，在 283.3nm 波长处测定吸光度。以标准溶液中铅的质量（mg）为横坐标，相应的吸光度为纵坐标，绘制工作曲线。

若被测溶液中铅含量大于 0.5μg/mL，可不经萃取。直接移取铅标准溶液 0.00mL、2.00mL、4.00mL、6.00mL、8.00mL 稀释至 100mL 后，导入原子吸收分光光度计，用水调零，在 283.3nm 波长处测定吸光度，以标准溶液中铅的质量（mg）为横坐标，相应的吸光度为纵坐标，绘制工作曲线。

（4）测定　用移液管移取适量试样溶液（溶液中铅的质量应在工作曲线范围内）和空白试验溶液按绘制工作曲线步骤从“加水至 60mL，加 2mL 柠檬酸铵溶液……”进行测定，测出相应的吸光度。

4. 结果表述

从试验溶液吸光度中减去空白试验溶液的吸光度，用所得吸光度值从工作曲线上查出相应的铅含量。按照与被测试样有关标准中的计算公式计算分析结果。

按平行测定结果的算术平均值为测定结果，两次平行测定结果的绝对差值在有关产品标准中规定。

5. 讨论

无机化工产品中铅含量如果在 0.1～0.5μg/mL 之间，用二乙基二硫代氨基甲酸钠（DDTC）溶液配合时，钴、锌、镍、铜、锰、银、镉、铁等离子同样会与二乙基二硫代氨基甲酸钠（DDTC）发生配合，如果产品中上述元素的含量较多（大于或等于铅含量），则应该适当增加配合剂的用量，以充分配合其中的铅元素。

如遇到上述元素为主元素的产品中铅含量的测定时，不建议使用此标准推荐的配合萃取体系，建议使用石墨炉法测定，或去除主元素后再进行测定。

复习与测试

一、填空题

1. 液体化学品色度的单位是（　　），一个单位色度表示（　　　　　　）。

2. 蒸馏法测定化工产品中的水分含量，需要在试样中加入（　　），蒸出气体冷凝后（　　）在上层，（　　）在下层。

3. 卡尔·费休试剂含有（　　）、（　　）、（　　）和（　　）成分。

4. 气相色谱法测定水分的固定相常用（　　），而检测器必须采用（　　）检测器。

5. 试剂 1,10-菲啰啉与 Fe^{2+} 在 pH＝（　　）的范围内，生成（　　）色络合物，其最大吸收波长在（　　）nm。

6. 汞量法测定氯化物采用的标准滴定溶液是（　　），指示剂是（　　），滴定终点时溶液呈现（　　）色。

7. 测定化工产品中微量砷，可用（　　）法和（　　）法，其中（　　）法为仲裁方法。

8. 用二乙基二硫代氨基甲酸银分光光度法测定砷时，加入锌粒的作用是（　　　　　　　　），Ag-DDTC 溶液的作用是（　　　　　　　　）。

9. 利用生成金属硫化物比浊法测定化工产品中微量重金属时，必须加入（　　）溶液作沉淀剂，试液 pH 应保持在（　　）。

10. 用原子吸收光谱法测定微量铅时，应该使用（　　）作为光源，其测定波长应是（　　）。

二、选择题

1. 测定液体化工产品的色度，需要（　　）。

A. 加显色剂；　　B. 直接与标液比较；

C. 用分光光度计；　　D. 加热

2. 标定卡尔·费休试剂的滴定度，通常使用（　　）。

A. 甲醇；B. 蒸馏水；C. 二水酒石酸钠；D. I_2

3. 在 20℃时，苯中饱和水的溶解度为（　　）%。

A. 0.0525；B. 0.0614；C. 不一定；D. 忽略不计

4. 邻菲啰啉分光光度法测定的是溶液中（　　）。

A. Fe^{3+}；B. Fe^{2+}；C. 全铁；D. Fe_2O_3

5. 银量电位滴定法测定氯化物，样品中共存的少量（　　）对测定有干扰。

A. Mg^{2+}；B. NO_3^-；C. I^-；D. S^{2-}

6. 汞量法测定氯化物，样品中共存的（　　）对测定无干扰。

A. Ag^+；B. CNS^-；C. Zn^{2+}；D. Ca^{2+}

7. 测定微量砷时，定砷（连接）管中放置乙酸铅脱脂棉的作用是吸收（　　）气体。

A. H_2；B. H_2S；C. AsH_3；D. HCl

8. 用 Ag-DDTC 分光光度法测定微量砷时，最终溶液的紫红色是由（　　）形成的。

A. DDTC；B. As-DDTC；C. AsH_3；D. 胶态 Ag

三、问答题

1. 若配制铂-钴标准比色溶液所用的氯化钴或氯铂酸钠纯度较差，应如何处理？

2. 卡尔·费休法测定水分，为什么要采用自动滴定管？操作中应注意哪些问题？

3. 总结一下测定化工产品中水分的方法有几种？各适用于什么情况？

4. 1,10-菲啰啉分光光度法测定化工产品中的杂质铁时，为什么要做空白试验？在结果计算中如何体现空白试验的作用？

5. 银量-电位滴定法测定氯化物时，如何选择 $AgNO_3$ 标准滴定溶液的浓度？如何标定其浓度？

6. 银量-电位滴定法测定氯化物，如何选择指示电极和参比电极？

7. 画图说明 15 球定砷器的结构和各部分的作用。

8. 说明砷斑法测定砷时加入各种试剂的作用，写出相关的反应方程式。

四、计算题

1. 有一卡尔·费休试剂，滴定度为 $T_{H_2O/试剂}=2.00mg/mL$。用此试剂滴定 0.250g 氯化钡（$BaCl_2 \cdot 2H_2O$）时，消耗了 17.4mL。求此氯化钡的纯度。

2. 用银量-电位滴定法测定某化工产品中氯化物的含量，称取试样 3.210g，用 0.02mol/L $AgNO_3$ 标准滴定溶液滴定，近终点时记录数据如下。求试样中氯化物（以 Cl 表示）的质量分数。

$V(AgNO_3)/mL$	10.40	10.60	10.80	11.00	11.20
E/mV	198	208	225	255	281

3. 移取 25.00mL、0.0500mol/L 的 NaCl 基准溶液，调整酸度后，用硝酸汞标准滴定溶液进行滴定，终点时消耗 24.28mL；另取 25mL 蒸馏水做空白试验，消耗 0.02mL。求硝酸汞标准滴定溶液的准确浓度？

4. 用 1,10-菲啰啉显色测定铁，已知显色液中亚铁含量为 50μg/100mL。用 2cm 的比色皿，在波长 510nm 处测得吸光度为 0.205。试计算 1,10-菲啰啉亚铁的摩尔吸光系数（ε_{510}）。

5. 采用气相色谱外标法测定工业环己酮中的微量水，进样后测得样品的水峰高 33.8mm，水饱和苯的水峰高 17.5mm。已知室温 20℃ 时样品密度为 $0.947g/cm^3$，苯的密度为 $0.880g/cm^3$。求样品环己酮中水的含量。

6. 采用气相色谱叠加法测定丙酮中的微量水，称样 7.0341g，外加水 0.0305g。进原样测得水峰高 18.2mm；进加水样测得水峰高 73.2mm。求丙酮试样中水的含量。

7. 用二乙基二硫代氨基甲酸银光度法测定硫酸样品中的杂质砷，在一组 100mL 定砷锥形反应瓶中，分别加入 0.00mL、2.00mL、4.00mL、6.00mL、8.00mL、2.5μg As/mL 的砷标准溶液和 2.0mL 硫酸样品（$\rho=1.838g/cm^3$），按操作规程处理后，分别依次测得各溶液对应吸收液的吸光度为 0.02、0.21、0.42、0.63、0.84 和 0.52。试绘制标准曲线，并求出硫酸试样中砷的质量分数。

8. 用原子吸收光谱法测定微量铅，在一组 50mL 容量瓶中分别加入含铅 0.05mg、0.10mg、0.15mg 和 0.20mg 的铅标准溶液，稀释至刻度后测得各溶液的吸光度依次为 0.21、0.42、0.63、0.84。称取某试样 0.5112g，溶解后移入 50mL 容量瓶中，稀释至刻度；在与测定标液相同的条件下测得试液的吸光度为 0.50。求试样中铅的质量分数。

第五章

无机化工产品的检验

第一节 酸 和 碱

酸和碱是大宗的无机化工产品，也是生产其他化工产品的重要原料。测定酸类和碱类产品的主成分含量，显然可以采用酸碱滴定法。由于酸和碱有强弱的区别，当用标准碱或标准酸溶液滴定时，溶液酸度的变化规律不同，所需选择的指示剂也有所不同。

一、强酸、强碱

工业盐酸、硫酸、硝酸是强酸，工业氢氧化钠、氢氧化钾是强碱。根据电离理论，强酸和强碱在水溶液中完全电离，溶液中 H^+（或 OH^-）的平衡浓度就等于强酸（或强碱）的分析浓度。例如 0.1mol/L HCl 溶液，其 $[H^+]=0.1mol/L$，pH=1。

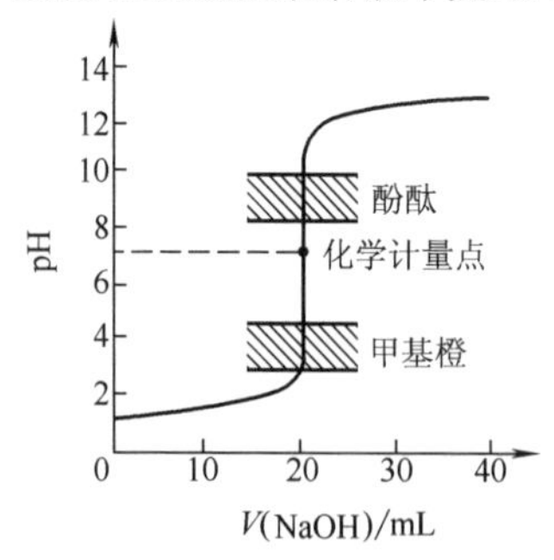

图 5-1 0.1000mol/L NaOH 滴定 20.00mL、0.1000mol/L HCl 的滴定曲线

若以 0.1000mol/L NaOH 溶液滴定 20.00mL、0.1000mol/L 盐酸溶液，用 pH 玻璃电极和饱和甘汞电极测量滴定过程中溶液 pH 的变化，可以得到如图 5-1 所示的滴定曲线。可以看出，滴定之初溶液中存在着较多的 HCl，pH 升高缓慢；随着滴定的进行，溶液中 HCl 的含量逐渐减少，pH 升高逐渐加快。在化学计量点前后，NaOH 溶液

的少量加入（约为 1 滴），溶液 pH 却会从 4.3 增加到 9.7，形成了滴定曲线的“突跃”部分。化学计量点以后再滴入 NaOH 溶液，由于溶液已成碱性，pH 的变化较小，曲线又变得平坦。根据化学计量点附近的 pH 突跃，即可选择适当的指示剂。显然，能在 pH 突跃范围内变色的指示剂，包括酚酞和甲基橙（其变色域有一部分在 pH 突跃范围内）在内，原则上都可以选用。

如果改变溶液的浓度，当到达化学计量点时溶液的 pH 依然是 7.00，但 pH 突跃的范围却不相同。溶液越稀，滴定曲线上的 pH 突跃范围越短。在酸碱滴定中，常用标准溶液的浓度一般为 0.1～1.0mol/L。

用强酸滴定强碱时，可以得到恰好与上述 pH 变化方向相反的滴定曲线，其 pH 突跃范围和指示剂的选择，与强碱滴定强酸的情况相同。

在实际工作中，指示剂的选择还应考虑到人的视觉对颜色的敏感性。用强碱滴定强酸时，习惯选用酚酞作指示剂，因为酚酞由无色变为粉红色易于辨别。相反，用强酸滴定强碱时，常选用甲基橙或甲基红作指示剂，滴定终点颜色由黄变橙或红，颜色由浅至深，人的视觉较为敏感。

二、弱酸、弱碱

甲酸、乙酸[1]、氢氰酸是弱酸，氨水、甲胺是弱碱。弱酸和弱碱在水溶液中只有少量电离，电离的离子和未电离的分子之间保持着平衡关系。现以乙酸为例。

$$HAc \rightleftharpoons H^+ + Ac^-$$

$$K_a = \frac{[H^+][Ac^-]}{[HAc]} = 1.75 \times 10^{-5} \quad (25℃)$$

其电离平衡常数 K_a 通常称作酸的离解常数或酸度常数。K_a 值的大小，可定量地衡量各种酸的强弱。

同理，各种碱的强度可用碱的离解常数或碱度常数 K_b 来衡量。K_b 越小，碱的强度越弱。常见酸、碱的离解常数 K_a 和 K_b 值，可从《分析化学手册》中查到。

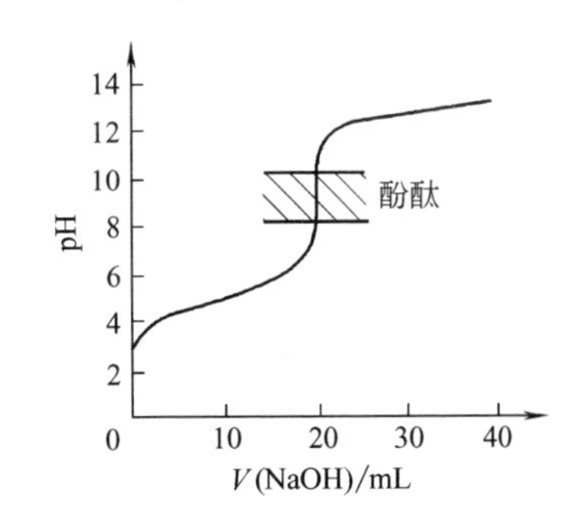

图 5-2　0.1000mol/L NaOH 滴定 20.00mL、0.1000mol/L HAc 的滴定曲线

如图 5-2 所示为用 0.1000mol/L NaOH 标准溶液滴定 20.00mL、0.1000mol/L HAc 的滴定曲线。由于 HAc 为弱酸，滴定前溶液 pH≈3。可以看出，用 NaOH 溶液滴定 HAc 溶液的滴定突跃范围较小（pH=7.7～9.7），且处于碱性范围内。因此指示剂的选择受到较大限制。在酸性范围

---

[1] 甲酸、乙酸属于有机酸，甲胺为有机碱性物质。有机酸（碱）多为弱酸（碱），在酸碱滴定中溶液酸度的变化规律与无机弱酸（碱）相同。

内变色的指示剂如甲基橙、甲基红等都不适用，必须选择在弱碱性范围内变色的指示剂，如酚酞等。

如果被滴定的酸较 HAc 更弱，则化学计量点时溶液 pH 更高，化学计量点附近的 pH 突跃更小。当被滴定弱酸的离解常数为 10^{-9} 左右时，化学计量点附近已无 pH 突跃出现，显然不能用酸碱指示剂来指示滴定终点。

由于化学计量点附近 pH 突跃的大小，不仅与被测酸的 K_a 值有关，还与溶液的浓度有关。用较浓的标准溶液滴定较浓的试液，可使 pH 突跃适当增大，滴定终点较易判断，但这也存在一定的限度。对于 $K_a=10^{-9}$ 的弱酸，即使用 1mol/L 的标准碱也是难以直接滴定的。一般地说，当弱酸溶液的浓度 c_a 和弱酸的电离常数 K_a 的乘积 $c_aK_a \geqslant 10^{-8}$ 时，可观察到滴定曲线上的 pH 突跃，可以利用指示剂变色判断滴定终点。因此，弱酸可以用强碱标准溶液直接滴定的条件为：

$$c_aK_a \geqslant 10^{-8} \tag{5-1}$$

可以推论，用强酸滴定弱碱时，其滴定曲线与强碱滴定弱酸相似，只是 pH 变化相反，即化学计量点附近 pH 突跃较小且处于酸性范围内。类似地，弱碱可以用强酸标准溶液直接滴定的条件为：

$$c_bK_b \geqslant 10^{-8} \tag{5-2}$$

综上所述，水溶液中的酸碱滴定适用于测定强酸、强碱及 $K_a(K_b) \geqslant 10^{-8}$ 的弱酸（弱碱）。对于 $K_a(K_b) < 10^{-8}$ 的极弱酸（极弱碱），需要采用非水滴定或其他方法进行测定。

第二节　无　机　盐

无机盐产品种类很多，分析检验方法各异。一般以准确表述主成分含量和操作较为简便，来选择适当的定量分析方法。

一、按弱碱（弱酸）处理

盐类可以看成是酸碱中和生成的产物。强酸和强碱生成的盐，如 NaCl 在水溶液中呈中性（pH=7.0）；强碱与弱酸形成的盐（如 Na_2CO_3）或强酸与弱碱形成的盐（如 NH_4Cl），溶解于水后因发生水解作用，呈现不同程度的碱性或酸性，因此可以视为弱碱或弱酸，采用酸碱滴定法进行测定。

如上所述，酸碱滴定法测定弱碱或弱酸是有条件的。对于水解性盐来说，只有那些极弱的酸（$K_a \leqslant 10^{-6}$）与强碱所生成的盐，如 Na_2CO_3、$Na_2B_4O_7 \cdot 10H_2O$（硼砂）及 KCN 等，才能用标准酸溶液直接滴定。

硼砂是硼酸失水后与氢氧化钠作用所形成的钠盐。硼砂溶液碱性较强，可用标准酸溶液直接滴定，选择甲基红作指示剂。

$$2HCl + Na_2B_4O_7 + 5H_2O \longrightarrow 2NaCl + 4H_3BO_3$$

碳酸钠是二元弱酸（H_2CO_3）的钠盐。由于 H_2CO_3 的两级电离常数都很小（$K_{a_1}=4.5\times10^{-7}$，$K_{a_2}=4.7\times10^{-11}$），因此可用 HCl 标准溶液直接滴定 Na_2CO_3。滴定反应分两步进行：

$$HCl + Na_2CO_3 \longrightarrow NaCl + NaHCO_3 \quad \text{第一化学计量点 } pH=8.3$$

$$HCl + NaHCO_3 \longrightarrow NaCl + H_2CO_3 \quad \text{第二化学计量点 } pH=3.9$$

$$H_2CO_3 \longrightarrow CO_2\uparrow + H_2O$$

测定 Na_2CO_3 总碱度时，可用甲基橙作指示剂。但由于 K_{a_1} 不太小及溶液中的 CO_2 过多，酸度较大，致使终点出现稍早。为此，滴定接近终点时应将溶液煮沸驱除 CO_2，冷却后再继续滴定至终点。采用溴甲酚绿-甲基红混合指示剂代替甲基橙指示第二化学计量点，效果更好。

与上述情况相似，极弱的碱（$K_b\leqslant10^{-6}$）与强酸所生成的盐如盐酸苯胺（$C_6H_5NH_2\cdot HCl$）可以用标准碱溶液直接滴定。而相对强一些的弱碱与强酸所生成的盐如氯化铵（NH_4Cl），就不能用标准碱溶液直接滴定。铵盐一般需采用间接法加以测定。

二、按金属离子定量

对于不符合水解性盐滴定条件的盐类，可以根据盐的性质测定金属离子或酸根，然后折算成盐的含量。

由二价或三价金属所形成的盐，可以采用 EDTA 配位滴定法测定金属离子，这种情况需要将试液调整到一定的酸度，并选择适当的指示剂。例如，测定硫酸镁时，可在 pH=10，用铬黑 T 作指示剂；测定硫酸铝时，因 Al^{3+} 与 EDTA 反应速率较慢，可在 pH=6 让 Al^{3+} 与 EDTA 反应完全，再用锌标准滴定溶液回滴过量的 EDTA。

有些金属离子具有显著的氧化还原性质，可以采用氧化还原滴定法加以测定。例如，用重铬酸钾法测定铁盐；用碘量法测定铜盐都是较准确的定量分析方法。

对于一价金属形成的盐，多数需要采用间接方法进行测定。例如，测定铵盐常用甲醛法，铵盐与甲醛作用生成六亚甲基四胺，同时产生相当量的酸：

$$4NH_4^+ + 6HCHO \longrightarrow (CH_2)_6N_4 + 4H^+ + 6H_2O$$

产生的酸可用标准碱溶液滴定。

某些无机盐如 NaF、$NaNO_3$ 等，可采用离子交换法进行置换滴定。将样品溶液通过氢型阳离子交换树脂（RSO_3H），让溶液中的 Na^+ 与树脂上的 H^+ 进行交换，交换反应可表示为：

$$RSO_3H + Na^+ \longrightarrow RSO_3Na + H^+$$

这样，测定 NaF 时流出离子交换柱的将是 HF 溶液。于是，可以用标准碱溶液滴定流出液和淋洗液中的 HF。

三、按酸根定量

有些无机盐按酸根进行定量分析比按金属离子简便，而且更有实际意义。例如，硫酸钠的检验，若测定 Na^+ 难度较大，可采用硫酸钡称量法准确地测出 SO_4^{2-} 的含量。对于工业硫酸钠而言，样品中可能含有少量的钙、镁硫酸盐，需要在测出钙、镁杂质含量后，由硫酸盐总量中扣除。

对于漂白粉、漂白精一类产品，主要成分是次氯酸钙，而具有漂白作用的是次氯酸根。因此，测定其“有效氯”必须采用氧化还原滴定法对次氯酸根进行定量分析。

对于磷酸盐、铬酸盐、碘酸盐等，显然必须测定其酸根。通常采用喹钼柠酮称量法测定磷酸盐；采用氧化还原滴定法测定铬酸盐和碘酸盐。

第三节　单质和氧化物

以单质和氧化物形式生产的化工产品种类较少。对于固体产品多数不溶于水，因此首先需要解决样品溶解的问题。

一、样品的溶解

少数单质或氧化物易溶于水，进行定量分析比较方便。例如，金属钠置于水中立即生成氢氧化钠和氢气，可以用标准酸溶液进行滴定。过氧化氢水溶液可在硫酸介质中直接用高锰酸钾标准滴定溶液进行滴定。

一些氧化物或单质产品不溶于水，但能溶于酸，这种情况就需要采用适当的酸来溶解样品。常用的酸有盐酸、硫酸、硝酸等。在金属活动性顺序中，氢以前的金属及多数金属的氧化物和碳酸盐，皆可溶于盐酸。硝酸具有氧化性，它能溶解金属活动性顺序中氢以后的多数金属及其氧化物。硫酸沸点高（338℃），可在高温下分解矿石、有机物或用以除去易挥发的酸。用一种酸难以溶解的样品，可以采用混合酸，如 $HCl+HNO_3$、H_2SO_4+HF、$H_2SO_4+H_3PO_4$ 等。

对于难溶于酸的样品，需加入某种固体熔剂，在高温下熔融，使其转化为易溶于水或酸的化合物。例如，测定二氧化锆（ZrO_2）时，样品中先加入硼砂，在高温下熔融后，再用盐酸浸取，即得到 Zr^{4+} 的溶液。TiO_2、Al_2O_3、Cr_2O_3 等用 $K_2S_2O_7$ 或 $KHSO_4$ 进行熔融，可使其转化为可溶性硫酸盐。

二、成分定量分析

单质和氧化物样品处理成溶液后，即可按盐类的分析方法进行定量分析，当然必须是测定原样品中主成分的转化形式，然后再折算成样品中主成分的含量。

例如，工业氧化镁为白色粉末，不溶于水，但溶于盐酸。可用盐酸（1+1）

溶解样品，滤去少量盐酸不溶物，用 EDTA 配位滴定法测定滤液中的镁离子。也可用适当的方法测定滤液中的少量铁及硫酸盐。但是测定该产品中少量氯化物时，显然不能使用该滤液。为此，应重新取一定量的样品，用热水溶解其中的可溶性氯化物，过滤并弃去水不溶的氧化镁等，取其滤液分析 Cl^- 的含量。

有些产品主成分含量很高，又没有适合的方法来测定主成分含量，这种情况往往检测一些能说明产品特性的代用指标，或测出杂质含量后按差减法求出主成分含量。例如，检验橡胶工业用炭黑时，主要检测样品的吸油值、着色力、挥发分、灰分及悬浮液的 pH 等。检测工业硫黄时，规定测出硫黄样品的灰分、有机物含量、砷含量及其萃取液的酸度等，用 1 减去这些杂质的质量分数即为主成分硫的质量分数。

复习与测试

一、填空题

1. 用 NaOH 标准溶液滴定硫酸溶液的滴定曲线中，pH 突跃范围在（　　），而滴定乙酸时 pH 突跃范围在（　　）。

2. 用 HCl 标准滴定溶液滴定氨水时，可选用（　　）作指示剂，不能用（　　）作指示剂。

3. 一般来说，K_a（　　）的弱酸，K_b（　　）的弱碱，都可以在水溶液中采用酸碱滴定法进行滴定。

4. 测定不同的硫酸盐，应采用不同的定量分析方法。Na_2SO_4 采用（　　）；$CuSO_4$ 采用（　　）；$Al_2(SO_4)_3$ 采用（　　）。

5. 测定工业氧化镁可用（　　）溶样；测定氧化锆应先加（　　），高温熔融后，再用（　　）浸取。

6. 检验工业硫黄时，需要测出（　　）、（　　）、（　　）、（　　）等杂质含量；主成分含量按（　　）求出。

二、选择题

1. 下列弱酸、弱碱，能采用酸碱滴定法直接滴定的是（　　）。

A. 一氯乙酸（$CH_2ClCOOH$）；B. 苯酚；C. 吡啶；D. 苯甲酸

2. 下列几种钠盐，能采用酸碱滴定法直接滴定的是（　　）。

A. NaF；B. 苯甲酸钠；C. 酚钠（C_6H_5Na）；D. NaAc

3. 用 NaOH 标准溶液滴定乙酸溶液时，应选用（　　）作指示剂。

A. 甲基橙；B. 甲基红；C. 酚酞；D. 中性红

4. 测定硫酸铵含量，可以采用（　　）法。

A. 直接滴定；B. 甲醛法；C. 蒸馏法；D. 称量法

5. 漂白粉中有效氯是指（　　）的含量。

A. $CaCl_2$；B. $Ca(OCl)Cl$；C. $Ca(OH)_2$；D. NaClO

6. 测定浓硝酸或氨水时，应采用（　　）称量样品。

A. 安瓿；B. 滴瓶；C. 称量瓶；D. 锥形瓶

三、问答题

1. 什么是强酸、强碱？什么是弱酸、弱碱？举例说明。

2. 什么是水解性盐？举例说明。

3. 欲测定食盐的主成分 NaCl 含量，应采用何种定量方法？为什么？

4. 用盐酸标准滴定溶液能够直接滴定碳酸钠，为什么不能直接滴定乙酸钠？

5. 测定无机盐时，何种情况测定金属离子？何种情况测定酸根含量？

6. 对于不溶于水的样品，如何处理成溶液再进行定量分析？

四、计算题

1. 试判断 $c=1.0mol/L$ 的（1）甲酸；（2）氨水；（3）氢氰酸，能否采用酸碱滴定法直接滴定？

2. 有工业硼砂 1.000g，用 HCl 25.00mL、0.2000mol/L 恰中和至化学计量点。试计算样品中 $Na_2B_4O_7 \cdot 10H_2O$ 的含量。$Na_2B_4O_7$ 的含量。

3. 称取混合碱试样 0.6839g，以酚酞作指示剂，用 0.2000mol/L HCl 标准滴定溶液滴定至终点，耗用酸溶液 23.10mL。再加甲基橙指示剂，滴定至终点又耗用酸溶液 26.81mL。求试样中各组分的含量。

4. 溶解氧化锌试样 0.1000g 于 50.00mL、$c\left(\frac{1}{2}H_2SO_4\right)=0.1101mol/L$ 硫酸溶液中。用 $c(NaOH)=0.1200mol/L$ 氢氧化钠溶液滴定剩余的硫酸，耗用 25.50mL。求试样中 ZnO 的质量分数。

5. 称取 0.5185g 含有水溶性氯化物的样品，用 0.1000mol/L $AgNO_3$ 标准溶液滴定，到达终点时耗用 44.20mL。求样品中氯化物的质量分数。

6. 采用间接碘量法测定硫酸铜，称样 10.084g，溶解于水，过滤，滤液及洗水定容于 500mL 容量瓶中。吸取 50.00mL 于碘量瓶中，加入 KI 及辅助溶液后，滴定时耗用 $c(Na_2S_2O_3)=0.1001mol/L$ 硫代硫酸钠标准溶液 39.23mL。求样品的纯度（以 $CuSO_4 \cdot 5H_2O$ 计）。

产品检验实训一　工业浓硝酸的检验

一、产品简介

1. 性状

硝酸，化学式 HNO_3，相对分子质量 63.02，是工业上三大强酸之一。浓硝酸为淡黄色透明液体，密度 1.5027g/cm³（25℃），沸点 83.4℃，常温下能分解出 NO_2，具有强烈的腐蚀性，会灼烧皮肤和衣物。浓硝酸为强氧化剂，能与多数金属、非金属及有机物发生氧化还原反应。

2. 生产工艺

（1）稀硝酸浓缩法　氨在铂催化下氧化为一氧化氮，再以空气氧化及水吸收制得稀硝酸（50%左右）。在浓硫酸存在下，将稀硝酸浓缩制得浓硝酸。

$$4NH_3+5O_2 \xrightarrow{Pt} 4NO+6H_2O$$

$$2NO+O_2 \longrightarrow 2NO_2$$

$$3NO_2+H_2O \longrightarrow 2HNO_3+NO$$

（2）直接合成法　氨氧化得到的 NO，在空气氧化的基础上用浓硝酸氧化，并冷却制得液态 N_2O_4。后者与水混合在 5MPa 下通入纯氧，合成浓硝酸。

$$2NO_2 \longrightarrow N_2O_4$$

$$2N_2O_4+2H_2O+O_2 \longrightarrow 4HNO_3$$

3. 主要用途

浓硝酸是重要的化工原料，主要用于火药、炸药、染料、涂料、医药等有机合成工业。浓硝酸和 N_2O_4 还用作火箭高能燃料中的氧化剂。

4. 质量标准（GB/T 337.1—2014）

浓硝酸按含量不同分为两个规格：98 酸、97 酸。

项目		指标	
		98 酸	97 酸
硝酸（HNO_3）的质量分数 w/%	≥	98.0	97.0
亚硝酸（HNO_2）的质量分数 w/%	≤	0.50	
硫酸①（H_2SO_4）的质量分数 w/%	≤	0.08	0.10
灼烧残渣的质量分数 w/%	≤	0.02	

① 硫酸浓缩法制得的浓硝酸应控制硫酸的含量，其他工艺可不控制。

二、实训要求

① 了解浓硝酸产品的定性鉴定方法。

② 掌握用安瓿球称取挥发性液体试样、返滴定的操作和结果计算。

③ 掌握酸碱滴定中使用甲基橙和甲基红-亚甲基蓝混合指示剂时的终点观察技巧。

④ 掌握高锰酸钾返滴定法测定样品中亚硝酸的操作过程和结果计算。

⑤ 了解样品灼烧残渣的测定过程和水浴、砂浴、高温炉的使用方法。

三、定性鉴定

1. 试剂

硫酸；硫酸亚铁溶液（80g/L）；铜丝或铜屑。

2. 鉴定

① 外观应为无色或淡黄色透明液体。

② 样品溶液呈强酸性。

③ 取少许样品于试管中，加少量水稀释，加入与样品水溶液等体积的硫酸，混合、冷却后，沿管壁加入硫酸亚铁溶液使成两液层，在接界面上出现棕色环（$FeSO_4 \cdot NO$）。

④ 取少许样品，加硫酸与铜丝（或铜屑），加热即发生红棕色蒸气（NO_2）。

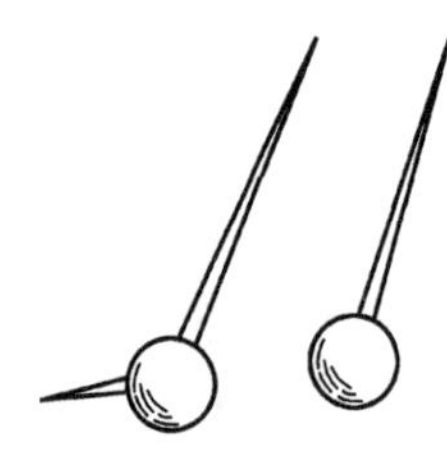

图 5-3 安瓿球

四、硝酸含量测定

1. 方法提要

将硝酸样品加入到过量的氢氧化钠标准溶液中，以甲基橙作指示剂，用硫酸标准溶液返滴定。

2. 仪器和试剂

（1）仪器 安瓿球，直径约 20mm，毛细管端长约 60mm，如图 5-3 所示；带有磨口塞的锥形瓶，容量 500mL；滴定分析仪器。

（2）试剂 氢氧化钠标准溶液 $c(\mathrm{NaOH}) \approx 1\mathrm{mol/L}$；硫酸标准溶液 $c\left(\frac{1}{2}\mathrm{H_2SO_4}\right) \approx 1\mathrm{mol/L}$；甲基橙指示液，1g/L。

3. 操作

① 准确称量安瓿球（精确至 0.0002g）。在火焰上微微加热其球部，然后将毛细管端浸入盛有样品的瓶中，自然冷却，待样品充至约 1.5mL 时，取出安瓿球，用滤纸擦净毛细管端，在火焰上使毛细管端封闭，不使玻璃损失。称量含有样品的安瓿球（精确至 0.0002g），根据差值计算样品质量。

② 将盛有样品的安瓿球小心置于预先盛有 100mL 水[1]和用移液管移入 50mL 氢氧化钠标准溶液的锥形瓶中，塞紧磨口塞。剧烈振荡，使安瓿球破裂，冷却至室温，摇动锥形瓶，直至酸雾全部吸收为止。

③ 取下塞子，用水洗涤，洗液并入同一锥形瓶内。用玻璃棒捣碎安瓿球，研碎毛细管，取出玻璃棒用水洗涤，将洗液并入同一锥形瓶内。加 1～2 滴甲基橙指示液，用硫酸标准溶液滴定，至溶液呈现橙色为终点。

---

[1] 定量分析实验用水必须符合 GB/T 6682—2008 中三级水的要求，一般可使用蒸馏水或去离子水。以后不再注明。

4. 结果表述

试样中硝酸的质量分数可按下式计算：

$$w(HNO_3)=\frac{(c_1V_1-c_2V_2)\times M\times 10^{-3}}{m}\times 100\%-1.340w(HNO_2)-1.285w(H_2SO_4)$$

注：仅硫酸浓缩法需减去 $w(HNO_3)$，其他生产方法 $w(HNO_3)$ 视为 0。

式中 c_1——氢氧化钠标准溶液的准确浓度，mol/L；

c_2——硫酸标准溶液的准确浓度，mol/L；

V_1——加入氢氧化钠标准溶液的体积，mL；

V_2——滴定消耗硫酸标准溶液的体积，mL；

M——硝酸的摩尔质量，$M=63.00$g/mol；

m——试样的质量，g；

1.340——将亚硝酸换算为硝酸的系数；

1.285——将硫酸换算为硝酸的系数。

取平行测定结果的算术平均值为测定结果，两次平行测定的允许差不大于 0.2%。

5. 难点解读

① 因硝酸具有挥发性，故用安瓿球称样，并采用返滴定方式，以保证定量的准确性。

② 样品加入到氢氧化钠溶液中后，不仅 HNO_3 被 NaOH 中和，而且样品中的少量 HNO_2 和 H_2SO_4 也被 NaOH 中和，因此在结果计算中要减去 HNO_2 和 H_2SO_4 的质量分数。

五、亚硝酸含量测定

1. 方法提要

用过量的高锰酸钾标准溶液氧化样品中的亚硝酸，再加入过量的硫酸亚铁铵标准溶液，然后用高锰酸钾标准溶液滴定剩余的硫酸亚铁铵。

2. 试剂

高锰酸钾标准滴定溶液 $c\left(\frac{1}{5}KMnO_4\right)=0.1$mol/L；硫酸亚铁铵[$(NH_4)_2Fe(SO_4)_2\cdot 6H_2O$]标准溶液 40g/L；硫酸溶液（1+8）。

3. 操作

① 在 500mL 具塞锥形瓶中，加入 100mL 低于 25℃的水、20mL 低于 25℃的硫酸溶液（1+8），再用滴定管加入一定体积（V_0）的高锰酸钾标准滴定溶液，该体积要比测定样品消耗高锰酸钾标准滴定溶液多 10mL 左右。

② 用移液管移取 5～10mL 样品，迅速加入锥形瓶中，立即塞紧瓶塞，用水

冷却至室温，摇动至酸雾消失后（约5min），用移液管加入20mL硫酸亚铁铵溶液，以高锰酸钾标准滴定溶液滴定，直至呈现粉红色30s内不消失为止，记录所消耗的高锰酸钾标准滴定溶液的体积（V_1）。

③ 为了确定在测定条件下两种标准溶液的相当值，在上述同一锥形瓶中用移液管加入20mL硫酸亚铁铵溶液，以高锰酸钾标准滴定溶液滴定，直至溶液呈现粉红色30s内不消失为止，记录此次所消耗的高锰酸钾标准滴定溶液的体积（V_2）。

4. 结果表述

试样中亚硝酸的质量分数按下式计算：

$$w(HNO_2)=\frac{(V_0+V_1-V_2)c\times M\times 10^{-3}}{\rho V}$$

式中 c——高锰酸钾标准滴定溶液的准确浓度，mol/L；

V_0——开始加入的高锰酸钾标准滴定溶液的体积，mL；

V_1——第一次滴定消耗高锰酸钾标准滴定溶液的体积，mL；

V_2——第二次滴定消耗高锰酸钾标准滴定溶液的体积，mL；

V——移取试样的体积，mL；

M——亚硝酸的摩尔质量，$M=23.50$g/mol；

ρ——试样的密度，98酸、97酸$\rho=1.500$g/mL。

取平行测定结果的算术平均值为测定结果，平行测定的允许差不大于0.01%。

5. 难点解读

本项测定没有用$KMnO_4$标准滴定溶液直接滴定具有还原性的HNO_2，也没有按硫酸亚铁铵溶液的浓度和体积进行计算；而是在滴定样品完毕后又加入同样量的硫酸亚铁铵溶液，再用$KMnO_4$标准滴定溶液滴定（相当于做一次空白对比试验）。这样做可以消除一些干扰因素，使测定结果更加准确。

六、硫酸含量测定

1. 方法提要

硝酸遇热易分解，而硫酸比较稳定。将样品置于水浴上加热。使硝酸分解逸出，剩余物用水溶解后，以氢氧化钠标准滴定溶液滴定。

2. 试剂

氢氧化钠标准滴定溶液c(NaOH)=0.1mol/L；甲醛溶液，25%；甲基红-亚甲基蓝混合指示液。

3. 操作

① 用移液管移取25mL样品置于瓷蒸发皿中，在水浴上蒸发至硝酸除尽（直至获得油状残渣为止）。为使硝酸全部除尽，加2～3滴甲醛溶液，继续蒸发

至干。

② 待蒸发皿冷却后，用水冲洗皿内油状物，定量移入 250mL 锥形瓶中，加 2 滴甲基红-亚甲基蓝混合指示液，用氢氧化钠标准滴定溶液滴定至溶液呈现灰色为终点。

4. 结果表述

$$w(H_2SO_4)=\frac{cV_1M\times10^{-3}}{\rho V}\times100\%$$

式中 c——氢氧化钠标准滴定溶液的准确浓度，mol/L；

V_1——滴定消耗的氢氧化钠标准滴定溶液的体积，mL；

V——移取试样的体积，mL；

ρ——试样的密度，g/mL；

M——硫酸$\left(\frac{1}{2}H_2SO_4\right)$的摩尔质量，$M=49.03$g/mol。

平行测定的允许差不大于 0.01%。

七、灼烧残渣测定

用移液管移取 50mL 样品，置于预先在 (800±25)℃高温炉中灼烧至恒重的蒸发皿中，将蒸发皿置于砂浴上蒸干。然后将蒸发皿移入高温炉内，于 (800±25)℃灼烧至恒重。

$$w(\text{灼烧残渣})=\frac{m_2-m_1}{\rho V}\times100\%$$

式中 m_1——蒸发皿的质量，g；

m_2——盛有灼烧残渣蒸发皿的质量，g；

V——移取试样的体积，mL；

ρ——试样的密度，98 酸、97 酸 $\rho=1.500$g/mL。

八、思考与练习

① 浓硝酸的定性鉴定有四项鉴定操作，做两项行不行？为什么？

② 测定硝酸含量为什么采用安瓿球称样，为什么采用返滴定法定量？

③ 试说明硝酸含量计算式中系数 1.29 和 1.34 的由来。

④ 测定亚硝酸含量所用的硫酸亚铁铵溶液浓度是否需要准确标定？为什么？

⑤ 测定硝酸含量是用安瓿球称样，而测定其他三项指标时却用移液管移取较多的试样，为什么？

⑥ 用氢氧化钠标准滴定溶液滴定硫酸溶液时，使用甲基红-亚甲基蓝混合指示液有什么优点？

⑦ 测定亚硝酸时，锥形瓶中加入的水和硫酸一般要求低于 25℃，且加入 $KMnO_4$ 溶液和样品后要用水冷却，为什么？

⑧ 检验直接合成法制得的浓硝酸，称样 2.1112g，加入到 50.00mL、1.0244 mol/L NaOH 标准溶液中，返滴定用去$c\left(\frac{1}{2}H_2SO_4\right)=1.0696$mol/L硫酸标准溶液 16.77mL。已测出样品中 $w(HNO_2)=0.074\%$，求样品中硝酸的质量分数。

九、产品检测记录表

工业浓硝酸质量检验记录单

执行标准：GB/T 337.1—2014　　　　No. ________

批号		采样日期	年　月　日	车(罐)号		批量	
室温	℃	检验日期	年　月　日	样品外观			

分析项目及公式	计算参数				平行结果	检验结果	检验员
C_{18}质量分数/%							
硝酸/(%) $w_1=\frac{(c_0V_0-cV)M}{m\times1000}\times100\%-1.340w_2$ $M=63.00$g/mol	c_0(NaOH)=　　mol/L						
	$c(H_2SO_4)$=　　mol/L						
	球＋样 m/g						
	球 m/g						
	样 m/g						
	测定项	$V_测$/mL	$V_{管校}$/mL	$V_{温校}$/mL	$V_计$/mL		
	V_0/mL						
	V_1/mL						
	V_2/mL						
亚硝酸/(%) $w_2=\frac{[(V_0+V)-V_{空白}]cM}{\rho V_{试样}\times1000}\times100\%$ $M=23.50$g/mol $\rho=1.500$g/mL	$c(KMnO_4)$=　　mol/L						
	$V_{试样}$/mL						
	测定项	$V_测$/mL	$V_{管校}$/mL	$V_{温校}$/mL	$V_计$/mL		
	$V_{空白}$/mL						
	$(V_0+V)_1$/mL						
	$(V_0+V)_2$/mL						
灼烧残渣/(%) $w_3=\frac{m_1-m_0}{\rho V_{试样}}\times100\%$ $\rho=1.500$g/mL	$V_{试样}$/mL	m_0(皿)/g	m(渣＋皿)/g	恒重后 m_1(渣＋皿)/g			
结论		复核人：		审核人：			

工业浓硝酸产品质量检验单

生产单位________________
产品商标________________　　编　　号________________
产品名称________________　　规格编号________________
产品批(罐)号______________　批量(吨)________________
执行标准编号______________　生产日期　　年　　月　　日

分析项目	质量指标		实测结果	试验方法(标准编号)
	98 酸	97 酸		
外观	淡黄色或黄色透明液体			
硝酸(HNO_3)质量分数/%	98.0	97.0		
亚硝酸(HNO_2)质量分数/%	0.50			
硫酸(H_2SO_4)质量分数/%	0.08	0.10		
灼烧残渣/%	0.02			

判断结论：	(质量检验专用章) 年　　月　　日	审核人(盖章)： 批准人(盖章)：

产品检验实训二　工业碳酸钠的检验

一、产品简介

1. 性状

碳酸钠（纯碱），化学式 Na_2CO_3，相对分子质量 105.99。无水碳酸钠为白色粉末，密度 2.532g/cm^3（20℃），熔点 851℃；易吸收空气中的 CO_2 和水逐渐变为 $NaHCO_3$；易溶于水，其水溶液呈碱性。碳酸钠的水合物有 $Na_2CO_3 \cdot H_2O$、$Na_2CO_3 \cdot 7H_2O$ 和 $Na_2CO_3 \cdot 10H_2O$。

2. 生产工艺

(1) 氨碱法　食盐水吸氨后通入 CO_2，生成 $NaHCO_3$ 结晶，过滤、煅烧得碳酸钠。含 NH_4Cl 的母液加石灰乳蒸馏回收氨。

$$NaCl + NH_3 + CO_2 + H_2O \longrightarrow NaHCO_3 \downarrow + NH_4Cl$$

$$2NaHCO_3 \xrightarrow{\triangle} Na_2CO_3 + CO_2 \uparrow + H_2O$$

$$2NH_4Cl + Ca(OH)_2 \longrightarrow CaCl_2 + 2H_2O + 2NH_3 \uparrow$$

（2）联合制碱法　见第一章第二节。

（3）天然碱法　由天然碱中分离提取。

3. 主要用途

碳酸钠是重要的基本化工原料之一，用途极广，用量很大。在化工、冶金、建材、纺织、印染、食品、医药、造纸、军工等行业都有广泛应用。

4. 质量标准（GB 210.1—2004）

见第一章表 1-1。

二、实训要求

① 了解碳酸钠产品的定性鉴定方法。

② 掌握样品预处理和减量法称取碳酸钠试样的操作技术。

③ 掌握滴定终点前加热溶液及使用溴甲酚绿-甲基红混合指示液时的操作技巧。

④ 掌握银量-电位滴定法或汞量法测定样品中少量氯化物的操作和结果计算。

⑤ 掌握溶解试样、调节酸度及邻菲啰啉分光光度法测定样品中杂质铁的操作过程和可见分光光度计的使用方法。

⑥ 了解样品中少量硫酸盐、水不溶物和烧失量的测定方法。

三、定性鉴定

1. 试剂

盐酸；氢氧化钙溶液（2g/L，取上层清液）；硫酸镁溶液（120g/L）。

2. 鉴定

① 用盐酸润湿的铂丝先在无色火焰上灼烧至无色，再蘸取样品溶液少许，在无色火焰上灼烧，火焰呈现黄色。

② 样品溶液滴加盐酸即放出 CO_2，该气体通入氢氧化钙溶液中即生成白色沉淀（$CaCO_3$）。

③ 样品溶液滴加硫酸镁溶液，即生成白色沉淀（$MgCO_3$）。

四、总碱量（干基计）测定

1. 方法提要

碳酸钠为典型的水解性盐，其水溶液呈碱性，可用盐酸标准滴定溶液直接滴定。

$$Na_2CO_3 + 2HCl \longrightarrow 2NaCl + CO_2 + H_2O$$

由于碳酸钠在贮运过程中易吸收空气中的水分和二氧化碳，故样品需在250～270℃干燥后才能测定（干基）含量。若不经干燥，直接称样测定，则得到以湿基计的含量。

2. 试剂

盐酸标准滴定溶液 $c(HCl)=1mol/L$；溴甲酚绿-甲基红混合指示液。

3. 操作

① 称取 1.7g 于 250～270℃下加热至恒重的试样，精确至 0.0002g。置于锥形瓶中，用 50mL 水溶解试料。

② 加 10 滴溴甲酚绿-甲基红混合指示液，用盐酸标准滴定溶液滴定至溶液由绿色变为暗红色，煮沸 2min，冷却后继续滴定至暗红色为终点。

③ 同时做空白试验。

4. 结果表述

以质量分数表示的总碱量（以 Na_2CO_3 干基计）按下式计算：

$$w(Na_2CO_3)=\frac{(V-V_0)c\times 0.05300}{m}$$

式中 c——盐酸标准滴定溶液的准确浓度，mol/L；

V——滴定样品耗用盐酸标准滴定溶液的体积，mL；

V_0——空白试验耗用盐酸标准滴定溶液的体积，mL；

m——样品质量，g；

0.05300——$\frac{1}{2}Na_2CO_3$ 的毫摩尔质量，g/mmol。

平行测定结果的允许差不大于 0.2%，取平均值报告结果。

5. 难点解读

碳酸钠是二元弱酸（H_2CO_3）的钠盐，测定其总碱度要用盐酸标准滴定溶液滴定至第二化学计量点（pH=3.9），这时由于溶液中存在 H_2CO_3，会使滴定终点提前出现。在接近终点时将溶液煮沸驱除 CO_2，冷却后再继续滴定至终点，可以避免此项误差。采用溴甲酚绿-甲基红混合指示液，在滴定终点由绿色变为暗红色，比用甲基橙指示液更容易观察滴定终点。

五、烧失量测定

1. 操作

称取 2g 样品（精确至 0.0002g），置于已恒重的称量瓶或瓷坩埚内，移入烘箱或高温炉中，使温度逐渐升至 250～270℃，灼烧至恒重。

2. 结果表述

$$w(\text{烧失})=\frac{m_1}{m}$$

式中 m_1——试样加热时失去的质量，g；

m——试样的质量，g。

平行测定结果的允许差不大于0.04%。

六、氯化物含量测定

测定少量氯化物的方法和操作步骤原则上按第四章第四节所述进行，下面仅补充说明测定碳酸钠样品中氯化物含量的具体规定。

1. 银量-电位滴定法

（1）试剂　硝酸银标准滴定溶液 $c(AgNO_3)=0.05mol/L$，可用相应浓度的NaCl基准溶液，按电位滴定法进行标定。

（2）操作　称取1g样品（精确至0.01g），加40mL水溶解（不必加入乙醇）。用硝酸和氢氧化钠溶液调节pH后，用硝酸银标准溶液进行电位滴定。

（3）结果表述

$$w(\mathrm{NaCl})=\frac{c(V-V_0)\times 0.05844}{m[1-w(\text{烧失})]}$$

式中　c——硝酸银标准滴定溶液的准确浓度，mol/L；

V——滴定耗用硝酸银标准滴定溶液的体积，mL；

V_0——空白耗用硝酸银标准滴定溶液的体积，mL；

m——样品质量，g；

0.05844——NaCl的毫摩尔质量，g/mmol。

平行测定的允许差不大于0.02%。

2. 汞量法

（1）试剂　硝酸汞标准滴定溶液 $c\left[\frac{1}{2}Hg(NO_3)_2\right]=0.05mol/L$，用相应浓度的NaCl基准溶液进行标定。

（2）操作　称取2g样品（精确至0.01g），加40mL水溶解（不必加入乙醇）。用硝酸和氢氧化钠溶液调节pH后，用硝酸汞标准滴定溶液滴定。要求滴定试样与滴定空白溶液终点颜色相同。

（3）结果表述　结果计算式和允许差要求与电位滴定法相同，只是其中 c、$V(V_0)$ 表示硝酸汞标准滴定溶液的浓度和体积。

七、铁含量测定

1,10-菲啰啉分光光度法测定杂质铁的原理、仪器、试剂见第四章第三节，下面补充说明测定工业碳酸钠中杂质铁的具体内容。

1. 标准曲线的测绘

① 在一组100mL的烧杯中，分别加入0.00mL、1.00mL、2.00mL、4.00mL、6.00mL、8.00mL铁标准溶液（0.020mg/mL），分别加水至约40mL，用盐酸溶液或氨水溶液调节pH约为2（用精密pH试纸检验），将溶液移入100mL容量瓶中。

② 各加入 1mL 抗坏血酸溶液（100g/L）、20mL 乙酸-乙酸钠缓冲溶液（pH≈4.5）、10mL 1,10-菲啰啉溶液（1g/L），用水稀释至刻度，摇匀。放置 15min 在波长 510nm 处，用 2 或 4cm 比色皿，以水作参比测量各溶液的吸光度。从每个标准溶液的吸光度中减去试剂空白溶液的吸光度。以铁含量为横坐标，对应的吸光度为纵坐标，绘制标准曲线。

2. 样品的测定

（1）称取 10g 样品（精确至 0.01g）置于烧杯中，加少量水润湿，滴加 35mL 盐酸溶液（1+1），煮沸 3～5min，冷却（必要时过滤），移入 250mL 容量瓶中，加水至刻度，摇匀。吸取 50mL（或 25mL）上述溶液于 100mL 烧杯中；另取 7mL（或 3.5mL）盐酸溶液于另一烧杯中，用氨水中和后，与样品溶液一并用氨水和盐酸溶液调节 pH=2（用精密 pH 试纸检验）。分别移入 100mL 容量瓶中。

（2）以下操作按标准曲线的测绘后半部分进行。由样品溶液的吸光度和空白溶液的吸光度在标准曲线上查出相应的铁含量。

3. 结果表述

$$w(\text{Fe})=\frac{m_1-m_0}{m[1-w(\text{烧失})]\times 10^3}$$

式中 m_1——由样品溶液吸光度在标准曲线上查得的铁的质量，mg；

m_0——由空白溶液吸光度在标准曲线上查得的铁的质量，mg；

m——移取的样品溶液中所含样品的质量，g。

平行测定结果的允许差，优等品、一等品不大于 0.0005%，合格品不大于 0.001%。

4. 难点解读

1,10-菲啰啉分光光度法测定铁的灵敏度很高。由于在溶解试样时使用了盐酸，显色过程又加入了其他试剂。如果这些试剂中含有微量铁，势必造成测定结果偏高。因此，在测定试样溶液的同时，必须取相应体积的盐酸溶液，按同样步骤加入各种试剂做空白试验，并在试样的测定值中扣除空白测定值。

八、硫酸盐含量测定

1. 方法提要

在样品的盐酸溶液中，加氯化钡使硫酸盐生成白色的硫酸钡沉淀[1]，过滤后在（800±25）℃下灼烧至恒重，以称量法定量。

2. 试剂

盐酸溶液（1+1）；氨水；氯化钡溶液（100g/L）；硝酸银溶液（5g/L）；甲

[1] 在例行检验中，较简便的方法是利用硫酸钡悬浮液做目视比浊法定量。

基橙指示液（1g/L）。

3. 操作

① 称取20g样品（精确至0.01g），置于烧杯中，加50mL水，搅拌，滴加70mL盐酸溶液（1+1）中和样品并酸化。用中速定量滤纸过滤，滤液和洗液收集于烧杯中，控制溶液体积约250mL。加3滴甲基橙指示液，用氨水中和后再加6mL盐酸溶液（1+1）酸化。

② 煮沸，在不断搅拌下加入25mL氯化钡溶液（100g/L），约90s加完。在不断搅拌下继续煮沸2min。在沸水浴上放置2h，停止加热，静置4h。用慢速定量滤纸过滤。用热水洗涤沉淀直到取10mL滤液与1mL硝酸银溶液混合，5min后仍保持透明为止。

③ 将滤纸连同沉淀移入预先在（800±25）℃下灼烧至恒重的瓷坩埚中，灰化后移入高温炉内，于（800±25）℃下灼烧至恒重。

4. 结果表述

$$w(SO_4^{2-})=\frac{m_1\times 0.4116}{m[1-w(\text{烧失})]}$$

式中　m_1——灼烧后硫酸钡的质量，g；

m——样品质量，g；

0.4116——硫酸钡换算为硫酸根的系数。

平行测定结果的允许差不大于0.006%。

九、水不溶物含量测定

1. 操作

称取20～40g试样（精确至0.01g），置于烧杯中，加入200～400mL约40℃的水溶解，维持试验溶液温度在（50±5）℃，用已恒重的古氏坩埚[1]过滤，以（50±5）℃的水洗涤不溶物，直至在20mL洗涤液与20mL水中加2滴酚酞指示液后所呈现的颜色一致为止。将古氏坩埚连同不溶物一并移入干燥箱内，在（110±5）℃下干燥至恒重。

2. 结果表述

$$w(\text{水不溶物})=\frac{m_1}{m[1-w(\text{烧失})]}$$

式中　m_1——水不溶物的质量，g；

m——试样的质量，g。

平行测定的允许差，优等品、一等品不大于0.006%；合格品不大于0.008%。

---

[1] 古氏坩埚应预先铺制酸洗石棉或石棉滤纸，详见GB/T 210.2—2004。

十、思考与练习

① 测定碳酸钠总碱量的样品为什么要预先干燥？为什么采用称量瓶减量法称取试样？

② 用盐酸标准滴定溶液滴定碳酸钠，终点前为什么要加热煮沸？煮沸前后溶液颜色有什么变化？

③ 电位滴定法测定少量氯化物的滴定终点是如何确定的？

④ 汞量法测定氯化物时，样品溶解后为什么反复调节溶液的酸度？最终要求的 pH 是多少？

⑤ 用 1,10-菲啰啉分光光度法测定纯碱中的杂质铁时，为什么要另取 7mL（或 3.5mL）盐酸溶液做空白试验？

⑥ 试比较硫酸钡称量法和硫酸钡比浊法测定硫酸盐含量的优缺点。

⑦ 测定工业碳酸钠的烧失量有什么意义？长期放置的产品烧失量会发生什么变化？

⑧ 测定某碳酸钠试样的总碱量时，称样 1.7524g，滴定耗用 1.0246mol/L HCl 溶液 31.44mL。空白试验耗用该 HCl 标准溶液 0.02mL。求样品中碳酸钠的质量分数是多少？

⑨ 测定纯碱中少量硫酸盐时，称取试样 20.00g，按硫酸钡称量法操作，灼烧后测得 $BaSO_4$ 质量为 0.0144g。已测出样品的烧失量为 1%。求试样中硫酸盐的含量。

产品检验实训三　工业过氧化氢的检验

一、产品简介

1. 性状

过氧化氢（双氧水），化学式 H_2O_2，相对分子质量 34.01。无色透明液体，密度 1.442g/cm^3（25℃），沸点 150.2℃，熔点 −0.41℃。过氧化氢不稳定，遇热、光及金属杂质会分解为水和氧气；在不同条件下具有氧化作用和还原作用，能氧化多种无机或有机化合物，也能还原某些强氧化剂。

2. 生产工艺

（1）电解法　电解硫酸氢铵水溶液，生成的过硫酸铵在减压条件下水解，蒸馏分离出的过氧化氢。硫酸氢铵循环使用。

$$2NH_4HSO_4 \longrightarrow (NH_4)_2S_2O_8 + H_2\uparrow$$

$$(NH_4)_2S_2O_8 + 2H_2O \longrightarrow 2NH_4HSO_4 + H_2O_2$$

（2）蒽醌法　以 2-乙基蒽醌为载体，溶解于有机溶剂中，在镍催化下与氢气作用，生成氢蒽醌。再经空气氧化生成过氧化氢和2-乙基蒽醌，萃取分离出产品后，载体循环使用。

O / O —C_2H_5 $+H_2 \xrightarrow{Ni}$ OH / OH —C_2H_5

OH / OH —C_2H_5 $+O_2 \longrightarrow$ O / O —C_2H_5 $+H_2O_2$

3. 主要用途

过氧化氢是重要的化工产品，主要用作氧化剂、漂白剂、清洗剂和消毒剂，还用于生产各种过氧化物。高浓度的过氧化氢可作为火箭燃料和氧源。

4. 质量指标（GB/T 1616—2014）

项目		指标					
		27.5%		35%	50%	60%	70%
		优等品	合格品				
过氧化氢(H_2O_2)的质量分数/%	≥	27.5	27.5	35.0	50.0	60.0	70.0
游离酸(以 H_2SO_4 计)的质量分数/%	≤	0.040	0.050	0.040	0.040	0.040	0.050
不挥发物的质量分数/%	≤	0.06	0.10	0.08	0.08	0.06	0.06
稳定度 s/%	≥	97.0	90.0	97.0	97.0	97.0	97.0
总碳(以C计)的质量分数/%	≤	0.030	0.040	0.025	0.035	0.045	0.050
硝酸盐(以 NO_3^- 计)的质量分数/%	≤	0.020	0.020	0.020	0.025	0.028	0.030

二、实训要求

① 了解过氧化氢的定性鉴定方法。

② 掌握用滴瓶减量法称取液体试样的操作方法。

③ 理解高锰酸钾滴定过程的自动催化作用，正确掌握滴定速度和观察终点。

④ 掌握高锰酸钾法中标准滴定溶液和试样中待测组分基本单元的选取和有关计算。

⑤ 了解过氧化氢中总碳含量和硝酸盐含量测定的原理和过程。

⑥ 了解过氧化氢稳定度测定的意义和操作要领。

三、定性鉴定

1. 试剂

硫酸溶液（1＋17）；乙醚；重铬酸钾溶液（75g/L）；氢氧化钠溶液

(40g/L)。

2. 鉴定

① 外观应为无色透明液体。

② 取 1mL 样品，加 10mL 水，1 滴硫酸溶液，再加 2mL 乙醚和数滴重铬酸钾溶液，振摇，乙醚层即显过铬酸（H_2CrO_6）的蓝色（本试验必须在冷溶液中进行）。

③ 取一定量样品，加入氢氧化钠溶液使之呈碱性，加热，立即分解，发生泡沸并放出氧气。

四、过氧化氢含量测定

1. 方法提要

在稀硫酸溶液中，用强氧化剂高锰酸钾标准滴定溶液直接滴定。

$$2KMnO_4 + 3H_2SO_4 + 5H_2O_2 \longrightarrow 2MnSO_4 + K_2SO_4 + 8H_2O + 5O_2\uparrow$$

2. 试剂

高锰酸钾标准滴定溶液 $c\left(\frac{1}{5}KMnO_4\right)=0.1mol/L$；硫酸溶液（1+15）。

3. 操作

① 用滴瓶以减量法对不同规格的产品称取量如下：27.5%的产品称取 0.15～0.20g；30%的产品称取 0.12～0.16g；50%的产品称取 0.10～0.12g（精确至 0.0002g)。置于一盛有 100mL 硫酸溶液（1＋15）的 250mL 锥形瓶中，摇匀。

② 用高锰酸钾标准滴定溶液进行滴定。开始滴定时速度应特别慢，当第一滴 $KMnO_4$ 颜色消失后，再逐渐加快滴定速度，直至溶液呈粉红色 30s 内不消失为终点。

4. 结果表述

$$w(H_2O_2)=\frac{cV\times 0.01701}{m}$$

式中 c ——高锰酸钾标准滴定溶液的准确浓度，mol/L；

V ——滴定耗用高锰酸钾标准滴定溶液的体积，mL；

m ——样品质量，g；

0.01701 ——$\frac{1}{2}H_2O_2$ 的毫摩尔质量，g/mmol。

平行测定的允许差不大于 0.1%。

5. 难点解读

高锰酸钾氧化过氧化氢的反应速率很慢，但 Mn^{2+} 对该反应有催化作用。滴定之初，当第一滴 $KMnO_4$ 溶液与 H_2O_2 反应完全后，溶液中即有 Mn^{2+}，故其催化作用可使滴定反应速率加快。也可以在滴定前加入几滴 $MnSO_4$ 溶液作为催化剂，但不能加热，以防 H_2O_2 分解。

五、游离酸含量测定

1. 试剂

氢氧化钠标准滴定溶液 $c(NaOH)=0.1mol/L$；甲基红-亚甲基蓝混合指示液。

2. 操作

称取 30g 样品（精确至 0.01g），用 100mL 新经煮沸并冷却的水将样品全部移入 250mL 锥形瓶中，加 2～3 滴甲基红-亚甲基蓝混合指示液，用氢氧化钠标准滴定溶液 $c(NaOH)=0.1mol/L$（盛放在微量滴定管中）滴定至溶液由紫红色变为暗蓝色为终点。

3. 结果表述

$$w(H_2SO_4)=\frac{cV\times 0.04904}{m}$$

式中　c ——氢氧化钠标准滴定溶液的准确浓度，mol/L；
　　　V ——滴定耗用氢氧化钠标准滴定溶液的体积，mL；
　　　m ——样品质量，g；
0.04904 ——$\frac{1}{2}H_2SO_4$ 的毫摩尔质量，g/mmol。

平行测定结果的允许差不大于 0.001%。

六、不挥发物的测定

称取约 20g 样品（精确至 0.01g），置于已恒重的内装铂片或铂丝的瓷蒸发皿（75mL）中，在沸水浴上蒸干后，置于 105～110℃干燥箱内干燥至恒重。

$$w(\text{不挥发物})=\frac{m_1}{m}$$

式中　m_1——蒸发后残渣的质量，g；
　　　m ——样品质量，g。

平行测定结果的允许差不大于 0.005%。

七、稳定度的测定

1. 方法提要

将试样在沸水浴上加热一定时间，冷却后加水至原体积。用同样方法测定 H_2O_2 含量，并与原试样中的含量比较。

2. 操作

① 取 50mL 硬质玻璃容量瓶及 10mL 小烧杯各一支，用水充分洗净后充满

氢氧化钠溶液（100g/L），放置1h；再用水充分洗净后，注满硝酸溶液（3+5），放置3h。然后用水充分洗净，最后用过氧化氢样品洗净。

② 将样品移入洗净的50mL硬质玻璃容量瓶中至刻度，瓶颈上部依次套上滤纸和聚乙烯塑料薄膜，用小烧杯盖在容量瓶口上，然后置于100℃水浴中（容量瓶中的液面应保持在水浴液面以下）。加热5h，迅速冷却至室温，加水至刻度，摇匀，按上述同样的方法测定其过氧化氢含量。

3. 结果表述

$$稳定度=\frac{w_B}{w_A}\times 100\%$$

式中 w_B——加样5h后样品中 H_2O_2 的质量分数；

w_A——加热前样品中 H_2O_2 的质量分数。

平行测定结果的允许差不大于0.8%。

八、总碳含量的测定

1. 方法提要

将试样连同净化气体导入装有催化剂的高温燃烧管中，试样在高温燃烧管中高温催化氧化，其中的有机碳和无机碳均转化为 CO_2，生成的 CO_2 导入非分散红外检测器。在特定波长下，一定浓度范围内，CO_2 的红外线吸收强度与其浓度成正比，据此进行定量分析。

2. 仪器和试剂

（1）仪器　非分散红外TOC分析仪或同效分析仪器，密度计。

（2）试剂　无二氧化碳的水；碳标准溶液 $\rho(C)=2.0g/L$，准确称取预先在110℃±2℃下干燥至质量恒定的邻苯二甲酸氢钾（$KHC_8H_4O_4$）2.125g，精确至0.0002g，置于烧杯中，加无二氧化碳的水溶解后，转移此溶液于500mL容量瓶中，用无二氧化碳的水稀释至刻度，摇匀。

3. 操作

（1）试样密度的测定　将试样注入清洁、干燥的量筒内，将清洁、干燥的密度计缓缓地放入试样中，其下端应离筒底2cm以上，不能与筒壁接触，密度计的上端露在液面外的部分所沾液体不得超过2～3分度，待密度计在试样中稳定后，读出密度计弯月面下缘的刻度，即为试样的密度 ρ。

（2）总碳的测定　在一组5个50mL容量瓶中，分别加入碳标准溶液0.00mL（空白溶液）、5.00mL、10.00mL、15.00mL、20.00mL，用无二氧化碳的水稀释至标线，摇匀，配制成碳工作曲线溶液，质量浓度分别为0.0mg/L、200.0mg/L、400.0mg/L、600.0mg/L、800.0mg/L。

将碳工作曲线溶液分别导入非分散红外TOC分析仪进行总碳测定，记录相应的响应值并校正，即从工作曲线溶液的响应值中减去空白试验溶液的响应值。同时测定试样的响应值并校正。

以碳质量浓度（mg/L）为横坐标，校正后响应值为纵坐标，绘制碳的工作曲线。在工作曲线上查出试样的校正响应值所对应的碳质量浓度。

4. 结果表述

工业过氧化氢中总碳含量以碳（C）的质量分数 w 计，按下式计算：

$$w(\mathrm{C})=\frac{T\times 10^{-6}}{\rho}\times 100\%$$

式中 T——试样的校正响应值在工作曲线上查出的总碳质量浓度，mg/L；

ρ——试样的密度，g/mL。

取平行测定结果的算术平均值为测定结果，两次平行测定结果的允许差不大于 0.005%。

5. 难点解读

红外线是波长为 0.76～1000μm 的不可见光，利用物质对红外线的吸收而建立起来的分析方法称为红外光谱法。本实验涉及的二氧化碳气体在波长 4.25μm 和 15μm 附近有灵敏的吸收带，而氧气对红外线没有吸收，不产生干扰。为排除水对仪器测量的影响，气体进入红外吸收仪之前，用半导体冷阱将水蒸气冷凝除去。这样，通过测定碳标准溶液和试样溶液产生的二氧化碳对红外线的吸收，即可求出试样中的总碳含量。

九、硝酸盐含量的测定

1. 方法提要

在碱性条件下，硝酸盐与 2,4-苯酚二磺酸作用显黄色，于 405nm 波长用分光光度计测定吸光度，按标准曲线法定量。

2. 仪器与试剂

分光光度计；铂片或铂丝；碳酸钠溶液（10g/L）；氨水溶液（2+1）。

2,4-苯酚二磺酸溶液：在置于冰水浴中的 1000mL 烧杯中，加入 350g 硫酸，溶解 50g 苯酚，然后边搅拌边加入 102mL、30%发烟硫酸，再放在沸水浴中加热 2h。

硝酸盐标准溶液：称取 0.815g 于 120～130℃ 干燥至恒重的硝酸钾（KNO_3），溶于水，移入 1000mL 容量瓶中，以水稀释至刻度；用移液管移取 25mL 于 250mL 容量瓶中，稀释至刻度，该溶液中 NO_3^- 的浓度为 50mg/L。

3. 操作

（1）试样处理　用滴瓶减量法称取样品 1～2g（精确至 0.01g），置于 100mL 烧杯中，滴加 1mL 碳酸钠溶液，放入一片铂片或铂丝，盖上表面皿，在沸水浴中加热约 30min，无飞溅后，用水冲洗表面皿及烧杯壁，再蒸发至干。加入 2mL 2,4-苯酚二磺酸，摇动烧杯使残渣溶解，再在水浴上加热 15～20min，冷却，加适量水，边搅拌边加入 7mL 氨水溶液，呈黄色，再加 5～7 滴氨水溶液。将试样处理液移入50mL容量瓶中，稀释至刻度。

（2）标准曲线的测绘　在一组100mL烧杯中分别加入0.00mL、0.05mL、0.10mL、0.15mL、0.20mL、0.25mL、0.30mL、0.40mL、0.50mL硝酸盐标准溶液，按上述步骤与试样同时同样处理，在一组50mL容量瓶中得到标准显色溶液。在分光光度计上，于波长405nm，用1cm比色皿，以水作参比测量各溶液的吸光度。从标准溶液的吸光度中减去空白溶液的吸光度，以NO_3^-的质量为横坐标，对应的吸光度为纵坐标绘制标准曲线。

（3）试液的测定　将前述制得的试样溶液在405nm，用1cm比色皿，以水作参比测定吸光度；同时测定空白溶液的吸光度。根据测得的吸光度，从标准曲线上查出试样溶液和空白溶液中的硝酸盐含量。

4. 结果表述

工业过氧化氢中硝酸盐（以NO_3^-计）的质量分数按下式计算：

$$w(NO_3^-)=\frac{(m_1-m_0)\times 10^{-3}}{m}$$

式中　m_1——试样溶液中硝酸盐的质量，mg；

m_0——空白溶液中硝酸盐的质量，mg；

m——试样的质量，g。

平行测定的允许差不大于0.001%。

十、思考与练习

① 过氧化氢为氧化剂，为什么能用高锰酸钾溶液滴定？

② 为什么高锰酸钾以$\frac{1}{5}KMnO_4$作基本单元，而过氧化氢以$\frac{1}{2}H_2O_2$作基本单元？

③ 用$KMnO_4$标准滴定溶液滴定H_2O_2时，最初反应缓慢，能否加热？为什么？

④ 总结一下用滴瓶减量法称取液体试样的条件和操作技巧。

⑤ 测定过氧化氢中的游离酸时，为什么要用新煮沸并冷却的蒸馏水转移试样？

⑥ 简述采用红外线气体分析仪测定过氧化氢中总碳含量的基本原理。

⑦ 什么是过氧化氢的稳定度？如何测定？

⑧ 试查阅资料，说明硝酸盐与2,4-苯酚二磺酸之间的显色反应，解读分析操作规程。

⑨ 测定工业过氧化氢样品，称样0.1587g，用$c\left(\frac{1}{5}KMnO_4\right)=0.1015mol/L$高锰酸钾标准溶液滴定，耗用32.29mL。求样品中H_2O_2的质量分数。

⑩ 第⑨题的样品，按稳定度测定规程处理后，称样0.1602g，用同一高锰酸钾标准溶液滴定时，耗用31.40mL。求该产品的稳定度。

产品检验实训四　工业轻质氧化镁的检验

一、产品简介

1. 性状

氧化镁，化学式 MgO，相对分子质量 40.30。分轻质和重质两种产品。不溶于水和乙醇，溶于酸和铵盐溶液；易吸收空气中的水和二氧化碳。在 800℃高温煅烧制得的轻质氧化镁具有较大活性。

2. 生产工艺

(1) 白云石-碳化法　煅烧白云石（$MgCO_3$ 和 $CaCO_3$ 的复盐）成白云石灰，加水消化，通入 CO_2 进行碳化，分离出 $CaCO_3$ 沉淀。溶液通蒸汽热解，生成的碱式碳酸镁经 800℃煅烧制得轻质氧化镁。

$$Mg(OH)_2+Ca(OH)_2+3CO_2 \longrightarrow CaCO_3\downarrow+Mg(HCO_3)_2+H_2O$$

$$2Mg(HCO_3)_2 \longrightarrow MgCO_3 \cdot Mg(OH)_2 \cdot H_2O+3CO_2\uparrow$$

$$MgCO_3 \cdot Mg(OH)_2 \cdot H_2O \xrightarrow{\triangle} 2MgO+2H_2O+CO_2\uparrow$$

(2) 卤水-碳铵法　海水制盐后的卤水中约含 50g/L Mg^{2+}，用碳酸氢铵沉淀，再经煅烧可制得轻质氧化镁。

$$2NH_4HCO_3+MgCl_2 \longrightarrow MgCO_3\downarrow+2NH_4Cl+H_2O+CO_2\uparrow$$

$$MgCO_3 \xrightarrow{\triangle} MgO+CO_2\uparrow$$

3. 主要用途

工业轻质氧化镁分为两类：

Ⅰ类主要用于塑料、橡胶、电线、电缆、染料、油脂、玻璃陶瓷等工业。

Ⅱ类主要用于橡胶轮胎、胶黏剂、制革及燃油抑钒剂等工业。

4. 质量指标（HG/T 2573—2012）

项目		指标					
		Ⅰ类			Ⅱ类		
		优等品	一等品	合格品	优等品	一等品	合格品
氧化镁(MgO)质量分数/%	≥	95.0	93.0	92.0	95.0	93.0	92.0
氧化钙(CaO)质量分数/%	≤	1.0	1.5	2.0	0.5	1.0	1.5
盐酸不溶物质量分数/%	≤	0.10	0.20	—	0.15	0.20	—
硫酸盐(以 SO_4 计)质量分数/%	≤	0.2	0.6	—	0.5	0.8	1.0
筛余物(150μm 试验筛)质量分数/%	≤	0	0.03	0.05	0	0.05	0.10

续表

项目		指标					
		Ⅰ类			Ⅱ类		
		优等品	一等品	合格品	优等品	一等品	合格品
铁(Fe)质量分数/%	≤	0.05	0.06	0.10	0.05	0.06	0.10
锰(Mn)质量分数/%	≤	0.003	0.010	—	0.003	0.010	—
氯化物(以Cl计)质量分数/%	≤	0.07	0.20	0.30	0.15	0.20	0.30
灼烧失量质量分数/%	≤	3.5	5.0	5.5	3.5	5.0	5.5
堆积密度/(g/mL)	≤	0.16	0.20	0.25	0.20	0.20	0.25

二、实训要求

① 了解轻质氧化镁的定性鉴定方法。

② 掌握EDTA配位滴定法测定镁、钙的原理、反应条件和结果计算方法。

③ 掌握配位滴定中铬黑T和钙羧酸指示剂的应用条件和终点颜色变化。

④ 理解其他金属离子对EDTA配位滴定钙、镁的影响及消除干扰的方法。

⑤ 掌握高碘酸氧化-分光光度法测定微量锰的原理及操作过程。

⑥ 了解目视比浊法测定少量硫酸盐的原理和操作过程。

⑦ 巩固1,10-菲啰啉分光光度法测铁、汞量法测定氯化物和测定灼烧失重的原理知识，熟练相关的操作技能。

三、定性鉴定

1. 试剂

盐酸溶液（1+1）；氨水；磷酸氢二钠溶液（100g/L）。

2. 鉴定

① 外观应为白色疏松的粉状，不溶于水，溶于盐酸。

② 取样品少许，溶于盐酸溶液后，加入稍过量的氨水至明显碱性，加入磷酸氢二钠溶液，即产生白色晶形沉淀（$MgNH_4PO_4$）。

四、氧化镁含量测定

1. 方法提要

用三乙醇胺掩蔽少量三价铁、三价铝和二价锰等离子，在pH=10时，以铬黑T作指示剂，用乙二胺四乙酸二钠（EDTA）标准滴定溶液配位滴定钙、镁合量，从合量中减去钙量，计算出氧化镁的含量。

2. 试剂

乙二胺四乙酸二钠标准滴定溶液c(EDTA)≈0.02mol/L；盐酸溶液（1+1）搅拌，三乙醇胺溶液（1+3）；氨-氯化铵缓冲溶液（pH≈10）；硝酸银溶液

(10g/L)；铬黑 T 指示剂（固体）。

3. 操作

① 称取 5g 样品（精确至 0.0002g），置于 250mL 烧杯中，用少量水润湿，盖上表面皿，加入约 55mL 盐酸溶液（1+1）搅拌，使样品溶解（约需 42mL）。煮沸 3～5min，趁热用中速定量滤纸过滤，用热水洗涤至无氯离子（用硝酸银溶液检查）。冷却后将滤液和洗液一并移入 500mL 容量瓶中，加水至刻度，摇匀。该溶液为溶液甲，用于氧化镁、氧化钙、铁及硫酸盐的测定。

② 保留残渣及滤纸，用于盐酸不溶物的测定。

③ 准确吸取 25mL 溶液甲，置于 250mL 容量瓶中，加水至刻度，摇匀。准确吸取 25mL，置于 250mL 锥形瓶中，加 50mL 水、5mL 三乙醇胺溶液（1+3）、10mL 缓冲溶液（pH≈10）和 0.1g 铬黑 T 固体指示剂，用 EDTA 标准滴定溶液滴定至溶液由紫红色变为纯蓝色为终点。

4. 结果表述

$$w(\mathrm{MgO})=\frac{\left(V_1-\dfrac{V_2}{20}\right)c\times 0.04030}{m\times\dfrac{25}{500}\times\dfrac{25}{250}}$$

式中 c —— EDTA 标准滴定溶液的准确浓度，mol/L；

V_1——滴定耗用 EDTA 标准滴定溶液的体积，mL；

V_2——在“氧化钙含量测定”中滴定钙耗用 EDTA 标准滴定溶液的体积，mL；

m ——称取样品的质量，g；

0.04030 ——MgO 的毫摩尔质量，g/mmol。

平行测定结果的允许差不大于 0.2%。

5. 难点解读

在 pH=10 时，试液中的 Ca^{2+}、Mg^{2+} 及少量 Fe^{3+}、Al^{3+}、Mn^{2+} 等都能与 EDTA 生成配合物。其中少量的 Fe^{3+}、Al^{3+} 和 Mn^{2+} 可用三乙醇胺掩蔽；测定 Ca^{2+} 时可另取试液，在 pH=12.5 [此时 Mg^{2+} 生成 $Mg(OH)_2$ 沉淀] 用 EDTA 标准滴定溶液滴定。由钙镁合量减去钙量即为镁的含量。

五、氧化钙含量测定

1. 方法提要

在 pH=12.5 时，以钙羧酸为指示剂，用 EDTA 标准滴定溶液滴定试液中的 Ca^{2+}。在此 pH 条件下，Mg^{2+} 已生成 $Mg(OH)_2$ 沉淀。

2. 试剂

氢氧化钠溶液（100g/L）；三乙醇胺溶液（1＋3）；EDTA 标准滴定溶液 $c(EDTA)=0.02mol/L$；钙羧酸指示剂［1-(2-羟基-4-磺基-1-萘偶氮)-2-羟基-3-萘甲酸］固体 1%［将钙羧酸指示剂与氯化钠按（1＋99）的比例在研钵中充分研细混匀制得］。

3. 操作

准确吸取 50mL 溶液甲，置于 250mL 锥形瓶中，加 30mL 水、5mL 三乙醇胺溶液（1＋3），边摇动边滴加氢氧化钠溶液，当溶液刚呈浑浊时，加入 0.1g 钙羧酸固体指示剂，继续滴加氢氧化钠溶液至样品溶液由蓝色变为酒红色，过量 5mL，然后用 EDTA 标准滴定溶液［$c(EDTA)=0.02mol/L$］滴定至溶液由酒红色变为纯蓝色为终点。

4. 结果表述

$$w(CaO)=\frac{cV_2\times 0.05608}{m\times\frac{50}{500}}$$

式中　c —— EDTA 标准滴定溶液的准确浓度，mol/L；

V_2——滴定耗用 EDTA 标准滴定溶液的体积，mL；

m ——样品的质量，g；

0.05608 ——CaO 的毫摩尔质量，g/mmol。

平行测定结果的允许差不大于 0.03%。

六、盐酸不溶物的测定

将氧化镁含量测定中保留的残渣和滤纸转入已在 850～900℃ 灼烧至恒重的瓷坩埚中，灰化后，于 850～900℃ 灼烧至恒重。

$$w(\text{盐酸不溶物})=\frac{m_1}{m}$$

式中　m_1——灼烧后残渣的质量，g；

m ——样品质量，g。

平行测定结果的允许差不大于 0.02%。

七、硫酸盐含量测定

1. 方法提要

在微酸性介质中，用氯化钡沉淀硫酸根离子，与标准比浊。

2. 试剂

盐酸溶液（1＋5）；氨水溶液（1＋9）；氯化钡溶液（100g/L）；硫酸盐标准溶液，0.1mg SO_4^{2-}/mL。

3. 操作

(1) 标准管的制备　准确吸取若干毫升硫酸盐标准溶液（如硫酸盐指标为≤0.2%，则吸取 2mL），置于 50mL 比色管中，然后与样品溶液同时同样处理（见下）。

(2) 样品测定　准确吸取 10mL 溶液甲，置于 50mL 比色管中，加水至约 20mL，用氨水溶液（1+9）或盐酸溶液（1+5）调至中性（用 pH 试纸检验）。加 1mL 盐酸溶液（1+5）、2mL 氯化钡溶液（100g/L），加水至刻度，摇匀。置于 40～50℃水浴中 10min。

(3) 比浊　将样品溶液管与标准管比浊，记录与样品溶液浊度相同的标准管中所含硫酸盐标准溶液的体积（mL）。

4. 结果表述

$$w(\mathrm{SO_4^{2-}})=\frac{V\times 0.1}{m\times\frac{10}{500}\times 10^3}$$

式中　V ——吸取硫酸盐标准溶液的体积，mL；

　　　m ——样品质量，g。

八、锰含量的测定

1. 方法提要

在磷酸存在的强酸性介质中，以高碘酸根将 Mn^{2+} 氧化成紫红色的 MnO_4^-。用分光光度计在最大吸收波长（525nm）处测量其吸光度，按标准曲线法定量。

2. 试剂

磷酸；高碘酸钾；硝酸溶液（1+1）；锰标准溶液（0.01mg Mn/mL）。

3. 操作

(1) 标准曲线的测绘　在一系列 250mL 烧杯中依次加入 0.00mL（空白）、5.00mL、10.00mL、15.00mL、20.00mL、25.00mL 锰标准溶液（0.01mg Mn/mL），各加水至约 40mL。

各加入 10mL 磷酸、0.5g 高碘酸钾，加热煮沸至 MnO_4^- 的紫红色出现，再微沸 5min。冷却后将溶液全部转入 100mL 容量瓶中，加水至刻度，摇匀。以水作参比，用 525nm 的波长和 3cm 的比色皿测定吸光度。以锰的质量为横坐标，相应的已减去空白的吸光度为纵坐标，绘制标准曲线。

(2) 样品溶液的测定　称取样品约 3g（精确至 0.01g），置于 250mL 烧杯中，用少量水润湿，加入 25mL 硝酸溶液（1+1）溶解样品。同时在另一烧杯中加入与溶样等体积的硝酸溶液和 10mL 水，作为试剂空白溶液。加热至沸，趁热用中速定性滤纸过滤，以 50mL 水分 4 次洗涤，将滤液和洗液一并收集于 250mL 烧杯中。

以下操作与“标准曲线的测绘”后半部分相同。在标准曲线上查出相应的锰含量。

4. 结果表述

$$w(\mathrm{Mn})=\frac{m_1}{m\times10^3}$$

式中　m_1——由标准曲线查得的已减去试剂空白的锰的质量，mg；

m——样品质量，g。

平行测定结果的允许差，优等品不大于0.0005%，一等品不大于0.002%。

九、其他指标测定

1. 铁

吸取10mL溶液甲，按1,10-菲啰啉分光光度法测定试样中的微量铁。平行测定结果的允许差不大于0.005%。

2. 氯化物

称取约2g试样，精确至0.0002g，置于200mL烧杯中，加入50mL水，1.0mL铬酸钾溶液，0.2g硫酸镁，将溶液煮沸后用硝酸银标准滴定溶液滴定至出现微砖红色。同时做空白试验，空白试验除不加试料外，其他操作和处理与试验溶液相同。平行测定结果的允许差不大于0.01%。

3. 灼烧失重

在850～900℃时样品中的少量碱式碳酸镁分解，转化为氧化镁并失去游离水，根据样品减少的质量，确定灼烧失重。平行测定结果的允许差不大于0.05%。

十、思考与练习

① 为什么在pH=10时用EDTA滴定的是钙镁含量，而在pH=12.5时滴定的却是钙的含量？

② 滴定之前加入三乙醇胺起什么作用？

③ 试解释测定氧化镁和氧化钙含量的结果计算公式。

④ 用分光光度法测定微量锰时，加入硝酸、磷酸和高碘酸钾各起什么作用？

⑤ 分光光度法测定锰的测定波长（525nm）和比色皿厚度（3cm）是如何确定的？

⑥ 本规程用溶液甲测定样品中铁和硫酸盐的含量，而测定氯化物为什么另称取试样？

⑦ 试拟定灼烧失重测定的具体操作规程。

⑧ 按本规程测定工业氧化镁中的氧化镁和氧化钙含量时，称取样品5.1903g，溶解定容后，移取溶液在pH=10时，用0.02000mol/L EDTA标准滴定溶液滴定耗用30.87mL；在pH=12.5时，用EDTA标准滴定溶液滴定耗

用 4.53mL。求该样品中 MgO 和 CaO 的质量分数。

产品检验实训五　硫酸铜的检验

一、产品简介

1. 性状

硫酸铜，化学式 $CuSO_4 \cdot 5H_2O$，相对分子质量 249.69。该水合物为蓝色三斜晶体，俗称胆矾，密度 $2.286g/cm^3$，在干燥空气中缓慢风化，150℃以上失去结晶水，成为白色的无水硫酸铜。能溶于水和乙醇，其水溶液呈弱酸性。

2. 生产工艺

（1）氧化铜-硫酸法　将废铜在 600～700℃下焙烧使其转化为氧化铜，然后与硫酸反应，经除杂、冷却、结晶析出硫酸铜。

$$2Cu + O_2 \longrightarrow 2CuO$$

$$CuO + H_2SO_4 \longrightarrow CuSO_4 + H_2O$$

（2）铜矿-硫酸法　用硫酸浸取含铜矿物如蓝铜矿、孔雀石等，浸取液经过滤、除杂、蒸发、结晶析出硫酸铜。

3. 主要用途

硫酸铜是制取其他铜盐的重要原料。工业上用于镀铜、选矿、制革、木材防腐、制人造纤维、作染媒剂、作催化剂等。农业上用作杀菌剂和杀虫剂。

4. 质量指标（GB 437—2009）

项　　目		指　标
硫酸铜（$CuSO_4 \cdot 5H_2O$）质量分数/%	≥	98.0
砷质量分数①/(mg/kg)	≤	25
铅质量分数①/(mg/kg)	≤	125
镉质量分数①/(mg/kg)	≤	25
水不溶物/%	≤	0.2
酸度（以 H_2SO_4 计）/%	≤	0.2

① 正常生产时，砷质量分数、镉质量分数和铅质量分数，至少每 3 个月测定一次。

二、实训要求

① 了解硫酸铜产品的定性鉴定方法。

② 掌握间接碘量法测定硫酸铜含量的方法原理、反应条件和滴定操作技巧。

③ 掌握硫酸铜样品中游离酸含量测定的方法和滴定终点判断。

④ 掌握酸度计的安装、校准和使用操作。

⑤ 掌握用坩埚式过滤器测定无机盐中水不溶物的操作及相关设备的使用。

三、定性鉴定

1. 试剂

氯化钡溶液（50g/L）；盐酸；氨水溶液（2+3）；亚铁氰化钾溶液（100g/L）。

2. 鉴定

① 外观应为蓝色结晶。

② 取样品水溶液，加入氯化钡溶液，即生成白色沉淀（$BaSO_4$），此沉淀在盐酸中不溶解。

③ 取样品水溶液，滴加氨水溶液，即生成淡蓝色沉淀。再加过量氨水时，沉淀溶解生成深蓝色溶液［$Cu(NH_3)_4^{2+}$］。

④ 取样品水溶液，加亚铁氰化钾溶液，生成红棕色沉淀［$Cu_2Fe(CN)_6$］。

四、硫酸铜含量测定

1. 方法提要

样品溶液中的 Cu^{2+} 在微酸性溶液中被 KI 还原，生成难溶于稀酸的碘化亚铜沉淀，同时定量地析出碘。以淀粉作指示剂，用硫代硫酸钠标准滴定溶液滴定析出的碘。加入氟化钠作掩蔽剂，以消除铁的干扰。

$$2Cu^{2+}+4I^- \longrightarrow 2CuI\downarrow+I_2$$

$$I_2+2Na_2S_2O_3 \longrightarrow Na_2S_4O_6+2NaI$$

2. 试剂

硫代硫酸钠标准滴定溶液 $c(Na_2S_2O_3)=0.2mol/L$；碘化钾（KI）；硝酸 $w(HNO_3)=0.65\sim0.68$；乙酸溶液 $w(HAc)=0.36$；氟化钠饱和溶液；碳酸钠饱和溶液；淀粉指示液（5g/L）。

3. 操作

① 称取约 1g 样品（精确至 0.0002g），置于 250mL 碘量瓶中，加 100mL 水溶解、加 3 滴硝酸，煮沸、冷却，逐滴加入饱和碳酸钠溶液，直至有微量沉淀出现为止。然后加入 4mL 乙酸溶液，使溶液呈微酸性。加 10mL 饱和氟化钠溶液、5g 碘化钾，盖上瓶塞于暗处放置 3min。

② 用 $c(Na_2S_2O_3)=0.2mol/L$ 硫代硫酸钠标准滴定溶液进行滴定，当溶液呈现淡黄色时，加入 3mL 淀粉指示液，继续滴定至蓝色消失为终点。

4. 结果表述

样品中 $CuSO_4\cdot5H_2O$ 的质量分数按下式计算：

$$w(CuSO_4\cdot5H_2O)=\frac{cV\times0.2497}{m}$$

式中 c ——硫代硫酸钠标准滴定溶液的准确浓度，mol/L；

V ——滴定耗用硫代硫酸钠标准滴定溶液的体积，mL；

m ——样品的质量，g；

0.2497 ——$CuSO_4 \cdot 5H_2O$ 的毫摩尔质量，g/mmol。

平行测定结果的允许差不大于 0.6%。

5. 难点解读

淀粉指示剂必须在接近终点时加入。如加入过早，则大量的碘与淀粉结合成蓝色物质，这一部分碘就不容易与硫代硫酸钠标准滴定溶液反应，而使滴定结果产生误差。

五、游离硫酸含量测定

1. 仪器与试剂

(1) 仪器　酸度计；pH 玻璃电极；饱和甘汞电极；电磁搅拌器；微量滴定管。

(2) 试剂　饱和酒石酸氢钾溶液 pH＝3.56(25℃)；氢氧化钠标准滴定溶液 $c(NaOH)=0.02mol/L$。

2. 操作

(1) 酸度计的校准　按第三章第三节直接电位法测定溶液 pH 的方法，将 pH 玻璃电极和饱和甘汞电极置于饱和酒石酸氢钾标准缓冲溶液中，将仪器显示值定位于 25℃，pH＝3.56。

(2) 测定样品　称取 2g 样品（精确至 0.002g）置于 100mL 烧杯中，加 50mL 水溶解。将校准过的 pH 玻璃电极及饱和甘汞电极置于其中固定好，启动电磁搅拌，用 $c(NaOH)=0.02mol/L$ 氢氧化钠标准滴定溶液滴定至仪器显示 pH＝4.00 为终点。

3. 结果表述

$$w(H_2SO_4)=\frac{cV\times 0.049}{m}$$

式中 c ——氢氧化钠标准滴定溶液的准确浓度，mol/L；

V ——滴定消耗氢氧化钠标准滴定溶液的体积，mL；

m ——称取样品的质量，g；

0.049 ——$\frac{1}{2}H_2SO_4$ 的毫摩尔质量，g/mmol。

4. 难点解读

硫酸铜溶液本身呈蓝色，无适合的指示剂，故采用电位法测定 pH 来指示终点。如不具备测量 pH 的仪器，较为简便的方法是用 $c(NaOH)=0.1mol/L$ 氢氧化钠标准滴定溶液滴定到呈现不消失的浑浊为终点。这是因为溶液中的 Cu^{2+} 在滴定到 pH≈4 时，开始生成 $Cu_2(OH)_2SO_4$ 沉淀。

六、水不溶物的测定

称取 10g 样品（精确至 0.001g），溶于 100mL 水中，加 2 滴浓硫酸煮沸。趁热用已恒重的 G4 型玻璃坩埚过滤，残渣用热水洗涤至以氨水检验无铜离子反应为止（加入过量氨水后无蓝色产生）。将带有滤渣的 G4 型玻璃坩埚置于 105～110℃烘干至恒重。

$$w(\text{水不溶物})=\frac{m_1}{m}$$

式中 m_1——不溶残渣的质量，g；

m——样品的质量，g。

七、铅含量的测定

1. 方法提要

试样用盐酸-硝酸分解后，试样溶液中的铅在空气-乙炔火焰中原子化，所产生的原子蒸气吸收从铅空心阴极灯射出的特征波长 217.0nm 的光，吸光值与铅基态原子浓度成正比。

2. 仪器与试剂

原子吸收分光光度计，附有空气-乙炔燃烧器及铅空心阴极灯。

电热板：温度在 250℃内可调。

盐酸；硝酸；水（二次蒸馏水）；铅标准储备液 [$\rho(Pb)=1mg/mL$]。

3. 操作

（1）试样溶液的制备　称取试样 2～4g（精确到 0.0002g），置于 100mL 烧杯中，用少量水润湿，加入 30mL 盐酸和 10mL 硝酸，盖上表面皿，在 150～200℃电热板上微沸 30min 后，移开表面皿继续加热，蒸至近干，取下。冷却后加 4mL 盐酸和 50mL 水，混匀过滤。收集滤液于 100mL 容量瓶中，滤干后用少量水冲洗残渣 3 次，合并于滤液中，加水至刻度，备用。

（2）标准曲线的绘制　分别吸取铅标准储备液 0.1mL、0.2mL、0.3mL 于 3 个 100mL 容量瓶中，加入 4mL 盐酸，用水定容，混匀。此铅标准溶液的质量浓度分别为 1mg/L、2mg/L、3mg/L。同时配制空白溶液。在选定最佳工作条件下，使用空气-乙炔火焰，于波长 217.0nm 处，以空白溶液为参比，测定各标准溶液的吸光值。以铅标准溶液的质量浓度（mg/L）为横坐标，相应的吸光值为纵坐标，绘制工作曲线。

（3）测定　试样溶液（或适当稀释后）在与标准溶液相同的测定条件下，测得试样溶液的吸光值，在工作曲线上查出相应的铅的质量浓度（mg/L）。

4. 结果表述

试样中铅的质量分数 $w(Pb)$(mg/kg)，按下式计算：

$$w(Pb)=\frac{\rho\times 100}{m}$$

式中　ρ——测得试样的吸光值在工作曲线上对应的铅的质量浓度，mg/L；

m——试样的质量，g；

100——试样溶液总体积，mL。

本方法两次测定平行结果之差应不大于10mg/kg。

5. 难点解读

在原子吸收光谱中，一种元素的基态原子可能被激发到不同的激发态，而相应地吸收不同波长的谱线。对于元素铅，常用的吸收线是283.3nm和217.0nm。在选择吸收线时，还要考虑可能存在的干扰问题。测定硫酸铜试样中的少量铅时，大量存在的基体元素铜在波长283nm附近存在一吸收线；为避免铜的干扰，选择波长217.0nm的吸收线测定铅更为适宜。

八、思考与练习

① 间接碘量法对测定条件有哪些要求？如何保证？

② 测定硫酸铜含量时，加入硝酸、碳酸钠溶液、乙酸溶液和氟化钠溶液，各起什么作用？

③ 间接碘量法所用淀粉指示剂应何时加入？为什么？

④ 用氢氧化钠标准滴定溶液滴定硫酸铜中的游离酸时，为什么采用酸度计测定溶液的pH？为什么滴定到pH=4为终点？

⑤ 碘量瓶与普通锥形瓶有何区别？如何使用？

⑥ 说明使用酸度计测定溶液pH的操作步骤。

⑦ 说明玻璃坩埚过滤器的使用方法和注意事项。

⑧ 用间接碘量法测定含铜样品，称取试样0.4000g，溶解在酸性溶液中。加入KI后用0.1000mol/L $Na_2S_2O_3$标准滴定溶液滴定析出的I_2，耗用20.00mL。求样品中铜的含量。

⑨ 用火焰原子吸收法测定铅时，应控制的仪器操作条件有哪些？

产品检验实训六　漂白粉的检验

一、产品简介

1. 性状

漂白粉的主要成分是次氯酸钙，通用化学式为$CaOCl_2$，可看作是$Ca(OCl)_2$和$CaCl_2$的混合物，是有氯气臭味的白色粉末，化学性质不稳定。溶于水呈碱性反应，为强氧化剂，有漂白、消毒、杀菌能力。

2. 生产工艺

将氯气通入消石灰中，反应生成漂白粉。

$$Ca(OH)_2 + Cl_2 \longrightarrow CaOCl_2 \cdot H_2O$$

3. 主要用途

漂白粉主要用于纸浆、丝、棉花和纤维等漂白，还用于生活用水的消毒、杀菌等。

4. 质量指标（HG/T 2496—2006）

项　　目		规　　格		
		B-35	B-32	B-28
有效氯(以 Cl 计)含量/%	≥	35.0	32.0	28.0
水分/%	≤	4.0	5.0	6.0
有效氯与总氯之差/%	≤	2.0	3.0	4.0
热稳定系数	≥	0.75	—	—

二、实训要求

① 了解漂白粉产品的定性鉴定方法。
② 理解试样的研磨并制成试验乳液的目的，掌握其操作过程。
③ 掌握间接碘量法测定“有效氯”的原理、反应条件和操作技巧。
④ 掌握汞量法测定试样中总氯的原理、操作和结果的计算方法。
⑤ 掌握蒸馏法测定试样中水分的仪器安装和操作过程。
⑥ 了解测定漂白粉热稳定系数的目的和方法。

三、定性鉴定

1. 试剂

碘化钾-淀粉试纸。

2. 鉴定

① 外观应为白色粉末。
② 有特殊的氯气臭味。
③ 样品水溶液遇碘化钾-淀粉试纸呈蓝色（析出 I_2）。

四、有效氯含量测定

1. 方法提要

工业上用“有效氯”表示漂白粉的漂白能力。“有效氯”是指漂白粉的主要成分（次氯酸盐），相当于氯气的氧化能力。在酸的作用下漂白粉能释放出 Cl_2，可采用间接碘量法加以测定。

$$CaOCl_2 + 2H^+ \longrightarrow Cl_2 + H_2O + Ca^{2+}$$

$$Cl_2 + 2I^- \longrightarrow 2Cl^- + I_2$$

$$I_2 + 2S_2O_3^{2-} \longrightarrow 2I^- + S_4O_6^{2-}$$

2. 试剂

碘化钾溶液（100g/L）；硫酸溶液（3＋100）；硫代硫酸钠标准滴定溶液 $c(Na_2S_2O_3)=0.1mol/L$；淀粉指示液（5g/L）。

3. 操作

① 取混匀的漂白粉样品 50g 于研钵中，研磨后取出 7g（精确至 0.001g）置于研钵中，加入少量水研磨成均匀的乳液，全部移入 500mL 容量瓶中，用水稀释至刻度，摇匀（溶液甲）。

② 准确吸取 25.0mL 溶液甲，置于 250mL 碘量瓶中，加入 20mL 碘化钾溶液和 10mL 硫酸溶液，加盖后水封于暗处放置 5min 后，用硫代硫酸钠标准滴定溶液 $c(Na_2S_2O_3)=0.1mol/L$ 滴定析出的碘，在接近终点时（溶液呈淡黄色）加入 1mL 淀粉指示液，继续滴定至蓝色消失。

4. 结果表述

漂白粉中有效氯的质量分数按下式计算：

$$w(\text{有效氯})=\frac{cV\times 0.03545}{m\times\frac{25}{500}}$$

式中 c ——硫代硫酸钠标准滴定溶液的准确浓度，mol/L；

V ——滴定耗用硫代硫酸钠标准滴定溶液的体积，mL；

m ——称取样品的质量，g；

0.03545 ——Cl 的毫摩尔质量，g/mmol。

平行测定结果的允许差不大于 0.3%。

5. 难点解读

漂白粉的化学成分比较复杂。除次氯酸钙以外，还含有氯化钙、氢氧化钙和水不溶物等。粉状产品不能完全溶解于水，如果过滤会损失有效氯。因此试样需要仔细研磨，形成乳液再以水定容。每次吸取试液之前必须充分摇匀。

五、总氯含量测定

1. 方法提要

用过氧化氢分解试样中的次氯酸钙，使试样中的氯完全以 Cl^- 形式存在于水溶液中。然后在 pH＝2.5～3.5 条件下，用硝酸汞标准滴定溶液进行滴定，用二苯偶氮碳酰肼指示滴定终点。

2. 试剂

过氧化氢溶液（1＋5）；硝酸溶液 $c(HNO_3)=2mol/L$；溴酚蓝指示液，1g/L

乙醇溶液；二苯偶氮碳酰肼指示液，5g/L 乙醇溶液；硝酸汞标准滴定溶液 $c\left[\frac{1}{2}Hg(NO_3)_2\right]=0.05mol/L$。

3. 操作

① 准确吸取 10.0mL 溶液甲于锥形瓶中，加入 5mL 过氧化氢溶液，摇动数分钟至次氯酸钙完全分解。

② 加 20mL 水、3 滴溴酚蓝指示液，滴加 2mol/L 硝酸至溶液由蓝色变为黄色，再过量滴加 3 滴硝酸溶液。

③ 加 1mL 二苯偶氮碳酰肼指示液，用硝酸汞标准滴定溶液滴定至溶液由黄色变为紫红色为终点。

④ 同样条件下做空白试验。

4. 结果表述

漂白粉中总氯的质量分数按下式计算：

$$w(\text{总氯})=\frac{c(V-V_0)\times 0.03545}{m\times\frac{10}{500}}$$

式中 c ——硝酸汞标准滴定溶液的准确浓度，mol/L；

V ——滴定试样耗用硝酸汞标准滴定溶液的体积，mL；

V_0——空白试验耗用硝酸汞标准滴定溶液的体积，mL；

m ——样品质量，g；

0.03545 ——Cl 的毫摩尔质量，g/mmol。

平行测定结果的允许差不大于 0.3%。

5. 难点解读

过氧化氢（H_2O_2）通常用作氧化剂，但当遇到更强的氧化剂时，它显示还原剂的性质。

$$H_2O_2-2e \longrightarrow 2H^+ + O_2\uparrow \qquad (\varphi^{\ominus}=0.682V)$$

漂白粉中的次氯酸钙是强氧化剂，可以氧化 H_2O_2；次氯酸根被还原为 Cl^-，于是可以采用汞量法加以测定。采用过氧化氢作还原剂的优点是产物为氧气，不引入其他物质，不影响对 Cl^- 的测定。

六、游离水分的测定

按第四章第二节蒸馏法测定漂白粉中的游离水分。规定称取样品 100g（精确至 0.2g），加 200mL 甲苯，在 135～140℃的甘油浴中进行蒸馏。平行测定结果的允许差不大于 0.2%。

七、热稳定系数的测定

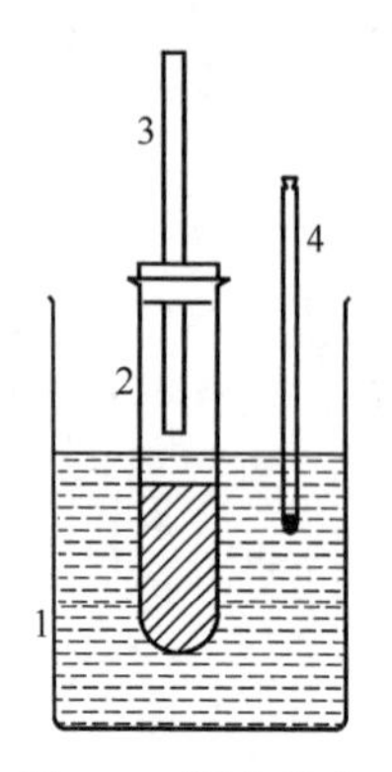

图 5-4 测定稳定系数的装置

1—水浴；2—装有样品的试管；3—空气冷却管；4—温度计

1. 方法提要

将样品在规定条件下置于水浴中放置 2h 后测定有效氯含量，将测定结果与原含量做比较。

2. 仪器

测定稳定系数的装置如图 5-4 所示。水浴；温度计；玻璃试管（ϕ25mm×200mm）；空气冷却管（ϕ6mm×380mm）。

3. 操作

称取 15g 样品（精确至 0.1g），置于玻璃试管中，试管顶部用带有橡皮塞的空气冷却管塞紧，使冷却管下端距样品表面 5～10mm。再将试管放入（85±1)℃的水浴中，保持 2h。然后从水浴中取出试管，取下橡皮塞及冷却管，将试管顶部密封好，冷却至室温。将试管中的样品移入研钵中研细，再按“有效氯含量的测定”同样操作。

4. 结果表述

$$\text{热稳定系数}=\frac{w'(\text{有效氯})}{w(\text{有效氯})}$$

式中 w(有效氯)——加热前样品中有效氯的质量分数；

w'(有效氯)——加热后样品中有效氯的质量分数。

平行测定的允许差不大于 0.05。

八、思考与练习

① 间接碘量法测定漂白粉中有效氯的原理如何？反应过程中哪个是氧化剂？哪个是还原剂？

② 漂白粉样品为什么需要研磨后制成乳液？每次移取试液时应注意什么？

③ 测定漂白粉中的总氯时，加入双氧水、硝酸和溴酚蓝溶液，各起什么作用？

④ 测定漂白粉中的游离水分为什么采用蒸馏法？可否采用烘干法？为什么？

⑤ 测定漂白粉中的有效氯时，称取样品 7.0456g，研磨后定容至 500mL，吸取 25mL 进行滴定，耗用 $c(Na_2S_2O_3)=0.0999$mol/L 标准滴定溶液 29.89mL。求该产品中有效氯含量。

⑥ 吸取第⑤题中的样品溶液 10mL，采用汞量法测定总氯量，滴定耗用

0.05020mol/L $\left[\frac{1}{2}Hg(NO_3)_2\right]$标准滴定溶液 26.86mL。空白试验耗用 0.04mL。求该漂白粉样品有效氯和总氯的差值。

⑦ 称取第⑤题中的漂白粉样品 15g，按图 5-4 所示装置进行处理后，测定其有效氯含量为 22%。求该产品的热稳定系数。

第六章 有机化工产品的检验

第一节　概　　述

有机化工产品种类繁多，其分析检验项目和方法比较复杂，目前应用较为普遍的是物理参数测定、化学滴定分析、分光光度分析和气相色谱分析。物理参数能够反映产品纯度；分光光度分析主要用于某些杂质含量的测定；化学滴定分析是测定主成分含量的常用方法；气相色谱分析适用于较低沸点的混合物分离分析。

对于有机化工产品的分析检验，在我国技术标准中除了诸多的产品标准以外，对术语和通用试验方法也做了很多规定。例如：

GB/T 6325—1994　有机化工产品分析术语

GB/T 6324《有机化工产品试验方法》分为以下几个部分：

——第 1 部分：液体有机化工产品水混溶性试验（GB/T 6324.1—2004）；

——第 2 部分：挥发性有机液体水浴上蒸发后干残渣的测定（GB/T 6324.2—2004）；

——第 3 部分：还原高锰酸钾物质的测定（GB/T 6324.3—2011）；

——第 4 部分：有机液体化工产品微量硫的测定　微库仑法（GB/T 6324.4—2008）；

——第 5 部分：有机化工产品中羰基化合物含量的测定（GB/T 6324.5—2008）；

——第 6 部分：液体色度的测定　三刺激值比色法（GB/T 6324.6—2014）；

——第 7 部分：熔融色度的测定（GB/T 6324.7—2014）；

——第 8 部分：液体产品水分测定　卡尔·费休库仑电量法（GB/T 6324.8—2014）；

——第 9 部分：氯的测定（GB/T 6324.9—2016）。

GB/T 14827—1993　有机化工产品酸度、碱度的测定方法　容量法

本节主要概述滴定分析和气相色谱分析在有机化工产品检验中的应用。

一、滴定分析的应用

在有机化工产品检验中，应用最广泛的是酸碱滴定法和氧化还原滴定法。

1. 酸碱滴定法

凡是分子中含有酸性或碱性基团，或反应过程中消耗酸碱的有机物，都可以用酸碱滴定法进行测定。

含有酸性基团的有机物，如羧酸、磺酸、酚类、脂肪族伯仲硝基化合物、过氧酸、氨基酸及硫醇等，只要符合弱酸的滴定条件 $K_a \geqslant 10^{-8}$，就可以选择适合的溶剂，用碱标准滴定溶液直接滴定。

含有碱性基团的有机物，如胺类、生物碱、含氮的杂环化合物（吡啶、嘌呤、噻唑等）、肼、酰胺等，只要符合弱碱的滴定条件 $K_b \geqslant 10^{-8}$，就可以选择适合的溶剂，用酸标准滴定溶液直接滴定。

反应过程中消耗碱的有机物如酯类、酸酐及酰卤等，可以与过量的碱标准滴定溶液充分反应后，剩余的碱再用酸标准滴定溶液滴定。根据两种标准滴定溶液的用量和浓度，计算出酯、酸酐及酰卤的含量。反应过程消耗酸的羧酸盐、环氧化合物等，可以与过量的酸标准滴定溶液充分反应后，再用碱标准滴定溶液滴定剩余的酸。例如：

$$\underset{\diagdown O \diagup}{R—CH—CH}—CH_3 + HCl(过量) \longrightarrow R—\underset{OH}{\underset{|}{CH}}—\underset{Cl}{\underset{|}{CH}}—CH_3$$

反应过程中生成酸的物质，如醇与酸酐反应生成羧酸，可用碱标准滴定溶液滴定生成的酸。

$$ROH + (CH_3CO)_2O \longrightarrow CH_3COOR + CH_3COOH$$

反应过程中生成碱的物质，如醛与亚硫酸钠反应生成氢氧化钠，可以用酸标准滴定溶液滴定。

$$RCHO + Na_2SO_3 + H_2O \longrightarrow NaOH + RCHOHSO_3Na$$

2. 氧化还原滴定法

凡分子中有氧化性或还原性的基团，或反应过程中消耗氧化剂或还原剂的物质，都可以用氧化还原滴定法进行测定。在氧化还原滴定法中，应用最多的是碘量法。碘量法反应速率快、滴定终点敏锐，并具有倍增效应等优点。

例如，硝基化合物、亚硝基化合物、偶氮化合物、过氧酸等物质具有氧化性，可以用间接碘量法测定。

$$RCOOOH + 2HI \longrightarrow I_2 + RCOOH + H_2O$$

醇、醛、酚、胺、硫醇等物质具有还原性，可以用氧化法测定。

$$2RSH + I_2 \longrightarrow RSSR + 2HI$$

反应过程中消耗氧化剂或还原剂的物质，可以间接求出其含量。如不饱和化

合物与卤素发生加成反应，可以测定过量的卤素来求出不饱和化合物的含量。

$$RCH{=}CHR + I_2(过量) \longrightarrow RCHI{-}CHIR$$

$$I_2(剩余) + 2Na_2S_2O_3 \longrightarrow 2NaI + Na_2S_4O_6$$

二、气相色谱分析的应用

气相色谱作为一种分离分析方法，主要用于在操作温度下能气化而不分解的有机混合物的分析。对于用化学方法难以测定的同系物或异构体，用气相色谱法往往可以得到满意的分离、测定效果。

气相色谱用于有机混合物分析的关键问题是选择适宜的固定相。常用的固定相是在多孔载体上涂渍高沸点的固定液，其中载体多以硅藻土制备，种类有限；而涂渍载体的固定液种类很多，可供选择的余地大。气相色谱常用固定液见表 6-1。

表 6-1　气相色谱常用固定液

名　　称	牌　号	极性	最高使用温度/℃	溶　　剂	分析对象
异三十烷	SQ	非	150	乙醚	$C_1 \sim C_8$ 烃类
邻苯二甲酸二壬酯		弱	130	乙醚、甲醇	烃、醇、醛、酮、酸、酯
甲苯聚硅氧烷	SE-30 OV-101 DC-200	弱	350 350 250	氯仿、甲苯	多核芳烃、脂肪酸、金属螯合物
苯基(25%)甲基聚硅氧烷	OV-17 DC-550	弱	300 225	丙酮、苯	高沸点极性化合物及芳烃
三氟丙基(50%)甲基聚硅氧烷	QF-1 OV-210	中等	250 250	氯仿	含卤化合物、金属螯合物
β-氰乙氧基(25%)甲基聚硅氧烷	XE-60 OV-225	中等	275 275	氯仿	苯酚、醚、芳胺、生物碱、甾类化合物
聚乙二醇	PEG-400 PEG-20M	强	200	丙酮、氯仿、二氯甲烷	醇、酯、醛、腈、芳烃
乙二酸二乙二醇聚酯	DEGA	强	250	氯仿 二氯甲烷	$C_1 \sim C_{24}$ 脂肪酸甲酯、甲酚异构体
1,2,3-三(α-氰乙氧基)丙烷	TCEP	强	175	甲醇 氯仿	胺类、不饱和烃、环烷烃 芳烃、脂肪酸异构体

根据“相似相溶”原则，通常利用固定液与待测组分极性相似的规律选择固定液。分离非极性混合物，一般选用非极性固定液，各组分按沸点次序先后流出色谱柱，第三章中的图 3-7 就是典型的实例。分离极性混合物，显然应该选用极性固定液，各组分按极性强弱次序出峰。分离非极性和极性或易被极化的混合物，一般选用极性固定液，非极性组分先出峰。分离复杂的混合物或异构体，可以采用混合固定液。

将一定量的固定液溶于适当溶剂中，加入载体，搅拌均匀，再挥发掉溶剂，固定液即以液膜形式分布在载体表面上。将涂渍好的固定相均匀装入柱管，安装到仪器上，通载气“老化”数小时，即可投入使用。

例如，对于混合芳烃的分析，使用邻苯二甲酸二壬酯和有机皂土混合固定液，可使苯系物包括二甲苯的各种异构体得到满意的分离。对于沸点较高、极性较强、挥发性差的有机物，进行色谱分析之前通常需要进行化学处理，使其定量地转化为相应的衍生物。如高级脂肪酸样品，可预先进行酯化，使其转化为易挥发的脂肪酸甲酯，然后再进行色谱测定。某些含羟基的较大分子有机物如醇类、酚类等，可预先进行硅醚化，它们与硅醚化试剂（六甲基二硅胺）反应能生成热稳定性好、易挥发的三甲基硅醚衍生物。这类利用适当的化学反应将难挥发性试样转化为易挥发物质，然后再进行气相色谱分析的方法，称为反应气相色谱法。

为了提高气相色谱的分离效率，近年来发展了毛细管色谱。毛细管柱渗透性好，柱效率高，可以使用较长的柱子（30～300m），适宜于分离组成复杂的混合物。

第二节　不饱和化合物

一、概述

有机化合物分子中含有 C═C 或 C≡C 的，属于不饱和化合物。主要有烯烃、炔烃、部分脂肪酸及油脂等。在化工产品检验中如油脂、石油产品通常需要测定其不饱和度。

不饱和化合物的化学定量分析，主要是利用发生在双键上的加成反应。根据采用的加成试剂不同，有卤素加成法、催化加氢法、氧加成法和硫氰加成法等。其中卤素加成法，特别是采用氯化碘作为加成试剂的方法（韦氏法）应用较为普遍。

包括不饱和化合物在内的复杂混合物，可以用气相色谱进行分离分析。对于沸点不高的混合物可直接进样。例如，异戊二烯产品中含有烷烃、烯烃、环烷烃、环烯烃、炔烃、芳烃等数十种组分，用毛细管色谱法一次进样即可完成全分析。对于沸点较高的高级脂肪酸（包括饱和及不饱和的），一般需要进行甲酯化，然后进样分析。

测定某些不饱和化合物，也可以采用紫外-可见分光光度法或电化学方法，由于应用较少本书不予介绍。

二、氯化碘加成法（韦氏法）

1. 原理

过量的氯化碘溶液与待测化合物分子中的不饱和键发生定量加成反应。

$$\gt C{=}C\lt + ICl\ (\text{过量}) \longrightarrow \gt \underset{I}{\underset{|}{C}}{-}\underset{Cl}{\underset{|}{C}}\lt$$

待反应完全后，加入碘化钾还原剩余的氯化碘，生成的碘用硫代硫酸钠标准滴定溶液滴定，采用淀粉指示剂。同时进行空白试验。

$$ICl(剩余)+KI \longrightarrow I_2+KCl$$

$$I_2+2Na_2S_2O_3 \longrightarrow Na_2S_4O_6+2NaI$$

本法的测定条件主要围绕反应完全、快速、不发生取代反应而进行选择。为使反应进行完全，试剂应过量 100%～150%。过量少，反应不完全；过量多，易发生取代反应。ICl 的浓度一般选用 0.1mol/L，反应需要进行 30min。试样一般用三氯甲烷或四氯化碳溶解，也可以用二硫化碳作溶剂。进行加成反应时，应无水操作（试剂、试样和仪器都应无水），有水时会引起 ICl 分解。为防止 ICl 挥发，反应应在密闭、低温条件下进行，为防止取代反应发生，应在避光条件下进行。

2. 结果表述

（1）不饱和化合物含量　在不饱和化合物中，1mol 双键可以加成 1mol ICl，相当于 2mol 滴定剂硫代硫酸钠，故试样中不饱和化合物（B）的质量分数按式（6-1）计算：

$$w(\mathrm{B})=\frac{c(V_0-V)M\left(\frac{1}{2}\mathrm{B}\right)}{mn\times10^3} \tag{6-1}$$

式中　c——硫代硫酸钠标准滴定溶液的准确浓度，mol/L；

V——试样消耗硫代硫酸钠标准滴定溶液的体积，mL；

V_0——空白试验消耗硫代硫酸钠标准滴定溶液的体积，mL；

m——试样的质量，g；

$M\left(\frac{1}{2}\mathrm{B}\right)$——不饱和化合物$\frac{1}{2}$B 的摩尔质量，g/mol；

n——不饱和化合物分子中双键的个数。

（2）碘值（IV）　氯化碘加成法测定动、植物油脂的不饱和度时，由于不能与动、植物油脂中的所有双键发生加成反应，只能测出相对值，所以不能用不饱和化合物的质量分数表示测定结果，通常用“碘值”表示测定结果。碘值的定义为：100g 样品所加成的氯化碘换算为碘的质量（g）。根据滴定消耗的硫代硫酸钠标准滴定溶液的体积和浓度，按式(6-2) 求出试样的碘值：

$$碘值(\mathrm{IV})=\frac{c(V_0-V)\times126.9}{m\times10^3}\times100 \tag{6-2}$$

式中　126.9——碘（I）的摩尔质量，g/mol。

其他符号的含义同式(6-1)。

第三节　羟基化合物

醇和酚属于羟基化合物，由于羟基所连基团结构不同，其化学性质和定量分析方法有很大差异。测定醇羟基常采用乙酰化法，测定酚羟基可采用酸碱滴定或溴代法。当然，分析混合物可采用气相色谱法；测定微量组分可采用分光光度法。

一、乙酰化法测定醇

乙酰化法是基于羟基中的氢原子被乙酰基取代生成乙酸酯的化学反应。常用的酰化试剂是乙酸酐。为使酰化反应快速进行完全，需要加入辅助试剂或催化剂。

1. 乙酸酐-吡啶酰化法

醇与过量的乙酸酐反应生成酯和乙酸。

$$ROH + (CH_3CO)_2O\text{（过量）} \longrightarrow CH_3COOR + CH_3COOH$$

剩余的乙酸酐加水水解产生2倍量的乙酸。

$$(CH_3CO)_2O\text{（剩余）} + H_2O \longrightarrow 2CH_3COOH$$

用氢氧化钠标准滴定溶液滴定生成的全部乙酸，同时做空白试验。空白试验消耗标准碱的量与测定试样消耗标准碱量之差，即为试样酰化反应所用酸酐的量，从而可以计算出试样中醇的含量。

为使反应进行完全，乙酸酐要过量50%以上，同时加入吡啶以中和反应生成的酸（生成的弱碱盐 $CH_3COOH \cdot C_5H_5N$ 不影响滴定）；为加快反应速率，可适当提高反应温度（如在沸水浴中回流）或加入高氯酸催化。

本方法适用于伯醇、仲醇的测定。

2. 乙酸酐-乙酸钠酰化法

该方法以乙酸钠作催化剂。醇与乙酸酐发生酰化反应生成酯和乙酸，过量的乙酸酐加水使其水解生成乙酸。用碱中和乙酸后，再加入过量的碱，使酯发生皂化反应，反应完成后以酸标准滴定溶液滴定剩余的碱。同样条件下做空白试验。空白与试样消耗酸标准滴定溶液的量的差值即为酯发生皂化所消耗的碱量，从而计算出醇或羟基的含量。

该方法避免了使用恶臭、有毒的吡啶，还可以排除伯、仲胺的干扰。

3. 结果表述

以乙酸酐-乙酸钠法为例。

(1) 羟基(或醇)含量

$$w(\mathrm{OH})=\frac{(V_0-V)c\left(\frac{1}{2}\mathrm{H_2SO_4}\right)\times 17.01}{m\times 10^3} \tag{6-3}$$

式中 $c\left(\frac{1}{2}\mathrm{H_2SO_4}\right)$——硫酸标准滴定溶液的准确浓度，mol/L；

V——试样消耗硫酸标准滴定溶液的体积，mL；

V_0——空白试验消耗硫酸标准滴定溶液的体积，mL；

m——试样的质量，g；

17.01——羟基的摩尔质量，g/mol。

(2) 羟值(HV) 在化工产品检验中，对于混合羟基化合物或组成复杂的试样，常用“羟值”表示分析结果。羟值是指1g试样中的羟基相当于以毫克表示的氢氧化钾的质量，其数值越大，羟基含量越高。

$$\text{羟值(HV)}=\frac{(V_0-V)c\left(\frac{1}{2}\mathrm{H_2SO_4}\right)\times 56.1}{m} \tag{6-4}$$

式中 56.1——KOH的摩尔质量，g/mol。

其他符号的含义同式(6-3)。

二、溴代法测定苯酚

溴代法与碘量法配合可以测定酚及芳香胺的含量。

在 $KBrO_3$ 标准溶液中加入过量的KBr，将溶液酸化，BrO_3^- 与 Br^- 发生如下反应：

$$BrO_3^- + 5Br^- + 6H^+ \longrightarrow 3Br_2 + 3H_2O$$

新生成的溴与苯酚发生取代反应，生成三溴苯酚沉淀，剩余的溴加碘化钾还原。

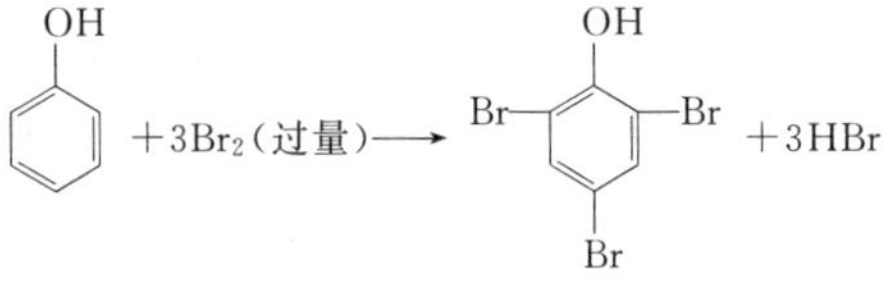

$$C_6H_5OH + 3Br_2(\text{过量}) \longrightarrow C_6H_2Br_3OH\ (2,4,6\text{-三溴苯酚}) + 3HBr$$

$$Br_2(\text{剩余}) + 2KI \longrightarrow I_2 + 2KBr$$

析出的碘用硫代硫酸钠标准滴定溶液滴定。同时做空白试验。由空白试验消耗 $Na_2S_2O_3$ 的量(相当于产生 Br_2 的量)和滴定试样所消耗 $Na_2S_2O_3$ 的量(相当于剩余 Br_2 的量)，即可求出试样中苯酚的含量。

第四节 羰基化合物

醛和酮都含有羰基。测定羰基化合物的方法主要有基于缩合反应的肟化法；基于加成反应的亚硫酸氢钠法；基于醛易被氧化性质的次碘酸钠氧化法等。测定混合羰基化合物可采用气相色谱法；测定微量羰基化合物可采用分光光度法。

一、肟化法

肟化法测定醛和酮是让试样与过量的羟胺盐酸盐（盐酸羟胺）进行肟化反应。

$$R_2C{=}O + H_2NOH \cdot HCl \longrightarrow R_2C{=}N{-}OH + HCl + H_2O$$

为使肟化反应进行完全，试剂通常要过量50%～100%，室温下在乙醇溶液中放置30min，或置于沸水浴中反应10min一般可反应完全。通过测定反应生成的酸或测定羟胺盐酸盐的消耗量，即可对醛或酮进行定量分析。

1. 测定反应生成的酸

该方法要先在盐酸羟胺溶液中，加入溴酚蓝指示液，用氢氧化钠溶液中和至绿色，作为滴定时的标准色。

移取一定量的被测样品置于碘量瓶中，加入溴酚蓝指示液，滴加氢氧化钠溶液或盐酸溶液，直至样品溶液与标准色一致，此即为试样溶液。

在试样溶液中加入一定量的盐酸羟胺溶液，将碘量瓶的塞子轻轻松动，盖好，置沸水浴上反应10min后，冷却至室温，用氢氧化钠标准滴定溶液滴定至与标准色一致为终点。当终点颜色变化不明显时，可按电位滴定法确定终点。

2. 测定剩余的羟胺

该方法是先用弱碱（如三乙醇胺）中和羟胺盐酸盐，使其转化为游离羟胺，后者与酮或醛进行肟化反应，剩余的游离羟胺再用强酸标准溶液滴定。化学计量点溶液的pH由羟胺强酸盐决定，仍可用溴酚蓝指示终点。详见本书实训十工业环己酮的检验。

肟化法测定结果的准确性，主要由滴定终点的观察和测定条件控制。可以利用空白对比液对照观察终点颜色，或利用电位滴定法确定终点。样品测定和空白试验应在完全相同的条件下进行。若试样中有酸性或碱性基团，对测定有干扰时，应另取试样测定其中酸或碱的含量后进行校正。由于盐酸羟胺是还原剂，故试样中若有氧化性物质则有干扰。

二、亚硫酸氢钠法

醛或甲基酮与过量的亚硫酸氢钠反应，生成α-羟基磺酸钠。

$$R(H)(CH_3)C{=}O + NaHSO_3(\text{过量}) \longrightarrow R(H)(CH_3)C(OH)SO_3Na$$

反应完全后通过测定剩余 $NaHSO_3$ 的量，来求出醛或甲基酮的含量。通常用碘标准溶液滴定剩余的 $NaHSO_3$；也可以加入过量的碘标准溶液，再用硫代硫酸钠标准溶液回滴。

$$NaHSO_3 + I_2 + H_2O \longrightarrow NaHSO_4 + 2HI$$

在实际应用中，由于该法中亚硫酸氢钠溶液不稳定，通常用亚硫酸钠代替亚硫酸氢钠，其化学反应如下。

$$\text{R(H)(CH}_3\text{)C=O} + Na_2SO_3 + H_2O \longrightarrow \text{R(H)(CH}_3\text{)C(OH)SO}_3\text{Na} + NaOH$$

$$H_2SO_4 + 2NaOH \longrightarrow Na_2SO_4 + 2H_2O$$

用硫酸标准滴定溶液滴定生成的氢氧化钠，即可求出醛或甲基酮的含量。测定工业甲醛水溶液就是采用这种方法。也可以先加入过量的硫酸标准溶液，反应完成后再用氢氧化钠标准溶液滴定剩余的硫酸。

采用该方法测定醛或甲基酮，加成反应生成的 α-羟基磺酸钠呈弱碱性，化学计量点溶液的 pH 在 9.0～9.5 之间，故应选择酚酞或百里酚酞作指示剂，或以电位滴定确定终点。试样中若含有酸性或碱性基团，对测定有干扰时，可另取试样测定出酸或碱的含量加以校正。试剂亚硫酸钠中含有少量游离碱，应该用酸预先中和或通过空白试验进行校正。

第五节　羧酸及其衍生物

分子中含有羧基（$-\text{C}(=\text{O})\text{OH}$）的有机化合物属于羧酸类。羧酸分子中的羟基被其他基团所取代生成的化合物称为羧酸衍生物，如酸酐、酰卤、酯和酰胺等。羧酸衍生物能与水反应生成羧酸及相应的化合物，因此酸碱滴定是测定羧酸及其衍生物的基本方法。

一、有机化工产品酸度的测定

测定有机化工产品的酸度，可以分为以下三种情况。

1. 总酸含量的测定

对于有机酸类产品，只要能溶解于水，主成分的 $K_a \geq 10^{-8}$，就可以按第五章第一节无机弱酸的处理方法，用氢氧化钠标准溶液直接滴定；对于难溶于水的样品，可用乙醇作溶剂或采用酸碱返滴定法加以测定。对于 $K_a < 10^{-8}$ 的极弱酸，只能采用“非水滴定法”，本书不予讨论。

2. 酸度或酸值的测定

由于生产工艺和所用原料等原因，一些有机化工产品中存在少量的有机酸或无机酸杂质，测定其含量也可以采用酸碱滴定法，用浓度较低的（如0.1mol/L）氢氧化钠标准溶液滴定，测定结果用酸度（以某酸计的质量分数）或酸值表示。

酸值（AV）是指在规定条件下中和1g试样中的酸性物质所需用的以毫克计的氢氧化钾的质量。

$$酸值(AV)=\frac{cV\times 56.1}{m} \tag{6-5}$$

式中 c——氢氧化钠标准滴定溶液的准确浓度，mol/L；

V——滴定耗用氢氧化钠标准滴定溶液的体积，mL；

56.1——KOH的摩尔质量，g/mol；

m——试样的质量，g。

3. pH的测定

某些有机化工产品所含的酸性杂质极少，或产品本身就呈微弱的酸性或碱性，且能溶于水。这种情况可以采用第三章第三节所述的直接电位法，以pH玻璃电极作指示电极，以饱和甘汞电极作参比电极，用酸度计测定试样水溶液或水萃取液的pH。这时一般需说明取样量和溶剂用量。

测定试样中的微量杂质酸，对溶剂的要求十分严格。在加入试样前，溶剂必须用酸或碱溶液中和至中性。

二、皂化滴定法测定酯

1. 原理

羧酸和醇反应脱水生成酯。在一定条件下酯又可以水解为原来的酸和醇。酯的碱性水解称为皂化，皂化法测定酯是让酯与过量的标准碱溶液反应生成羧酸盐和醇，再用标准酸溶液滴定剩余的标准碱，从而求出酯的含量。

$$RCOOR'+NaOH(过量)\longrightarrow RCOONa+R'OH$$

$$2NaOH(剩余)+H_2SO_4\longrightarrow Na_2SO_4+2H_2O$$

酯的水解是可逆反应，为了加快反应速率并使反应进行完全，必须加入过量的标准碱。对于易皂化的水溶性酯，可以用氢氧化钠水溶液进行皂化；对于非水溶性的酯，需要采用氢氧化钠（或氢氧化钾）的乙醇溶液进行皂化。通常利用回流加热装置，待皂化反应完全后，停止加热，进行返滴定。同时做空白试验。

2. 结果表述

(1) 皂化值（SV） 是指在规定条件下，中和并皂化1g试样所消耗的以毫克计的氢氧化钾的质量。它包括试样中所有与碱反应的物质。

$$皂化值(SV)=\frac{c(V_0-V)\times 56.1}{m} \tag{6-6}$$

式中 c——硫酸标准滴定溶液的准确浓度，mol/L；

V——试样消耗硫酸标准滴定溶液的体积，mL；

V_0——空白消耗硫酸标准滴定溶液的体积，mL；

m——试样的质量，g；

56.1——KOH 的摩尔质量，g/mol。

(2) 酯值　是指在规定条件下，1g 试样中的酯水解所消耗的以毫克计的氢氧化钾的质量。如果试样不含游离酸，则酯值与皂化值相等；如果试样含游离酸，酯值等于皂化值减去酸值。

$$酯值=皂化值-酸值 \tag{6-7}$$

(3) 化合物含量　按返滴定计算的通用公式，可以求出以某酯的质量分数表示的酯类化合物的含量。

第六节　氨基化合物

一、概述

有机胺类化合物呈现不同程度的碱性。对于碱性较强的脂肪族胺（$K_b>10^{-8}$），可用酸标准溶液直接滴定。

$$R—NH_2+HCl \longrightarrow R—NH_2 \cdot HCl$$

溶于水的胺，可在水溶液中滴定；不溶于水的胺，可溶于乙醇或异丙醇溶液中进行滴定。

对于碱性很弱的芳胺（$K_b<10^{-8}$），不能在水或乙醇溶液中滴定，需要采用非水滴定法加以测定。

芳香族伯胺在一定条件下能与亚硝酸发生重氮化反应生成重氮盐，故常用重氮化法测定芳香族伯胺。伯胺和仲胺与醇相似，能发生乙酰化反应，可采用乙酰化法测定。芳胺与酚具有相似的化学性质，易于发生苯环上的取代反应，因此也可采用溴代法测定芳胺。

二、重氮化法测定芳伯胺

在强酸（如盐酸）介质中，芳伯胺与亚硝酸反应定量地生成重氮盐。在实际应用中，由于亚硝酸不稳定，常用亚硝酸钠代替亚硝酸，其反应如下。

$$NaNO_2+HCl \longrightarrow HNO_2+NaCl$$

$$C_6H_5NH_2+HNO_2+HCl \longrightarrow C_6H_5N^+{\equiv}NCl^- +2H_2O$$

对于易于发生重氮化反应的芳伯胺，可以用 $NaNO_2$ 标准滴定溶液直接滴定；不易于发生重氮化反应的芳伯胺，可以加入过量的 $NaNO_2$ 标准溶液，再用易于发生重氮化反应的芳伯胺溶液进行返滴定。

重氮化法采用碘化钾-淀粉试纸作外指示剂。指示剂不能直接加入到反应液中，因为亚硝酸与碘化钾反应优先于重氮化反应，无法观察滴定终点。使用外用指示剂是在临近终点时，用玻璃棒蘸少许滴定液于碘化钾-淀粉试纸上，如果到达滴定终点，过量的亚硝酸立即与碘化钾反应生成碘而使淀粉变蓝。

$$2KI + 2HNO_2 + 2HCl \longrightarrow I_2 + 2KCl + 2H_2O + 2NO$$

应用外指示剂操作麻烦，终点不易掌握。如能采用电化学中的“永停终点法”指示滴定终点，效果更好。

重氮化法测定芳伯胺对操作条件要求严格。通常在 1～2mol/L 的盐酸介质中，于 0～5℃的低温条件下进行。温度高反应速率快，但同时也加快了亚硝酸挥发、分解的速率；温度升高还会促使重氮盐分解。现在比较流行的方法是“快速滴定法”，在室温条件下进行滴定。快速滴定法是将滴定管尖插入到液面 2/3 以下，将大部分亚硝酸钠标准滴定溶液在不断搅拌下一次性滴入（亚硝酸钠的用量可以预先估算，也可通过预滴定测得），临近滴定终点时，将滴定管尖提出液面，再缓慢滴定到终点。这样做由于滴定管尖插入液面以下，反应生成的亚硝酸立即与试样中的芳伯胺发生反应，不等亚硝酸扩散到溶液表面，即已反应完全，有效地阻止了亚硝酸的分解和挥发。

为了加快重氮化反应的速率，通常加入溴化钾催化。对于难溶于盐酸的芳伯胺（如对氨基苯磺酸），可加入氨水或碳酸钠将试样溶解后再加入盐酸，之后按条件要求进行滴定。

复习与测试

一、填空题

1. 气相色谱分离非极性混合物，应选用（　　）固定液；分离极性混合物，选用（　　）固定液；分离复杂的混合物可选用（　　）固定液。

2. 碘值是指（　　　　　　　　　　　　　　　），碘值愈高，说明试样的不饱和度（　　）。

3. 羟值是指（　　　　　　　　　　　　　　　），羟值愈高，说明试样中（　　）含量愈高。

4. 酸值是指（　　　　　　　　　　　　　　　），酸值愈高，说明试样中（　　）含量愈高。

5. 皂化值是指（　　　　　　　　　　　　　）；酯值是指（　　）。

两者的关系为（　　　　　　　）。

6. 有机酸的 K_a（　　），可用标准碱溶液直接滴定；有机胺的 K_b（　　），可用标准酸溶液直接滴定。

二、选择题

1. 韦氏加成法采用的加成试剂是（　　）。

A. I_2；B. ICl；C. Br_2；D. Cl_2

2. 乙酰化法适用于测定（　　）。

A. 伯醇；B. 仲醇；C. 苯酚；D. 混合醇

3. 溴代法可以用于测定（　　）。

A. 苯胺；B. 苯酚；C. 微量酚；D. 季戊四醇

4. 利用皂化反应测定酯一般需要在（　　）之后进行返滴定。

A. 加碱；B. 加热回流；C. 加酸；D. 空白试验

5. 重氮化法测定芳伯胺要求在盐酸介质和（　　）温度下进行。

A. 室温；B. 80℃；C. 5℃；D. 零下

6. 不溶于水的有机物，多数可在（　　）溶液中进行测定。

A. 乙酸；B. 乙胺；C. 丙酮；D. 乙醇

三、问答题

1. 举例说明酸碱滴定法能够测定哪些有机物。

2. 酸酐与水反应生成羧酸，试拟定测定试样中酸酐含量的方案。

3. 乙酰化法测定羟基化合物为什么要在无水条件下进行？如果试样含有水应如何处理？

4. 用肟化法测定羰基化合物，若试样中含有酸性或碱性基团对测定有什么影响？应如何处理？

5. 重氮化法测定芳伯胺对测定条件有哪些要求？如何保证测定的准确度？

6. 用滴定分析测定有机化工产品主成分时，多数情况采用返滴定法并做空白试验，为什么？

四、计算题

1. 采用韦氏法测定豆油的碘值。称取一定量的试样，加 10mL 四氯化碳使试样溶解后，加 25.00mL、0.10mol/L ICl 溶液，室温下于暗处放置 30min 后，加碘化钾还原，用 0.1000mol/L $Na_2S_2O_3$ 标准滴定溶液滴定。同时进行空白试验。试回答：(1) 若试样碘值为 120～140g/100g，要求 ICl 过量 1.5 倍，试估算试样的称取量；(2) 理论上空白试验应消耗硫代硫酸钠多少毫升？

2. 采用乙酰化法测定羟基化合物。若试样的羟值为 150，称取试样 0.1000g，理论上应加入乙酸酐多少毫升？若过量 20%又应加入多少毫升？

3. 采用亚硫酸钠法测定工业甲醛溶液。若甲醛的质量分数为 37%，密度为 1.1g/mL。拟用 0.5mol/L HCl 标准滴定溶液滴定时，消耗体积为 25～30mL，问应该取多少毫升试样？

4. 测定乙酸正丁酯试样。称样 3.0012g，加入 20mL 中性乙醇溶解后，用 0.0200mol/L NaOH 标准滴定溶液滴定，耗用 0.20mL。向上述溶液中准确加入 50mL、1.0mol/L KOH 乙醇溶液，加热回流水解后用 1.1210mol/L HCl 标准滴定溶液回滴，消耗 21.74mL。空白试验消耗 HCl 标准滴定溶液 44.60mL。试计算：

（1）试样中乙酸正丁酯和游离酸（乙酸）含量；

（2）试样的皂化值、酯值和酸值；

（3）理论上水解需要 0.5mol/L KOH 乙醇溶液多少毫升？

（4）本试验加入的 KOH 乙醇溶液较理论值过量多少？

5. 写出返滴定法并做空白试验时，计算酸值的公式。

6. 采用重氮化法测定对硝基苯胺含量。称取样品 0.3520g，用水和盐酸溶解后，冷却至 10℃，用 0.1010mol/L $NaNO_2$ 标准滴定溶液滴定，耗用 24.62mL。求试样中对硝基苯胺的质量分数。

产品检验实训七　工业硬脂酸的检验

一、产品简介

1. 性状

硬脂酸化学成分为十八烷酸，化学式 $CH_3(CH_2)_{16}COOH$，相对分子质量 284.47，密度 0.847g/cm^3（20℃），熔点 69.3℃，沸点 383℃。工业品为块状或粉状物，呈白色或微黄色，是硬脂酸、软脂酸和油酸的混合物，具有脂肪气味；不溶于水，微溶于乙醇，溶于酯、氯仿、苯等有机溶剂。

2. 生产工艺

动、植物油脂在常压（加分解剂）或加压下水解，得到硬脂酸和甘油，经分离、精制得到硬脂酸。

$$\begin{matrix} H_2COOCR^1 \\ | \\ HCOOCR^2 \\ | \\ H_2COOCR^3 \end{matrix} + 3H_2O \longrightarrow \begin{matrix} H_2COH \\ | \\ HCOH \\ | \\ H_2COH \end{matrix} + \begin{matrix} R^1COOH \\ + \\ R^2COOH \\ + \\ R^3COOH \end{matrix}$$

3. 主要用途

主要用于生产硬脂酸盐，用作塑料增塑剂、稳定剂、橡胶硫化促进剂、金属矿物浮选剂等的原料。也用作化妆品霜剂、乳化剂等。

4. 质量指标（GB/T 9103—2013）

工业硬脂酸按产品中十八烷酸的含量不同，分为 1840 型、1850 型、1865 型及橡塑级。

项目	指标						
	1840 型		1850 型		1865 型		橡塑级
	一等品	合格品	一等品	合格品	一等品	合格品	
C_{18}含量①/%	38～42	35～45	48～55	46～58	62～68	60～70	
皂化值(以 KOH 计)/(mg/g)	206～212	203～215	206～211	203～212	202～210	200～210	190～225
酸值(以 KOH 计)/(mg/g)	205～211	202～214	205～210	202～211	201～209	200～209	190～224
碘值(以 I_2计)/(g/100g) ≤	1.0	2.0	1.0	2.0	1.0	2.0	8.0
色泽/Hazen ≤	100	400	100	400	100	400	400②
凝固点/℃	53.0～57.0		54.0～58.0		57.0～62.0		≥52.0
水分/% ≤	0.1						0.2

① C_{18}含量是指十八烷酸的含量。

② 样品配制成15%的无水乙醇溶液。

二、实训要求

① 了解硬脂酸产品的定性鉴定方法。

② 掌握氯化碘加成法测定不饱和化合物碘值的原理和操作条件。

③ 掌握能溶于乙醇的有机化工产品酸值测定的方法要点和结果计算方法。

④ 掌握测定皂化值的仪器安装和操作，能够正确计算出皂化值和酯值。

⑤ 掌握用套管式结晶点测定仪测定固体样品凝固点的方法。

⑥ 掌握有机溶剂蒸馏法测定样品中少量水分的仪器装置和操作过程。

⑦ 掌握铂-钴标准色度溶液的配制和标准曲线法测定硬脂酸色泽的操作和测量技术。

三、定性鉴定

1. 试剂

三氯甲烷；冰醋酸；溴的三氯甲烷溶液(1+99)。

2. 鉴定

① 外观应为白色或微黄色具有滑腻感的片状、粒状或块状，其剖面有微带光泽的细针状结晶。

② 取样品少许溶解于10mL三氯甲烷中，加入1mL冰醋酸和1mL溴的三氯甲烷溶液，应呈现红色。

③ 以下列检验方法测定的凝固点应符合或接近标准的规定。

四、碘值的测定

1. 方法提要

工业硬脂酸中的少量不饱和酸（主要是十八烯酸 $C_{17}H_{33}COOH$）与氯化碘

发生加成反应，过量的氯化碘以碘化钾还原，生成的碘用硫代硫酸钠标准溶液滴定（韦氏法）。

2. 试剂

氯化碘溶液（韦氏溶液）$c(\mathrm{ICl})=0.1\mathrm{mol/L}$。溶解 16.24g 氯化碘于 1000mL 冰醋酸中；或按下法配制：取 13.0g 升华的碘于 1000mL 干燥的烧杯中，分批加入冰醋酸 1000mL，微热使碘完全溶解，转移到棕色瓶中并通入干燥的氯气至溶液由棕色变为橘红色透明为止。

碘化钾溶液，150g/L；环己烷-乙酸混合液；硫代硫酸钠标准滴定溶液 $c(\mathrm{Na_2S_2O_3})=0.1\mathrm{mol/L}$；淀粉指示液，10g/L。

3. 操作

① 称取干燥的硬脂酸样品 2～3g（精确至 0.001g），置于 250mL 碘量瓶中，加入环己烷-乙酸混合液 20mL，摇动使样品溶解。

② 用移液管准确加入 25mL 氯化碘溶液，密塞，充分摇匀。在暗处放置 30min，并不时振摇。

③ 加入 20mL 碘化钾溶液（150g/L）及 100mL 水，摇匀。用硫代硫酸钠标准滴定溶液滴定析出的碘，滴定时注意充分振摇，待溶液变为淡黄色，加 1mL 淀粉指示液，继续滴定至蓝色消失为终点。

④ 在相同条件下做一空白试验。

4. 结果表述

试样的碘值（IV）按下式计算：

$$\text{碘值}(\mathrm{IV,g/100g})=\frac{c(V_0-V)\times 0.1269}{m}\times 100$$

式中 c——硫代硫酸钠标准滴定溶液的准确浓度，mol/L；

V——试样消耗硫代硫酸钠标准滴定溶液的体积，mL；

V_0——空白试验消耗硫代硫酸钠标准滴定溶液的体积，mL；

m——试样质量，g；

0.1269——碘的毫摩尔质量，g/mmol。

以两次平行测定结果的算数平均值表示至小数点后两位作为测定结果。平行试验结果的允许差为 0.05g/100g，以大于 0.05g/100g 的情况不超过 5%为前提。

5. 难点解读

试样中不饱和化合物含量越高，碘值越大，其称样量应越少，以使氯化碘加入量和硫代硫酸钠标准滴定溶液消耗量在适宜的范围内。对于工业硬脂酸来说，应根据其中十八烯酸含量的多少来确定称样量。一般地，可按称样量(g)$=\dfrac{2.5}{\text{样品碘值}}$估计称样量，如蓖麻油碘值约为 85，称取 0.3g 样品即可。

五、酸值的测定

1. 试剂

氢氧化钾乙醇标准滴定溶液 $c(KOH)=0.1mol/L$，按 QB/T 2739—2005 中 4.2 配制和标定；酚酞指示液，10g/L；95%乙醇。

2. 操作

① 量取 150mL、95%乙醇于锥形瓶中，加 6～10 滴酚酞指示液，以 $c(KOH)=0.2mol/L$ 氢氧化钾标准滴定溶液滴定至微红色，备用。

② 称取硬脂酸样品 1g（精确至 0.0001g），置于 250mL 锥形瓶中，加入约 70mL 经中和过的 95%乙醇，在水浴上加热使其溶解。剩余的乙醇作为滴定终点的比色标准。

③ 用氢氧化钾标准滴定溶液滴定试样的乙醇溶液，直至与标准颜色相同，保持 30s 不褪色为终点。

3. 结果表述

$$\text{酸值}(AV, mg/g)=\frac{cV\times 56.1}{m}$$

式中 c——氢氧化钾标准滴定溶液的准确浓度，mol/L；

V——滴定耗用氢氧化钾标准滴定溶液的体积，mL；

m——试样的质量，g；

56.1——KOH 的摩尔质量，g/mol。

以两次平行测定结果的算数平均值表示至小数点后一位作为测定结果。平行试验结果的允许差为 0.5mg/g，以大于 0.5mg/g 的情况不超过 5%为前提。

六、皂化值的测定

1. 试剂

盐酸标准滴定溶液 $c(HCl)=0.5mol/L$；酚酞指示液，10g/L 乙醇溶液；中性乙醇（对酚酞呈微红色）；氢氧化钾-乙醇溶液 $c(KOH)=0.5mol/L$；称取 33g 氢氧化钾，溶于 30mL 水中，用无醛乙醇（或分析纯乙醇）稀释至 1000mL，摇匀，放置 24h，取清液使用。

2. 操作

① 称取 2g 样品（精确至 0.001g），置于 250mL 酯化瓶中。准确加入 50.00mL 氢氧化钾-乙醇溶液。装上回流冷凝管，在水浴或电热板上维持微沸状态回流 1h，勿使蒸气逸出冷凝管。

② 用 10mL 中性乙醇冲洗冷凝管的内壁和塞的下部，取下冷凝管，加 6 滴酚酞指示液，趁热用 $c(HCl)=0.5mol/L$ 盐酸标准滴定溶液滴定剩余的氢氧化钾，至溶液的粉红色刚好褪去为终点。

③ 在同样条件下做一空白试验。

3. 结果表述

$$皂化值(SV,mg/g)=\frac{c(V_0-V)\times 56.1}{m}$$

$$酯值=皂化值-酸值$$

式中 c——盐酸标准滴定溶液的准确浓度，mol/L；

V——试样消耗盐酸标准滴定溶液的体积，mL；

V_0——空白消耗盐酸标准滴定溶液的体积，mL；

m——试样的质量，g；

56.1——KOH 的摩尔质量，g/mol。

以两次平行测定结果的算数平均值表示至小数点后一位作为测定结果。平行试验结果的允许差为 1.0mg/g，以大于 1.0mg/g 的情况不超过 5%为前提。

4. 难点解读

工业硬脂酸中含有少量未水解的酯类，故测得的皂化值比酸值略高一些。一般酯值在 1～2mg/g 试样。

七、色泽的测定

1. 方法提要

根据脂肪酸样品与铂-钴标准色号有相似光谱吸收的特性，用分光光度计在一定波长下，测定一系列标准色度的吸光度，绘出工作曲线。在相同波长下测定样品溶液的吸光度，对照工作曲线查得相应的脂肪酸色泽值，以铂-钴色度单位（Hazen）表示。

2. 仪器和试剂

分光光度计 360～800nm，10cm 比色皿；100mL 容量瓶；恒温水浴。

六水合氯化钴 $CoCl_2\cdot 6H_2O$；氯铂酸钾 K_2PtCl_6；盐酸。

3. 操作

（1）标准色度母液的制备　按第四章第一节的规定，配制铂-钴标准色度母液。

（2）标准色度溶液的配制　将标准色度母液（500 号）按表 6-2 给出的体积（mL）分别移入 20 支 100mL 容量瓶中，用蒸馏水稀释至刻度，摇匀，即成标准铂-钴色度系列溶液。

表 6-2　标准色度溶液的配制

铂-钴色度(Hazen)/号	5	10	15	20	25	30	35	40	50	60
标准母液体积/mL	1	2	3	4	5	6	7	8	10	12
铂-钴色度(Hazen)/号	70	100	150	200	250	300	350	400	450	500
标准母液体积/mL	14	20	30	40	50	60	70	80	90	100

(3) 标准工作曲线的绘制　将配制的20支铂-钴标准色度溶液逐一置于10cm比色皿中，以蒸馏水作参比，在分光光度计上于波长420nm测定吸光度(A)。然后以铂-钴色度单位(Hazen)为纵坐标，吸光度(A)为横坐标分两段绘制工作曲线；或采用最小二乘法求出回归直线方程：

$$y(\text{Hazen})=a+bx(\text{吸光度})$$

式中，a和b分别为回归直线方程的截距和斜率。

(4) 样品的测定　将硬脂酸样品放入干燥、洁净的50mL烧杯中，在水浴中加热至(75±5)℃，待全部熔化后，立即倒入预先温热过的10cm比色皿中，以蒸馏水作参比，在分光光度计上于波长420nm测定吸光度。取重复3次测定读数的平均值为测定结果。3次测定读数值之差不得大于0.005。

对于橡塑级工业硬脂酸，技术标准规定将样品配制成15%无水乙醇溶液，按上述同样条件测定其吸光度。

4. 结果表述

将上述3次测定的吸光度平均值，查Hazen-A标准工作曲线，得到相应的色度值；或将吸光度平均值代入回归直线方程求得色度值，即为样品的色泽。

5. 难点解读

绘制标准工作曲线时，由于铂-钴标准色度变化幅度较大，通常分两段绘制。两段的划分范围以查表方便为原则，一般第一段色度值为0～60，相应吸光度为0～0.19；第二段色度值为50～500，相应吸光度为0.15～1.3，后者适用于工业硬脂酸色泽的检验。本规程需要使用具有10cm比色皿的专用分光光度计，如采用普通分光光度计，可用3cm比色皿测量吸光度，这种情况下吸光度值较小，读数误差较大。

八、凝固点的测定

将约30g样品加热熔化，加入3g无水硫酸钠，搅拌混匀后取上层清液，按第二章第三节化工产品结晶点的测定方法和仪器，测定硬脂酸样品的凝固点。

九、水分的测定

称取10g样品(称准至0.001g)，按第四章第二节干燥减量法测定样品中的水分含量。

十、组成的测定

1. 方法提要

采用气相色谱法检测，工业硬脂酸经甲酯化后，进入色谱柱分离，由所得色谱图的峰面积，用归一化法计算各碳数脂肪酸的含量。

2. 试剂和仪器

(1) 试剂和材料　标准脂肪酸，色谱纯的C_{16}和C_{18}饱和脂肪酸；甲醇，内装 3A 分子筛脱水；硫酸，密度（ρ_{20}）约 1.84g/mL；乙醚；氮气（载气）；氢气（燃气）；空气（助燃气），由钢瓶或空气压缩机供给并经净化处理。

（2）气相色谱仪，具有氢火焰离子化检测器、程序升温器，连接数据处理机或色谱工作站。

（3）色谱柱，填充柱，长 2～3m，内径 3～4mm，内装固定相（如在 80～100 目白色载体上涂以 DEGS）。

（4）微量进样器，1μL。

（5）容量瓶，5mL。

3. 操作与结果表述

（1）仪器的启动与色谱分析条件的设定　按第三章第五节采用氢火焰离子化检测器时，气相色谱仪的启动步骤和仪器使用说明书的规定，启动气相色谱仪，并调试到下列操作条件。

柱温：根据所使用的色谱柱而定，DEGS 柱温度为 180℃；

程序升温操作：始温 150～180℃，升温速度 3～5℃/min，终温 200～240℃；

汽化室温度：300℃；

检测器温度：300℃；

载气流速：30～50mL/min。

（2）甲酯化　准确称取约 0.1g 硬脂酸试样于 5mL 容量瓶中，加入甲醇 2～3mL。在水浴上加热溶解后，滴加浓硫酸 5～8 滴，充分摇匀，放置约 10min 后加入蒸馏水 3mL、乙醚 1mL，剧烈摇动萃取 1min，静置分层，取上层醚相作色谱分析，称为样品试液。

标准脂肪酸用同法进行甲酯化。

（3）色谱测定　用微量进样器量取 0.5μL 甲酯化的样品试液，进样分析，使得到的色谱峰高度适当。图 6-1 所示为工业硬脂酸的典型色谱图。

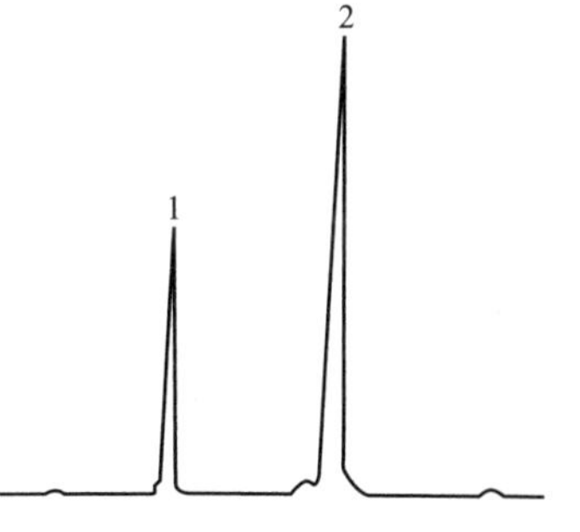

图 6-1　工业硬脂酸的典型色谱图

1—C_{16}；2—C_{18}

定性分析：用试样色谱图与标准脂肪酸甲酯的色谱图对照鉴定试样的组成。

定量分析：各碳数脂肪酸的色谱峰达到良好分离，并出峰完全的情况下，采用面积归一化法定量。

（4）结果表述　各碳数脂肪酸（B_i）含量用质量分数（%）表示，按下式计算。

$$B_i=\frac{A_i}{A}\times 100\%$$

式中　A_i——i 碳链的脂肪酸色谱图的峰面积；

A——各碳链脂肪酸峰面积之和。

精密度：对 C_{16} 和 C_{18} 脂肪酸，方法的标准偏差小于±0.306。

十一、思考与练习

① 工业硬脂酸中包含哪些化学成分？为什么要测定碘值和皂化值？

② 韦氏加成法测定碘值的取样量是如何确定的？取样量过多或过少有什么弊病？

③ 韦氏加成法测定碘值需注意哪些操作条件？为什么？

④ 测定皂化值和酸值所用的乙醇为什么要预先中和？皂化过程为什么采用回流冷凝装置？

⑤ 测定硬脂酸中的少量水分为什么采用干燥减量法？可否采用气相色谱法？

⑥ 用分光光度法测定铂-钴标准色度溶液和硬脂酸的色泽时，为什么使用10cm比色皿？如果使用3cm比色皿，测得的吸光度值应在什么范围？

⑦ 测定工业硬脂酸凝固点时为什么要预先熔化和脱水？所用套管式结晶点测定仪应采用何种冷浴？

⑧ 欲采用韦氏法测定牛油的碘值，预计其碘值在35～59g/100g之间，试确定适宜的取样量？

⑨ 测定C_{18}含量时，样品进行甲酯化，发生了什么化学反应？需要什么环境条件？

⑩ 测定一植物油试样的皂化值时，称取3.727g样品，用KOH乙醇溶液皂化后，用$c\left(\frac{1}{2}H_2SO_4\right)=0.5100mol/L$硫酸标准滴定溶液返滴定，耗用20.06mL。同样条件下空白试验消耗硫酸标准滴定溶液45.20mL。另取该植物油试样测得酸值为1.50mg/g试样。求该植物油的皂化值和酯值？

⑪ 采用皂化返滴定法测定工业丙二酸二甲酯含量。称取试样1.0120g，加入过量的氢氧化钾乙醇溶液回流皂化后，用$c(HCl)=0.5002mol/L$盐酸标准溶液滴定，耗用20.26mL。同样条件下空白试验消耗盐酸标准溶液50.40mL。已测出该试样中丙二酸的含量为0.11%。求样品中丙二酸二甲酯的质量分数？[M(丙二酸二甲酯)=132.12g/mol]

十二、产品检测记录表

工业硬脂酸质量检验记录单

执行标准：GB/T 9103—2013　　　　　　　　No. ________

<table>
<tr><td>批号</td><td></td><td>采样日期</td><td>年　月　日</td><td>车（罐）号</td><td></td><td>批量</td><td></td></tr>
<tr><td>室温</td><td>℃</td><td>检验日期</td><td>年　月　日</td><td>样品外观</td><td colspan="3"></td></tr>
<tr><td colspan="2">分析项目及公式</td><td colspan="3">计算参数</td><td>平行结果</td><td>检验结果</td><td>检验员</td></tr>
<tr><td colspan="2" rowspan="2">皂化值/(mgKOH/g)</td><td colspan="3">c(HCl)=　　　　mol/L</td><td rowspan="2"></td><td rowspan="2"></td><td rowspan="2"></td></tr>
<tr><td>m/g</td><td></td><td></td></tr>
</table>

续表

分析项目及公式	计算参数					平行结果	检验结果	检验员
$X_1=\frac{c(V_0-V)\times 56.1}{m}$	测定项	$V_{测}$/mL	$V_{管校}$/mL	$V_{温校}$/mL	$V_{计}$/mL			
	V_0/mL							
	V_1/mL							
	V_2/mL							
酸值/(mgKOH/g) $X_2=\frac{cV\times 56.1}{m}$	$c(KOH_{乙醇溶液})=$ mol/L			$t_{液}=$ ℃				
	m/g							
	测定项	$V_{测}$/mL	$V_{管校}$/mL	$V_{温校}$/mL	$V_{计}$/mL			
	V_1/mL							
	V_2/mL							
碘值/(gI_2/100g) $X_3=\frac{c(V_0-V)\times 0.1269}{m}\times 100$	$c(Na_2S_2O_3)=$ mol/L							
	m/g							
	测定项	$V_{测}$/mL	$V_{管校}$/mL	$V_{温校}$/mL	$V_{计}$/mL			
	V_0/mL							
	V_1/mL							
	V_2/mL							
C_{18}质量分数/%								
色度/Hazen单位(铂钴色号)								
凝固点/℃								
水分质量分数/%								
结论				复核人：		审核人：		

工业硬脂酸产品质量检验单

生产单位________________

产品商标________________　　　　编　　号________________

产品名称________________　　　　规格编号________________

产品批(罐)号______________　　　批量(吨)________________

执行标准编号______________　　　生产日期　　年　　月　　日

分析项目	质量指标							检验结果
	1840型		1850型		1865型		橡塑级	
	一等品	合格品	一等品	合格品	一等品	合格品		
C_{18}含量/%	38～42	35～45	48～55	46～58	62～68	60～70	—	
皂化值(以KOH计)/(mg/g)	206～212	203～215	206～211	203～212	202～210	200～210	190～225	

续表

分析项目	质量指标							检验结果
	1840 型		1850 型		1865 型		橡塑级	
	一等品	合格品	一等品	合格品	一等品	合格品		
酸值(以 KOH 计)/(mg/g)	205～211	202～214	205～210	202～211	201～209	200～209	190～224	
碘值(以 I_2 计)/(g/100g) ≤	1.0	2.0	1.0	2.0	1.0	2.0	8.0	
色泽/Hazen ≤	100	400	100	400	100	400	400	
凝固点/℃	53.0～57.0		54.0～58.0		57.0～62.0		≥52.0	
水分/% ≤	0.1						0.2	
判断结论：	(质量检验专用章) 年　月　日				审核人(盖章)： 批准人(盖章)：			

产品检验实训八　工业用季戊四醇的检验

一、产品简介

1. 性状

季戊四醇，化学式 $C(CH_2OH)_4$，相对分子质量 136.14。白色或浅黄色晶体，略带甜味，密度 1.35g/cm^3，熔点 262℃。溶于水，稍溶于醇，不溶于苯、乙醚和石油醚等。易被一般有机酸酯化。

2. 生产工艺

甲醛和乙醛在氢氧化钠或氢氧化钙存在下反应生成季戊四醇，反应液经中和、分离、蒸发、结晶得到产品。

$$4HCHO + CH_3CHO + NaOH \longrightarrow C(CH_2OH)_4 + HCOONa$$

3. 主要用途

季戊四醇主要用作涂料工业的原料，生产醇酸树脂。也用于制造烈性炸药、涂料、增塑剂、表面活性剂等。

4. 质量指标（GB/T 7815—2008）

项　目	指　标			
	98 级	95 级	90 级	85 级
季戊四醇的质量分数/% ≥	98.0	95.0	90.0	86.0
羟基的质量分数/% ≥	48.5	47.5	47.0	46.0

续表

项目		指标			
		98级	95级	90级	85级
干燥减量的质量分数/%	≤	0.20	0.50		
灼烧残渣的质量分数/%	≤	0.05	0.10		
邻苯二甲酸树脂着色度/(Fe、Co、Cu标准比色液)号	≤	1	2		4
终熔点/℃	≥	250	—	—	—

二、实训要求

① 了解季戊四醇产品的定性鉴定方法。

② 掌握季戊四醇二苄基化合物称量法测定季戊四醇含量的反应原理和结果计算方法。

③ 掌握沉淀、过滤、洗涤、烘干等称量分析的基本操作技术。

④ 掌握乙酰化法测定羟基的原理、仪器和反应条件，明确各种试剂的作用。

⑤ 掌握邻苯二甲酸树脂着色度的测定过程和标准比色溶液的配制方法。

⑥ 了解称量法测定有机化合物灰分和加热减量的操作过程。

三、定性鉴定

1. 试剂

硝酸铈试剂：取2g硝酸铈铵［$(NH_4)_2Ce(NO_3)_6$］，加5mL硝酸溶液(1+7)，加热溶解，放冷备用。

苯甲醛溶液：将2mL苯甲醛加入到10mL甲醇中。

2. 鉴定

① 外观为白色或浅黄色结晶。

② 取约0.5g试样于试管中，加5mL水，加热溶解。将制得试液的一半倒入盛有0.5mL硝酸铈试剂的试管中，振荡，溶液应呈红色。

③ 在剩余的试液中加入7mL苯甲醛的甲醇溶液和5mL盐酸，摇动后放置15min，应有白色沉淀生成（季戊四醇二苄基化合物）。

四、季戊四醇含量的测定

1. 方法提要

季戊四醇在甲醇-盐酸溶液中与苯甲醛反应，生成季戊四醇二苄基化合物沉淀，采用称量法加以测定。

$$C(CH_2OH)_4 + 2C_6H_5CHO \longrightarrow (C_6H_5CH{=}COH)_2C(CH_2OH)_2 + 2H_2O$$

2. 试剂

苯甲醛-甲醇溶液（15+100）；甲醇水溶液（1+1）；盐酸。

3. 操作

① 称取在研钵中研细的约 0.5g 试样（精确至 0.0002g），置于具塞锥形瓶中，加 5mL 水，加盖，在水浴上加热使试样溶解（不要沸腾）。

② 在上述热溶液中加入 20mL 苯甲醛的甲醇溶液和 12mL 盐酸溶液，加盖，在室温下放置 15～30min。放置期间时常摇动锥形瓶，析出结晶后还要继续摇动。

③ 将锥形瓶置于 0～2℃冰水浴中放置 1h，使结晶完全析出。从冰水浴中取出锥形瓶，立即用 P_{40} 多孔玻璃漏斗抽滤。

④ 停止抽滤后，用 20～25℃的甲醇水溶液 20mL 洗涤锥形瓶内壁，将洗液移入多孔玻璃漏斗内，用玻璃棒搅拌沉淀物，再抽滤。如此反复操作 3 次。最后再用 20mL 甲醇水溶液冲洗锥形瓶内壁、玻璃棒及多孔玻璃漏斗内壁，再抽干。

⑤ 将带有沉淀物的多孔玻璃漏斗在（105±2)℃的条件下干燥 2h。在干燥器中冷却至室温，精确称量。

4. 结果表述

试样中单季戊四醇的质量分数按下式计算：

$$w(\text{季戊四醇})=\frac{(m_1+0.0269)\times 0.4359}{m}$$

式中 m_1——沉淀物的质量，g；

m——试样的质量，g；

0.4359——季戊四醇二苄基化合物换算为季戊四醇的系数；

0.0269——沉淀物溶解部分的校正质量，g（经验数据）。

取两次测定的平均值为测定结果，允许差不大于 0.4%。

5. 难点解读

季戊四醇易溶于水，苯甲醛几乎不溶于水，故采用甲醇水溶液作溶剂和沉淀洗涤液。季戊四醇二苄基化合物（又称季戊四醇双缩苯甲醛）沉淀在甲醇水溶液中有一定的溶解度，在低温（0～2℃）下放置 1h 可使溶解损失减至最小，经适当校正即可满足定量分析的要求。

五、羟基含量的测定

1. 方法提要

在试样中加入乙酸酐-吡啶溶液，在 90～100℃进行乙酰化；剩余的乙酸酐水解生成乙酸，然后用氢氧化钠标准溶液进行滴定。

2. 仪器和试剂

乙酰化装置：200mL 带磨口的平底烧瓶，与其接合的磨口直形玻璃冷凝器，长度 750～1000mm；油浴或水浴。

乙酰化试剂：10mL 乙酸酐和 90mL 吡啶混合，装入密闭瓶中，避光保存（保存期 1 周）。

吡啶；氢氧化钠标准滴定溶液 $c(NaOH)=1mol/L$；酚酞指示液 10g/L。

3. 操作

① 称取经研钵研细的试样约 0.4g（精确至 0.0002g）于干燥的平底烧瓶中，用移液管准确加入 20.00mL 乙酰化试剂。安装上冷凝器，用 1～2 滴吡啶将连接处密封。将该烧瓶半浸入 90～100℃ 的油浴（或水浴）中，在时常摇动下加热回流 1h。

② 从油浴（或水浴）中取出烧瓶，在 5℃ 以下的冰水浴中边冷却边加入 20mL 水冲洗冷凝管，冷却至室温后，加入 2～3 滴酚酞指示液，用氢氧化钠标准滴定溶液滴定至浅红色为终点。

③ 在同样条件下做空白试验。

4. 结果表述

$$w(\mathrm{OH})=\frac{(V_0-V)c\times 0.0170}{m}$$

式中 V_0——空白试验消耗氢氧化钠标准滴定溶液的体积，mL；

V——试样消耗氢氧化钠标准滴定溶液的体积，mL；

c——氢氧化钠标准滴定溶液的准确浓度，mol/L；

m——试样质量，g；

0.0170——羟基的毫摩尔质量，g/mmol。

取两次测定结果的平均值报告分析结果，允许差不大于 0.2%。

5. 难点解读

酰化反应需无水操作，包括仪器要干燥、试剂无水。如果有水存在，则乙酸酐水解，酰化能力减弱；若试样含有少量水，需加大试剂用量；若试样含水过多，必须先脱水，然后再测定。

六、干燥减量的测定

1. 操作

用已称质量的扁形称量瓶称取约 5g 试样（精确至 0.0002g），置于恒温烘箱中，于 (105±2)℃ 下烘干 3h。取出置于干燥器中冷却至室温，称量。

2. 结果表述

$$w(\text{加热减量})=\frac{m-m_1}{m}$$

式中 m——试样质量，g；

m_1——加热后的试样质量，g。

平行测定的允许差不大于 0.04%。

七、灼烧残渣的测定

1. 操作

① 将用盐酸（1+1）处理过的瓷坩埚置于高温炉中，于 (850±25)℃ 下灼

烧至恒重。

② 用已恒重的坩埚称取 10～20g 试样，放在电炉上缓慢加热，直至试样全部炭化后将坩埚移入高温炉中，在（850±25)℃下灼烧 1h；取出坩埚在空气中冷却 1～3min，然后移入干燥器中冷却至室温（约 45min)，称量（精确至 0.0002g)。

③ 重复上述操作至恒重，即两次结果之差不大于 0.3mg。

2. 结果表述

$$w(\text{灼烧残渣})=\frac{m_1-m_2}{m}$$

式中 m_1——坩埚加残渣质量，g；

m_2——坩埚质量，g；

m——试样质量，g。

八、邻苯二甲酸树脂着色度的测定

1. 方法提要

在试样中加入邻苯二甲酸酐，加热生成树脂化合物的颜色与标准比色液进行比色。

2. 试剂

邻苯二甲酸酐；氯化钴 $CoCl_2 \cdot 6H_2O$；氯化铁 $FeCl_3 \cdot 6H_2O$；硫酸铜 $CuSO_4 \cdot 5H_2O$；盐酸溶液（1+39)。

3. 操作

(1) 标准比色液的配制

① $CoCl_2$ 比色原液　称取 59.5g $CoCl_2 \cdot 6H_2O$，用 HCl（1+39）溶解，以水稀释至 1000mL。

② $FeCl_3$ 比色原液　称取 45.0g $FeCl_3 \cdot 6H_2O$，用 HCl（1+39）溶解，以水稀释至 1000mL。

③ $CuSO_4$ 比色原液　称取 62.4g $CuSO_4 \cdot 5H_2O$，用 HCl（1+39）溶解，以水稀释至 1000mL。

④ 标准比色贮备液　取①、②、③比色原液，按体积比2∶5∶1混合，贮备。

⑤ 标准比色液　将④贮备液按表 6-3 稀释，放入比色管中构成标准色阶。

表 6-3　标准比色液配制

标准比色号	贮备液体积/mL	加水体积/mL	总体积/mL
1	1	9	10
2	2	8	10
3	3	7	10
4	4	6	10
5	5	5	10
6	6	4	10

续表

标准比色号	贮备液体积/mL	加水体积/mL	总体积/mL
7	7	3	10
8	8	2	10
9	9	1	10
10	10	0	10

（2）样品测定　称取3.00g试样和5.40g邻苯二甲酸酐（精确至0.01g）于25mL比色管中。将比色管置于260～265℃油浴（可使用甲基硅油）中，边振荡边加热5min，趁热与标准比色液色阶管并列放在白色背景的散射光下，由前方透视比色，得出试样比色结果。

九、思考与练习

① 二苄基化合物称量法测定单季戊四醇含量是基于什么化学反应？为什么要在甲醇-盐酸的热溶液中进行反应，而又在0～2℃的冷溶液中析出沉淀？

② 总结一下洗涤沉淀和使用玻璃漏斗抽滤的操作经验。

③ 解释二苄基化合物称量法测定季戊四醇含量的结果计算式中各项符号和数字的含义。

④ 测定羟基含量时，对乙酰化装置、试剂和反应条件有哪些要求？为什么？

⑤ 乙酰化法测定羟基含量为什么必须做空白试验？试解释其分析结果的计算式。

⑥ 测定加热减量时称取约2g试样，而测定灰分时称取10～20g试样，为什么？

⑦ 用二苄基化合物称量法测定样品中的季戊四醇含量。称样0.5052g，按分析规程处理后，称得干燥的沉淀质量为1.0065g。求样品中季戊四醇的质量分数。

⑧ 采用乙酰化法测定羟基化合物，用氢氧化钠标准溶液滴定反应生成的酸，若滴定试样消耗氢氧化钠溶液的体积恰好等于空白试验消耗的一半$\left(V_{样}=\frac{1}{2}V_{空}\right)$，说明什么问题？应如何处理？

⑨ 采用乙酰化法测定季戊四醇中的羟基时，称取试样0.4150g，乙酰化并水解后，滴定消耗$c(NaOH)=1.0240mol/L$氢氧化钠标准溶液28.20mL；空白试验消耗该氢氧化钠标准溶液39.40mL。试求试样中羟基的质量分数和试样的羟值。

产品检验实训九　乙酸丁酯的检验

一、产品简介

1. 性状

乙酸丁酯又名醋酸(正)丁酯，化学式$CH_3COO(CH_2)_3CH_3$，相对分子质量

116.16。无色易燃液体，具有特殊的水果香味，密度0.882g/cm^3（18℃），沸点126.5℃，能与醇、酮、醚等大多数有机物混溶。具有麻醉和刺激作用。

2. 生产工艺

乙酸和正丁醇在硫酸或杂多酸等催化剂存在下，发生酯化反应，生成乙酸丁酯和水，经蒸馏分离制得产品。

$$CH_3COOH + CH_3(CH_2)_3OH \xrightarrow{\text{催化剂}} CH_3COO(CH_2)_3CH_3 + H_2O$$

3. 主要用途

乙酸丁酯是重要的有机溶剂，广泛用于香料工业，也用作塑料、喷漆、硝化棉、人造革的溶剂。

4. 质量标准（GB/T 3729—2007）

项目		指标		
		优等品	一等品	合格品
乙酸正丁酯的质量分数/%	≥	99.5	99.2	99.0
正丁醇的质量分数/%	≤	0.2	0.5	—
水的质量分数/%	≤	0.05	0.10	
酸的质量分数(以 CH_3COOH 计)/%	≤	0.010		
色度/Hazen单位(铂-钴色号)	≤	10		
密度 ρ_{20}/(g/cm^3)		0.878～0.883		
蒸发残渣的质量分数/%	≤	0.005		
气味①		符合特征气味，无异味；无残留气味		

① 为可选项目。

二、实训要求

① 了解乙酸丁酯产品的定性鉴定方法。

② 掌握韦氏天平法测定液体化工产品密度的仪器和操作技术。

③ 掌握易溶于乙醇的有机化工产品酸度测定的一般过程和操作技巧。

④ 初步掌握气相色谱装柱、气相色谱热导检测器的启动、恒温、调控分离及检测条件、进样等操作技术。

⑤ 掌握测量色谱峰面积和用归一化法测定乙酸丁酯主成分、水、正丁醇等含量的方法。

⑥ 掌握液态化工产品色度、蒸发残渣等项指标的测定方法。

三、定性鉴定

1. 试剂

饱和盐酸羟胺乙醇溶液；饱和氢氧化钾乙醇溶液；盐酸溶液（1+23）；氯化

铁溶液（10g/L）；氢氧化钠乙醇溶液。

2. 鉴定

① 外观应为无色透明液体，有特殊酯的香味。

② 在瓷坩埚中加入1滴样品的醚溶液，加入1滴饱和盐酸羟胺乙醇溶液与1滴饱和氢氧化钾乙醇溶液。混合物在电炉上加热至微有气泡发生为止，冷却后用盐酸溶液（1+23）酸化，再加入1滴氯化铁溶液，应有紫色出现。

③ 在下述气相色谱分析中，样品主成分的色谱峰应与乙酸丁酯纯品的保留时间相同。

四、色度的测定

按第四章第一节液体化工产品色度测定的通用方法，测定乙酸丁酯产品的色度，以铂-钴色号（Hazen）表示测定结果。平行测定的允许差不大于2号。

五、密度的测定

按第二章第一节密度计法测定乙酸丁酯产品的密度。

六、酸度的测定

1. 试剂

氢氧化钠标准滴定溶液 $c(NaOH)=0.02mol/L$；95%乙醇；酚酞指示液（10g/L乙醇溶液）。

2. 操作

量取20mL乙醇注入100mL锥形瓶中，加2滴酚酞指示液，摇匀。用 $c(NaOH)=0.02mol/L$ 氢氧化钠标准滴定溶液滴定至溶液呈粉红色。加入20mL试样，摇匀。用上述氢氧化钠标准滴定溶液滴定至粉红色，保持15s不褪色为终点。

3. 结果表述

以乙酸的质量分数表示的酸度按下式计算：

$$w(CH_3COOH)=\frac{Vc\times 0.060}{20\rho_t}$$

式中 V——试样消耗氢氧化钠标准滴定溶液的体积，mL；

c——氢氧化钠标准滴定溶液的准确浓度，mol/L；

0.060——CH_3COOH 的毫摩尔质量，g/mmol；

ρ_t——操作温度 t 时试样的密度，g/cm^3。

取两次测定结果的平均值为试验结果，平行测定结果的允许差不大于0.001%。

七、乙酸丁酯、正丁醇和水分含量的测定

1. 方法提要

用401有机载体涂上聚己二酸乙二醇酯，作为气相色谱固定相，样品中各组

分依据和固定相分子间结合力的大小先后出峰。采用热导检测器可以检测到水及其他所有组分的色谱峰，可以按归一化法或外标法进行定量。

2. 试剂和仪器

(1) 试剂和材料　聚己二酸乙二醇酯（固定液）；丙酮；401 有机载体 0.18～0.25mm（60～80 目）；氢气（载气，钢瓶装）。

乙酸丁酯、正丁醇等色谱纯试剂（定性分析用）。

(2) 气相色谱仪　备有热导检测器的气相色谱仪，系统具有满意的灵敏度和稳定性；恒温箱控温精度±1℃；备有数据处理机或记录仪，记录仪响应时间小于 2s，噪声水平低于满标量程的 0.1%。检测限：对于水，不小于 0.004%；对于丁醇，不小于 0.003%；对于以上各组分在所示含量下产生的峰高应大于仪器噪声的 2 倍。

(3) 色谱柱　柱管长 2m，内径 4mm，不锈钢管。固定相配比，载体∶固定液＝100∶10（质量比），溶剂为丙酮；色谱柱填装量 2.0g/m。色谱柱填装、安装完毕后，色谱柱首次使用之前，老化方法为在 180℃下通氮气老化 24h。

(4) 微量注射器　5μL。

3. 操作与结果表述

(1) 仪器的启动与调试　按第三章第五节采用热导检测器时气相色谱仪的启动步骤和仪器使用说明书的规定，启动气相色谱仪，并调试到下列操作条件。

温度：气化室 240℃，检测室 165℃，柱室 165℃。

载气流速：以氢气为载气，流速 30mL/min 或由操作者选择适合分离要求的载气流速。

桥电流：180mA。

进样量：2～4μL。

(2) 定性分析　在稳定的操作条件下，用微量注射器分别进水、正丁醇、乙酸丁酯纯品各 1μL，记录各纯品峰的保留时间。在相同条件下，进试样 2～4μL，记录各组分色谱峰的保留时间，并与纯品的保留时间一一对照定性。

样品的主成分乙酸丁酯含量高，所得色谱峰较宽，可调节仪器上的信号衰减开关，以得到便于测试的色谱峰。如图 6-2 所示为工业乙酸丁酯的典型色谱图，图注中标明了各组分对乙酸丁酯的相对保留值。

(3) 定量分析　技术标准规定采用归一化法进行各组分的定量分析，但当样品中仅有乙酸丁酯、水及正丁醇的情况时，也可采用外标法定量。

① 归一化法　在稳定的仪器操作条件下，用微量注射器进样2～4μL，测量所得色谱图中各组分的峰面积，按下式计算各组分的质量分数：

$$w_i = \frac{f'_i A_i}{\sum f'_i A_i}$$

式中　A_i——组分 i 的峰面积；

f'_i——组分 i 在热导检测器上的相对质量校正因子。

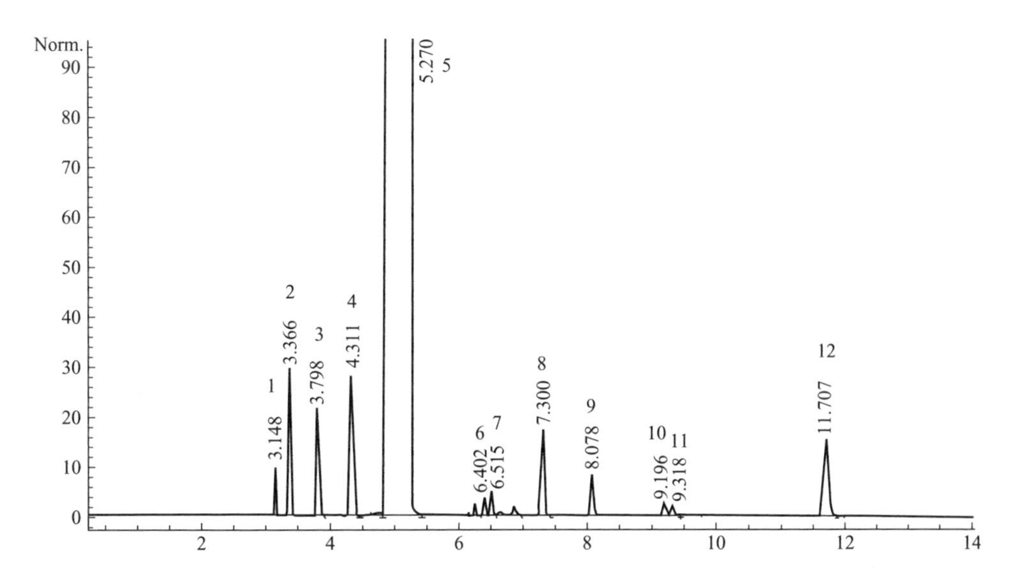

图 6-2　乙酸丁酯的典型色谱图（柱温 70℃）

1—未知；2—正丁醇；3—甲酸正丁酯；4—乙酸异丁酯；5—乙酸正丁酯；6—未知；
7—正丁醚；8—丙酸正丁酯；9～11—未知；12—丁酸正丁酯

为简化计算，样品中其他酯类杂质属主体同系物，响应值接近，可不乘校正因子，但对水和正丁醇必须进行校正。

也可利用色谱数据处理机，按操作程序输入定量方法及有关参数。进样后数据处理机自动打印分析结果。

② 外标法　采用外标法对样品中的水及正丁醇定量，需要配制一个标准混合物，即精确称量与试样组成相近的水、正丁醇及乙酸丁酯，混匀后进样分析；在同样条件下进试样，比较两个色谱图中待测组分的峰值（峰高），按下式计算分析结果：

$$w_i=\frac{h_i}{h'_i}w'_i$$

式中　w_i——样品中组分 i 的质量分数；

w'_i——标准混合物中组分 i 的质量分数；

h_i——样品中组分 i 的峰值；

h'_i——标准混合物中组分 i 的峰值。

采用外标法或归一化法测定乙酸丁酯、正丁醇和水分的含量，应取两次测定结果的平均值为试验结果，测定值与平均值的相对偏差，对于乙酸丁酯不大于 0.10%；对于水和正丁醇不大于 30%。

4. 难点解读

（1）关于相对校正因子　实验中有关组分的相对校正因子数据虽然可从气相色谱文献或手册中查到，但由于实验条件不尽相同，最可靠的方法是自行测定。

本实验可用样品主成分乙酸丁酯作基准物，求出水、正丁醇对乙酸丁酯的相对质量校正因子（f'_i）。测定时，使用干燥、清洁、可以密封的称量瓶，准确称量各种纯品试剂，配制与试样中含水、正丁醇量接近的乙酸丁酯标准样，按测定试样相同的条件进样分析，分别测量出各组分的峰面积，即可按下式计算出水、正丁醇的相对质量校正因子，其值应定期校验。

$$f'_i=\frac{f_i}{f_s}=\frac{m_i/A_i}{m_s/A_s}=\frac{m_iA_s}{m_sA_i}$$

式中　A_i，A_s——组分 i 和基准物 s 的峰面积，mm^2；

　　m_i，m_s——组分 i 和基准物 s 的质量，g。

（2）关于进样量的影响　在色谱柱允许负荷和检测器响应的线性范围内，进样量与峰面积成正比。各种色谱定量分析方法对进样量的准确度有不同的要求。归一化法是以某组分的校正峰面积除以所有组分校正峰面积之和，求出某组分在样品中的质量分数，若进样量增大或减小，计算式中的分子与分母同时按比例变化，其结果不变；而外标法是按试样与标样中某组分的含量之比等于其峰面积（或峰高）之比，求出分析结果，因此要求测定试样的条件包括进样量，必须与测定标样时完全相同，才能得到正确的分析结果。

八、蒸发残渣的测定

准确吸取 100mL 样品，置于已由烘箱加热至恒重的蒸发皿中，放在通风橱中的水浴上蒸干，并于（110±2）℃烘箱中烘干至恒重（相邻两次称量的差值不超过 0.2mg）。称量，精确至 0.1mg。

$$w(\text{蒸发残渣})=\frac{m}{\rho_t V}$$

式中　m——残渣质量，g；

　　V——吸取样品的体积，mL；

　　ρ_t——温度 t 取样时样品的密度，g/cm^3。

九、思考与练习

① 如何用气相色谱法与化学法配合，对乙酸丁酯进行定性鉴定？

② 目视法测定乙酸丁酯的色度，应如何配制标准铂-钴色度溶液？

③ 测定工业乙酸丁酯的密度为什么采用韦氏天平法？说明韦氏天平的构造和测定过程。

④ 采用酸碱滴定法测定乙酸丁酯的酸度时，为什么滴定至粉红色保持 15s 不褪色为终点？到达终点以后溶液放置过程中为什么会褪色？

⑤ 本实验所用气相色谱固定相应如何制备？如何装柱？

⑥ 说明使用热导检测器时气相色谱仪的启动、调试、关机过程及注意事项。

⑦ 采用归一化法和外标法进行定量分析时，对进样量有什么要求？为什么？

⑧ 测定工业乙酸丁酯中的少量水分，如不采用气相色谱法，还可以采用什

么方法？为什么？

⑨ 试拟定采用皂化返滴定法测定乙酸丁酯纯度的操作步骤和结果计算式。

⑩ 测定正丁醇对乙酸丁酯的相对质量校正因子时，称取 0.0328g 正丁醇，与 9.1500g 乙酸丁酯混合。在一定的色谱条件下进样后测出两者的峰面积分别为 $37.20mm^2$ 和 $9200.4mm^2$。求正丁醇对乙酸丁酯的相对质量校正因子 f'。

⑪ 采用气相色谱法测定乙酸丁酯时，进样后测出各组分的峰高、半峰宽，并由文献资料中查出相应的相对质量校正因子，如下表所示。求样品中水、正丁醇和乙酸丁酯的质量分数。

项目	水	正丁醇	乙酸丁酯	未知物
峰高/mm	11.7	8.8	168.3	3.50
半峰宽/mm	0.52	3.58	14.7	4.26
衰减	—	—	1/4	—
f'值	0.68	0.88	1.00	1.00

产品检验实训十　工业环己酮的检验

一、产品简介

1. 性状

环己酮，化学式 O，相对分子质量 98.15。无色或略带浅黄色油状液体，有丙酮的气味，密度 $0.9478g/cm^3$（20℃），沸点 155.7℃，闪点 44℃，折射率 1.451。微溶于水，易溶于乙醇、乙醚、丙酮等多种有机溶剂，其蒸气与空气能形成爆炸性混合物。

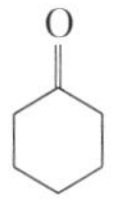

2. 生产工艺

(1) 环己烷氧化法　环己烷氧化制得环己基过氧化氢，再分解为环己酮和环己醇的混合物，经蒸馏、精制得到环己酮产品。

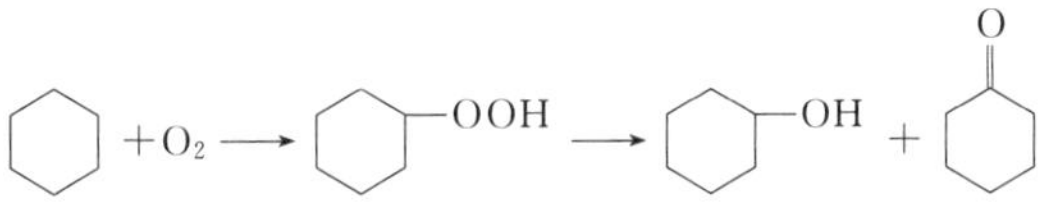

$+O_2 \longrightarrow$ —OOH $\longrightarrow$ —OH + O

(2) 苯酚法　苯酚在镍催化剂存在下加氢制得环己醇，后者又在锌催化下脱氢得到环己酮。

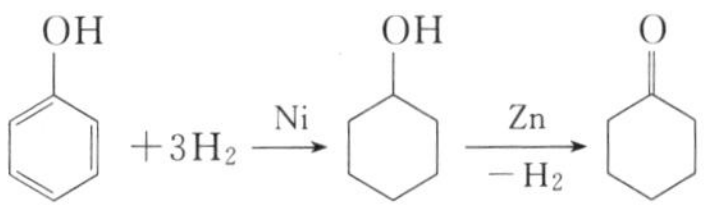

OH $+3H_2 \xrightarrow{Ni}$ OH $\xrightarrow[-H_2]{Zn}$ O

3. 主要用途

环己酮主要用于制备聚己内酰胺纤维、环氧树脂和医药产品。还用作织物干洗剂、溶剂和稀释剂。

4. 质量指标（GB/T 10669—2001）

项　　目		指　　标		
		优等品	一等品	合格品
色度(铂-钴色号)/号	≤	15	25	—
密度(20℃)ρ/(g/cm^3)		0.946～0.947	0.944～0.948	
在0℃、101.3kPa馏程范围/℃		153.0～157.0		152.0～157.0
馏出95mL时的温度间隔/℃	≤	1.5	3.0	5.0
水分质量分数/%	≤	0.08	0.15	0.20
酸度(以乙酸计)/%	≤	0.01		—
折射率 n_D^{20}		由供需双方协商确定		
纯度的质量分数/%	≥	99.8	99.5	99.0

二、实训要求

① 了解环己酮产品的定性鉴定方法。

② 掌握密度瓶法测定液体化工产品密度的操作和温度校正方法。

③ 掌握测定有机液体产品馏程的仪器安装、操作技术和结果校正计算。

④ 初步掌握卡尔·费休法测定化工产品中少量水分的仪器装置和操作技术。

⑤ 掌握使用阿贝折光仪测定液体化工产品折射率的操作技术和折光仪的维护要点。

⑥ 巩固液体化工产品色度测定、酸度测定和采用气相色谱法测定水分的方法和操作技术。

⑦ 初步掌握气相色谱仪氢火焰离子化检测器的启动、调试和正常操作技术。能够用外标法测出环己酮样品中的杂质含量，并计算产品的纯度。

⑧ 了解肟化法测定羰基化合物的原理和操作条件。

三、定性鉴定

1. 试剂

邻环己酚；硫酸；氯仿；冰醋酸。

2. 鉴定

① 外观应为无色透明液体。

② 混合少许邻环己酚和10滴样品，于下层加1mL浓硫酸，30min后与等量的氯仿混合，小心摇动，这时环己酮和甲基环己酮均呈蓝色；轻轻倒出氯仿层，混合几滴冰醋酸，则环己酮呈现亮蓝色。

③ 在下述测定中，产品的馏程、折射率、气相色谱保留值等应等于或接近标准值。

四、外观和色度的测定

将试样注入清洁、干燥的 100mL 具塞比色管中，目测。外观为透明液体，无可见杂质。

按第四章第一节液体化工产品色度测定所规定的方法，采用 100mL 比色管测定试样的色度，其结果以铂-钴色号（Hazen）表示。

五、密度的测定

按第二章第一节密度瓶法测定环己酮样品的密度。如果没有恒温在 20℃，在 15～35℃之间任一温度下测得的密度应按下式换算为 20℃的密度：

$$\rho_{20}=\rho_t+0.00089(t-20)$$

式中　ρ_{20}——样品在 20℃时的密度，g/cm^3；

ρ_t——在任一温度 t 时测得的样品密度，g/cm^3；

0.00089——环己酮密度的温度校正系数，$g/(cm^3 \cdot ℃)$。

密度测定平行测定结果的允许差不大于 $0.0003g/cm^3$。

六、馏程的测定

按第二章第二节有机液体产品沸程（馏程）的测定所规定的仪器和方法测定环己酮样品的馏程。测定过程中注意记录以下数据。

① 初馏点　即第一滴馏出物从冷凝管末端落下时的瞬间温度。

② 馏出物为 95mL 时的温度，从而确定“馏出 95mL 时的温度间隔/℃”。

③ 终馏点　即蒸馏瓶底最后一滴液体蒸发时的瞬间温度，从而确定“馏程范围”。

④ 将上述记录的温度数据校正到 0℃、101.3kPa 时的沸程温度。按式(2-4)～式(2-7) 校正时，环己酮沸点随大气压力的变化率（K 值）按不同地区大气压力范围取值如表 6-4 所示。

表 6-4　环己酮沸点随大气压力的变化率（K 值）

大气压力/hPa	K 值/(℃/hPa)	大气压力/hPa	K 值/(℃/hPa)
893～933	0.0390	974～1013	0.0375
934～973	0.0383	1014～1066	0.0368

七、水分含量的测定

工业环己酮中的水分含量可以采用卡尔·费休法或气相色谱法加以测定。平行测定结果的允许差为 0.005%。

1. 卡尔·费休法

按第四章第二节化工产品中少量水分测定中卡尔·费休法测定环己酮样品中

的水分含量，其中溶剂为吡啶：乙二醇=5：1（体积比），该法准确度高，为测定水分的仲裁法。

2. 气相色谱法

按第四章第二节化工产品中少量水分测定中气相色谱法测定环己酮样品中的水分含量，其色谱柱及色谱操作条件如下：

柱长 2m，柱内径 3mm，固定相 GDX；气化室温度 200℃，柱箱温度 150℃，检测室温度 150℃；电桥电流 120mA；进样量 3μL；载气为氢气，流速 38mL/min。

采用气相色谱法测定水分时，样品主成分环己酮最后出峰，且峰宽较大，可采用反吹或程序升温使其流出，以缩短分析周期。

八、酸度的测定

1. 仪器与试剂

微量滴定管，分度 0.02mL；磁力搅拌器。

氢氧化钠标准滴定溶液 $c(NaOH)=0.1mol/L$；酚酞指示液，5g/L 乙醇溶液；95%乙醇；氮气，纯度不小于 99.9%。

2. 操作

① 取 100mL、95%乙醇注入 500mL 锥形瓶中，加入 0.5mL 酚酞指示液，以 (500±50)mL/min 的速度通氮气 10～15min。在磁力搅拌下，用氢氧化钠标准滴定溶液滴定至粉红色。

② 准确加入 100mL 样品于上述溶液中，以同样的操作条件，用氢氧化钠标准滴定溶液滴定至粉红色保持 15s 不褪色为终点。

3. 结果表述

以乙酸的质量分数表示的酸度按下式计算：

$$w(CH_3COOH)=\frac{cV_1\times 0.060}{V\rho_t}$$

式中 c——氢氧化钠标准滴定溶液的准确浓度，mol/L；

V_1——滴定样品耗用氢氧化钠标准滴定溶液的体积，mL；

V——吸取样品的体积，mL；

ρ_t——测定温度 t 时样品的密度，g/cm^3；

0.060——CH_3COOH 的毫摩尔质量，g/mmol。

平行测定结果的允许差不大于 0.001%。

4. 难点解读

环己酮的酸度值很小。溶剂中溶有的 CO_2 和滴定过程中可能吸收的少量 CO_2，会使试样酸度测得值偏高。通入氮气可以驱除溶液中的 CO_2，使测定结果更为准确。

九、折射率的测定

按第二章第四节液体化工产品折射率的测定中所规定的仪器和方法，测定环己酮样品的折射率。如果不是恒温在20℃，在20～30℃之间任一温度下测得的折射率，应按下式换算为20℃时的折射率：

$$n_D^{20}=n_D^t+0.00044(t-20)$$

式中 n_D^{20}——在20℃时的折射率；

n_D^t——在任意温度 t 时的折射率；

t——测定时的温度，℃；

0.00044——环己酮温度每升高1℃，折射率的变化系数。

十、纯度的测定

（一）肟化法

1. 方法提要

盐酸羟胺与已知量的三乙醇胺水溶液反应，部分转变为游离羟胺，生成的游离羟胺与环己酮反应生成相应的肟；剩余的游离羟胺用硫酸标准滴定溶液滴定，从而得出环己酮的含量。

$$NH_2OH \cdot HCl+(HOCH_2CH_2)_3N \longrightarrow NH_2OH+(HOCH_2CH_2)_3N \cdot HCl$$

$$\text{环己酮}(C_6H_{10}{=}O)+NH_2OH \longrightarrow \text{环己酮肟}(C_6H_{10}{=}N{-}OH)+H_2O$$

2. 试剂

三乙醇胺水溶液 $c[(HOCH_2CH_2)_3N]=0.5mol/L$：称取74g三乙醇胺（98%）溶解于水中，用水稀释至1L，并调整该溶液的浓度略低于硫酸标准滴定溶液的浓度。

盐酸羟胺水溶液 $c(NH_2OH \cdot HCl)=0.5mol/L$：称取35g盐酸羟胺溶解于150mL水中，用异丙醇（99%）稀释至1L。

溴酚蓝指示液0.4g/L乙醇溶液：称取0.04g溴酚蓝溶解在100mL乙醇溶液中，用 $c(NaOH)=0.1mol/L$ 氢氧化钠溶液滴定至淡红铜色。

硫酸标准滴定溶液 $c\left(\frac{1}{2}H_2SO_4\right)=0.5mol/L$。

中性盐酸羟胺溶液：在150mL盐酸羟胺水溶液中加入4mL溴酚蓝指示液，并用滴定管向溶液中滴加三乙醇胺溶液，直到通过透射光线观察溶液呈蓝绿色。该溶液在使用前配制。

3. 操作

① 配制空白对比溶液。在65mL中性盐酸羟胺溶液中，加入100mL水，作为空白试验和样品滴定时的标准终点色度。

② 用安瓿球称取1.1～1.4g样品（精确至0.0001g），加入预先准备好的盛有65mL盐酸羟胺溶液和用移液管吸取50mL三乙醇胺溶液的锥形瓶中，并剧烈振荡，打破安瓿球，室温下放置30min，间断地摇动锥形瓶。用10～15mL水冲洗瓶口及瓶盖，用$c\left(\frac{1}{2}H_2SO_4\right)=0.5mol/L$硫酸标准滴定溶液滴定，直到通过透射光线观察与空白对比液颜色相同为终点。

③ 在同样条件下做一空白试验。

4. 结果表述

$$w(C_6H_{10}O)=\frac{c(V_0-V)\times 0.09815}{m}$$

式中 c——硫酸标准滴定溶液的准确浓度，mol/L；

V——滴定样品耗用硫酸标准滴定溶液的体积，mL；

V_0——空白试验耗用硫酸标准滴定溶液的体积，mL；

m——样品质量，g；

0.09815——环己酮（$C_6H_{10}O$）的毫摩尔质量，g/mmol。

5. 难点解读

在滴定终点附近，由于存在羟胺和羟胺盐酸盐构成的缓冲体系，使终点pH突跃不很明显，故必须配制空白对比溶液以对照观察终点。中性盐酸羟胺溶液的pH=4，恰与指示剂溴酚蓝的变色点相当，此时该指示剂呈蓝绿色。如采用电位法滴定至pH=4作为终点，更为准确。

(二) 气相色谱法

1. 方法提要

采用气相色谱强极性固定液聚乙二醇20M，将工业环己酮中各组分分离，用氢火焰离子化检测器检测，采用外标法测出杂质的含量，以差减法求出环己酮的纯度。

2. 试剂和仪器

(1) 试剂和材料　固定液：聚乙二醇20M；载体：6201型载体，0.18～0.25mm（60～80目）；辅助试剂：甲醇，5%氢氧化钾甲醇溶液，氯仿。

色谱纯试剂：环己酮；环己醇，外标物；正戊醇，外标物。

氮气，纯度不小于99.99%；氢气，纯度不小于99.9%；空气，经净化处理。

(2) 气相色谱仪　备有氢火焰离子化检测器的气相色谱仪，系统具有良好的灵敏度和稳定性（符合GB/T 9722—2006中的有关规定），备有数据处理机或面积积分仪、记录仪等。色谱柱管材质为不锈钢或玻璃，柱长3m，柱内径3mm。微量注射器，1～5μL。

(3) 色谱柱的制备

① 载体的处理　将60～80目的6201型载体浸于5%氢氧化钾甲醇溶液中，

在水浴中加热回流 1h（控制沸腾温度 70℃左右），冷却后的载体用水洗涤至 pH≈9，吸滤抽干水分，置于 110～120℃烘箱内烘干备用。

② 固定相的制备　按照 15∶100（质量比）的液载比，称取一定量的聚乙二醇 20M，加入适量溶剂（氯仿），待全部溶解后，徐徐倾入规定量的 6201 型载体，轻轻摇动，使之完全浸润。使溶剂挥发至干，待载体干燥后，按常规方法装柱。

③ 色谱柱的老化　将填充好的色谱柱装入柱箱，经检查气密性后，自柱温 60℃开始，以 5℃/min 的速度升温，同时通氮气；最终温度为 150℃，在此温度下老化 10h 以上，直到基线稳定。

3. 操作与结果表述

（1）仪器的启动与调试　按第三章第五节采用氢火焰离子化检测器时气相色谱仪的启动步骤和仪器使用说明书的规定，启动气相色谱仪，并调试到下列操作条件。

温度：柱箱温度 120℃，检测室温度 200℃，气化室温度 200℃。

气体流速：氮气流速 30mL/min，氢气流速 30mL/min，空气流速 300mL/min。

进样量：1μL。

（2）标样的制备　准确称取一定量的色谱纯环己酮，加入一定量的色谱纯正戊醇和环己醇，配成标准混合物简称标样。上述称量应精确至 0.0002g，混匀。在标样中正戊醇的质量分数为0.06％～0.08％，环己醇的质量分数为 0.02％～0.04％。配制好的标样装于安瓿球中备用。

（3）色谱测定　在稳定的仪器操作条件下，用微量注射器先后进标样和试样（两者的进样量必须相等），得到相应的色谱图。在标样谱图中，测量出正戊醇（在环己酮之前出峰）和环己醇（在环己酮之后出峰）的峰面积；在试样谱图中，测量出环己酮之前正戊醇等所有轻组分杂质的峰面积和环己酮之后环己醇等所有重组分杂质的峰面积。

（4）结果表述　工业环己酮中轻组分杂质含量和重组分杂质含量分别按下式计算：

$$w(\text{正戊醇})=\frac{w'(\text{正戊醇})A_1}{A'_1}$$

$$w(\text{环己醇})=\frac{w'(\text{环己醇})A_2}{A'_2}$$

式中　w(正戊醇)——以正戊醇表示的试样中轻组分杂质的质量分数；

w(环己醇)——以环己醇表示的试样中重组分杂质的质量分数；

w'(正戊醇)——标样中正戊醇的质量分数；

w'(环己醇)——标样中环己醇的质量分数；

A_1——试样谱图中环己酮峰前各组分峰的总面积；

A_2——试样谱图中环己酮峰后各组分峰的总面积；

A'_1——标样谱图中正戊醇的峰面积；

A'_2——标样谱图中环己醇的峰面积。

以质量分数表示的工业环己酮的纯度按下式计算：

$$w(\text{环己酮})=1.00-w(\text{正戊醇})-w(\text{环己醇})-w(\text{水分})$$

式中　w(水分)——本实验第七项测出的试样中水分的质量分数。

上述测定取两次平行测定结果的平均值为测定结果，平行测定的允许差不大于0.1%。

4. 难点解读

（1）关于出峰顺序　工业环己酮中含有环己醇、环戊醇、环戊酮、正戊醇及其他杂质。聚乙二醇20M为氢键型强极性固定液，样品中组分与固定液分子间形成氢键的能力越强，其保留时间越长。由于环戊酮、环戊醇、正戊醇等形成氢键的能力弱于环己酮，在环己酮之前流出；而环己醇较环己酮更易形成氢键，故最后流出。如图6-3所示为工业环己酮的典型色谱图，在各组分的图注中标明了对环己酮的相对保留值，可供定性鉴定杂质峰时参考。

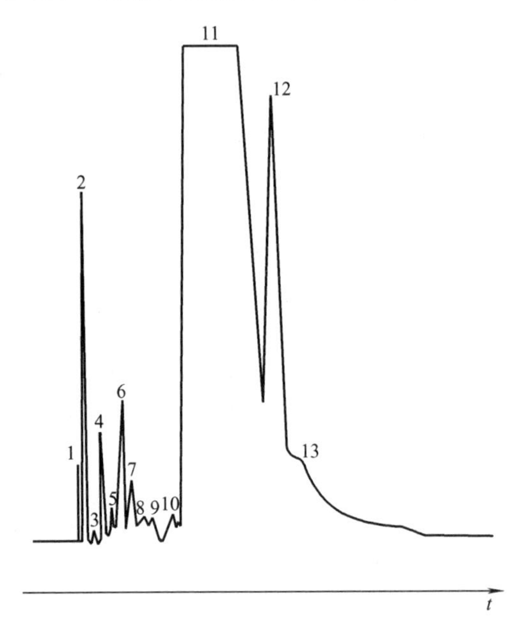

图6-3　工业环己酮的典型色谱图

1—未知物，0.35；2—丁醇，0.41；3—未知物，0.45；4—3-庚酮，0.51；5—2-庚酮，0.56；6—环戊酮，0.61；7—正戊醇，0.67；8—未知物，0.74；9—正丁基环己基醚，0.78；10—环戊醇，0.88；11—环己酮，1.00；12—环己醇，1.43；13—未知物，1.56

（2）关于定量方法　工业环己酮纯度很高，其中杂质含量低于1%。对杂质各组分进行精确定量测定的意义不大。采用外标法定量时，为简化测定和计算，环己酮流出之前的所有轻组分含量统一用正戊醇表示，环己酮流出之后的所有重组分含量统一用环己醇表示。这样，只要配制含有正戊醇和环己醇的标样，即可求出全部杂质含量。由于氢火焰离子化检测器对水没有响应，需要按本实训第七项单独测定水分含量，故计算环己酮纯度时要由 1.00 减去杂质及水分的质量分数。

十一、思考与练习

① 检验工业环己酮，为什么要测定密度、馏程和折射率？这些参数对产品质量有何影响？

② 测定环己酮馏程时如何控制升温速度？“馏出 95mL 时的温度间隔”是什么意思？

③ 画图说明卡尔·费休法测定化工产品中微量水的仪器装置和操作步骤。

④ 测定工业环己酮酸度时，为什么用乙醇作溶剂？为什么通入氮气且使用磁力搅拌器？

⑤ 采用气相色谱法测定环己酮中的微量水时，为什么见不到其他杂质峰？测定环己酮纯度时，为什么又见不到水的色谱峰？

⑥ 肟化法测定环己酮纯度为什么要制备空白对比液？如果采用电位法指示终点，应如何进行？

⑦ 说明采用氢火焰离子化检测器的情况下，气相色谱仪的启动、调试、进样和关机的一般步骤。

⑧ 气相色谱法测定环己酮中的杂质含量所用固定相是如何制备的？分离样品中各组分的理论依据是什么？

⑨ 如何配制外标法所需含有环己酮、环己醇和正戊醇的标准样品？标样中环己醇和正戊醇的质量分数是如何确定的？

⑩ 测定工业环己酮密度和折射率时，恒温在 16℃，测得值分别为 $0.947g/cm^3$ 和 1.4512，试换算成 20℃时的密度和折射率。

⑪ 测定工业环己酮沸程，观测到的温度为 152.5～156.5℃。实验室纬度 40°、室温 22℃、气压 1000.18hPa，测量温度计的读数校正值为−0.02℃，露出塞外处的刻度为 115℃，辅助温度计读数为 32℃。试求该样品在标准状况下的沸程温度。

⑫ 采用肟化法测定环己酮样品，称样 1.3050g，加入到盐酸羟胺和三乙醇胺的混合溶液中，反应完成后用 $c\left(\frac{1}{2}H_2SO_4\right)=0.5026mol/L$ 硫酸标准溶液滴定，耗用 21.60mL。同样条件下滴定空白试液消耗 47.30mL。求样品中环己酮的含量。

⑬ 采用气相色谱法测定工业环己酮时，所用标样中含正戊醇 0.065%，含环己醇 0.032%，进标样 1μL，测得正戊醇峰面积 $33mm^2$、环己醇峰面积 $125mm^2$。同样条件下进试样 1μL，测得环己酮之前轻组分总面积为 $96mm^2$、环己酮之后重组分总面积为 $160mm^2$。另用其他方法测出样品中的水分含量为 0.18%。求该环己酮样品的纯度。

产品检验实训十一　工业乙苯的检验

一、产品简介

1. 性状

乙苯，化学式 $—C_2H_5$ ，相对分子质量 166.17。无色可燃液体，具有芳香气味，密度 $0.867g/cm^3$，沸点 136.2℃，闪点 15℃，折射率 1.495。溶于苯、乙醇、乙醚及四氯化碳，几乎不溶于水。具有麻醉和刺激作用。

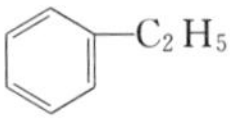

2. 生产工艺

（1）烃化法　苯与乙烯在氯化铝催化下，进行烷基化反应。反应物经水解、中和、回收苯及精制得到乙苯。

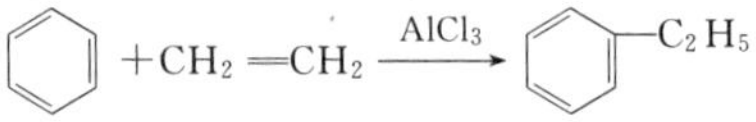

$$+CH_2=CH_2 \xrightarrow{AlCl_3} —C_2H_5$$

（2）重整回收法　在石油炼制系统中，由铂重整、芳烃抽提、精制得到二甲苯和乙苯。

3. 主要用途

乙苯主要用于制造苯乙烯，少量用于有机合成，如制造甲基苯基酮，用于香料、医药等。还可作溶剂使用。

4. 质量指标（SH/T 1140—2018）

项目		质量指标	
		优等品	一等品
外观		清澈透明液体，无机械杂质和游离水	
色度(铂-钴)/号	≤	10	
纯度(质量分数)/%	≥	99.80	99.50
二甲苯[①](质量分数)/%	≤	0.10	0.15
异丙苯(质量分数)/%	≤	0.030	0.050
二乙苯[②](质量分数)/%	≤	0.001	
硫/(mg/kg)	≤	3.0	5.0
氯/(mg/kg)	≤	1.0	

① 二甲苯为间二甲苯、邻二甲苯、对二甲苯之和。

② 二乙苯为间二乙苯、邻二乙苯、对二乙苯之和。

二、实训要求

① 了解乙苯产品的定性鉴定方法。

② 熟练掌握气相色谱仪的启动、调试和正常操作技术。

③ 掌握气相色谱固定相的制备和装柱技术。

④ 掌握气相色谱内标法进行定量分析的原理、内标物的选择及测定乙苯中杂质苯类物质的操作和结果计算方法。

⑤ 了解库仑法测定乙苯中微量硫的方法原理、仪器装置和测定过程。

三、定性鉴定

1. 试剂

升华氯化铝；三氯甲烷；甲醛-硫酸溶液：取 0.2mL、37%甲醛，加 10mL 浓硫酸，混匀（现用现配）。

2. 鉴定

① 在干燥试管中加入 2mL 三氯甲烷，加 0.1mL 无水样品，混匀后斜持试管将管壁润湿，沿管壁加入 0.5～1.0g 升华氯化铝，使一部分粉末沾在管壁上。管壁上附着的粉末及溶液呈橙色至红色，放置一会儿即逐渐变为棕色。

② 取样品的非芳烃溶液 1 滴于点滴板凹处，用甲醛-硫酸溶液 1 滴处理，应呈现红褐色。同时以非芳烃溶剂做空白试验，空白液用甲醛-硫酸溶液处理应无色。

③ 按下述气相色谱法试验，样品主成分的色谱峰应与纯乙苯的保留值相同。

四、色度的测定

按第四章第一节液体化工产品色度测定的通用方法，测定工业乙苯产品的色度，以铂-钴色号（Hazen）表示测定结果。平行测定的允许误差不大于 2 号。

五、乙苯纯度及烃类杂质的测定

1. 方法提要

首先在试样中加入一定量的内标物，混匀。在本标准规定的条件下，将适量含内标物的试样注入配置氢火焰离子化检测器（FID）的色谱仪。乙苯与各杂质组分在色谱柱上被有效分离，测量每个杂质和内标物的峰面积，以内标法计算每个杂质的含量，再用 100.00%减去杂质总量得到乙苯纯度。

2. 试剂和仪器

（1）载气，氮气或氦气；辅助气，氮气；燃气，氢气；空气。以上气体，经硅胶及 5A 分子筛干燥，净化。除空气外的其他气体，纯度不低于 99.99%（体积分数）。

（2）标准试剂　供配制校准溶液或质量控制样品用，包括高纯度乙苯、正壬烷、苯、甲苯、邻二甲苯、间二甲苯和异丙苯，其中高纯度乙苯纯度不低于 99.9%（质量分数），其余物质的纯度均不低于 99.0%（质量分数）。

（3）内标物　内标物为正十一烷，纯度不低于 99%（质量分数），符合分析要求的其他化合物也可作为内标物。

（4）气相色谱仪　备有氢火焰离子化检测器，对各类杂质在检测标准规定的最低测定浓度下，烃类组分所产生的峰高应至少大于仪器噪声的 2 倍。色谱柱为熔融石英管，长 60m，内径 0.32mm。固定液，键合（交联）聚乙二醇，液膜厚度 0.50μm。微量注射器，1μL。

3. 操作

（1）按第三章第五节采用氢火焰离子化检测器时，气相色谱仪的启动步骤和仪器说明书的规定，启动气相色谱仪，并调试到下列操作条件：

气化室温度 220℃。柱室温度，初始为 80℃，保持 10min 后，按照 6℃/min 的升温速率，升高到 200℃，保持 10min。检测室温度 220℃。

载气流量 1.2mL/min。进样量 1.0μL。分流比，100∶1。

上述操作条件为参考数据，操作者可根据实际情况适当选择。

（2）测定杂质的校正因子（f_i）

① 配制含内标物的校准混合物　用称量法配制含有高纯度乙苯、代表性杂质和内标物的校准混合物，每个组分的称量均应精确至 0.0001g，计算每个杂质含量，应精确至 0.0001%（质量分数）。所配制的校准混合物中乙苯纯度和杂质含量均应与待测试样相近，校准混合物体积应大于 50mL，正壬烷代表非芳烃组分，异丙苯代表碳九或碳九以上的芳烃组分。将此校准混合物注入 50mL 容量瓶中并稀释至刻度，用微量注射器精确吸取 30μL（或适量）内标物注入该容量瓶中，混匀。取正十一烷的密度为 0.740g/cm^3 和乙苯的密度为 0.867g/cm^3 计算，该溶液中内标物含量为 0.0512%（质量分数）。

② 配制含内标物的高纯度乙苯　取高纯度乙苯，按以上同样步骤加入内标物，以供测定高纯度乙苯基体中相应杂质与内标物峰面积比率使用。

③ 在规定的色谱条件下，取适量含内标物的校准混合物和含内标物的高纯度乙苯分别注入色谱仪中，并测量内标物和各杂质的色谱峰面积，重复三次。典型色谱图如图 6-4 所示。其中，乙苯与对二甲苯若未达到基线分离，对二甲苯的色谱峰应按照拖尾峰斜切处理。

按下式计算每一个杂质相对于正十一烷（内标物）的质量校正因子（f_i），精确至 0.001。取三次测定的平均值（$\overline{f_i}$）作为校正因子，重复测定的相对标准偏差（RSD）应不大于 5%。

$$f_i=\frac{w_i}{w_s\left(\frac{A_i}{A_s}-\frac{A_{ib}}{A_{sb}}\right)}$$

式中　w_i——校准混合物中杂质 i 的含量（质量分数），%；

w_s——校准混合物和高纯度乙苯中内标物含量（质量分数），%；

A_i——校准混合物中杂质 i 的峰面积；

A_{ib}——高纯度乙苯中杂质 i 的峰面积；

A_s——校准混合物中内标物面积；

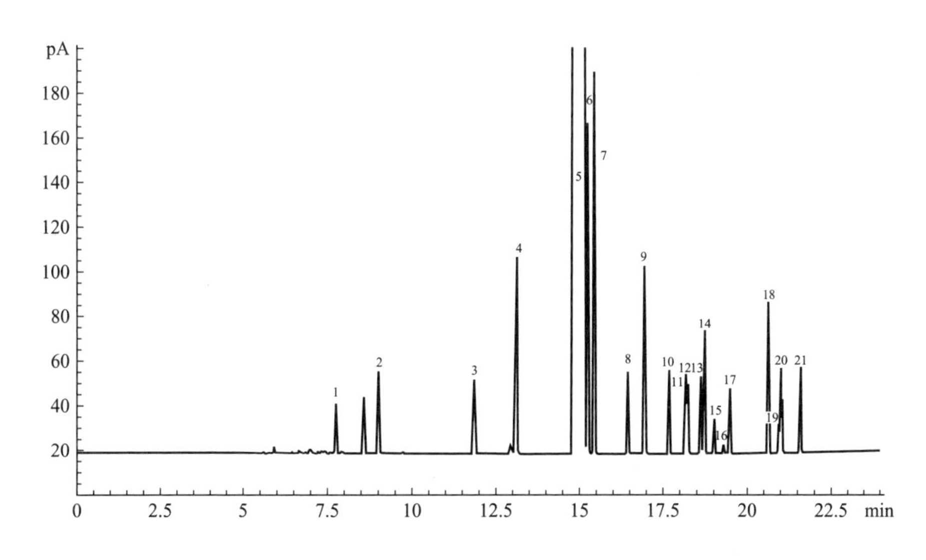

图 6-4 工业用乙苯内标法典型色谱图（载气为氮气）

1—正壬烷；2—苯；3—甲苯；4—正十一烷（内标）；5—乙苯；6—对二甲苯；7—间二甲苯；8—异丙苯；9—邻二甲苯；10—正丙苯；11—对甲乙苯；12—间甲乙苯；13—叔丁苯；14—异丁苯；15—仲丁苯；16—苯乙烯；17—邻甲乙苯；18—间二乙苯；19—对二乙苯；20—正丁苯；21—邻二乙苯

（图中未标峰号者为非芳烃）

A_{sb}——高纯度乙苯中加入的内标物的峰面积。

（3）试样的测定　在一清洁、干燥的 50mL 容量瓶中注入待测试样至刻度，然后用一个微量注射器吸取 30μL（或适量）内标物加入容量瓶中，并充分混匀。在规定的色谱条件下，取适量含内标物的待测试样注入色谱仪，并测量除乙苯外的所有色谱峰面积，其中，乙苯与对二甲苯若未达到基线分离，对二甲苯的色谱峰应按照拖尾峰斜切处理。

非芳烃组分应求和并记录其总面积，样品中非芳烃包括在甲苯之前流出的所有组分（苯除外）。如果样品中的苯不能从芳烃中分离出来，则将苯计入非芳烃。

4. 结果表述

（1）杂质含量　每个杂质的含量按下式计算，以%（质量分数）表示。其中，非芳烃使用正壬烷的校正因子，碳九或碳九以上组分使用异丙苯的校正因子。

$$w_i'=\frac{\overline{f}_i A_i' w_s'}{A_s'}$$

式中　w_s'——待测试样中内标物的含量（质量分数），%；

A_i'——待测试样中杂质 i 的峰面积；

$\overline{f}_i$——杂质 i 相对于内标物的质量校正因子；

A_s'——待测试样中内标物的峰面积。

(2) 乙苯的纯度（P） 按下式计算，以%（质量分数）表示：

$$P=100-\sum w_i'$$

式中 w_i'——待测试样中杂质 i 含量（质量分数），%。

注意，如果待测试样中有未被检出的杂质，本方法则不能测定试样的绝对纯度。

对于任一试样，以两次重复测定结果的算术平均值报告其分析结果。报告二乙苯杂质含量，应精确至0.0001%（质量分数），低于0.0003%（质量分数）者报告为<0.0003%（质量分数）；其他杂质含量，应精确至0.001%（质量分数），低于0.001%（质量分数）者报告为<0.001%（质量分数）。报告乙苯纯度，应精确至0.01%（质量分数）。

5. 重复性和再现性

重复性，在同一实验室，由同一操作者使用相同设备，按相同测试方法，并在短时间内对同一被测对象相互独立进行测试获得的两次独立测试结果的绝对差值应不大于下表中的重复性限（r），以大于重复性限（r）的情况不超过5%为前提。

再现性，在任意两个实验室，由不同操作者使用不同设备，按相同的测试方法，对同一被测对象相互独立测试，获得的两个独立测试的结果绝对差值应不大于表中的再现性限（R），以大于再现性限（R）的情况不超过5%为前提。表6-5为重复性限与再现性限的数据。

表 6-5　重复性限与再现性限的数据

组分名称	重复性限(r)	再现性限(R)
非芳烃	平均值的20%	平均值的20%
二乙苯、正丁苯	0.0003%(质量分数)	0.0004%(质量分数)
其他杂质组分(质量分数)/%		
$0.001\leqslant X\leqslant 0.010$	平均值的20%	平均值的35%
$X>0.010$	平均值的15%	平均值的20%
乙苯纯度	0.02%(质量分数)	0.10%(质量分数)

6. 难点解读

利用内标法定量时，所选内标物应是试样中不存在的物质，该物质必须能完全溶解在样品中，且不与样品中的组分发生化学反应。内标物应采用色谱纯试剂，其色谱峰必须与样品中各组分的色谱峰完全分开；其加入量应接近待测组分的量。本实验选用正十一烷为内标物。

本方法适用于纯度不低于99.0%（质量分数）的乙苯的测定，对非芳烃、苯、甲苯、对二甲苯、间二甲苯、邻二甲苯、异丙苯等杂质的检测范围为0.001%（质量分数）～1.000%（质量分数），对二乙苯杂质的检测范围为大于0.0003%（质量分数）。

六、微量硫的测定

1. 方法提要

样品在燃烧管气化段气化并与载气（氮气）混合进入燃烧段，在此与氧气混合，样品裂解氧化，硫转化为二氧化硫，随载气一并进入滴定池，与电解液中的 I_3^- 发生以下反应：

$$I_3^- + SO_2 + H_2O \longrightarrow SO_3 + 3I^- + 2H^+$$

滴定池中 I_3^- 浓度降低，指示-参比电极对指示出这一变化并与给定的偏压相比较，同时将此信号输入微库仑仪放大器，经放大后的输出电压加到电解电极，电极阳极处发生以下反应：

$$3I^- \longrightarrow I_3^- + 2e$$

被消耗的 I_3^- 得到补充。消耗的电量就是电解电流对时间的积分，根据法拉第电解定律即可求出样品中的硫含量。

2. 仪器和设备

（1）微库仑仪　能满足最小检测含量≤0.5mg/kg 的微库仑仪均可使用，如图 6-5 所示。其中燃烧炉由能调节控制温度的三个不同的加热区组成。预热区温度应保证试样完全气化；燃烧区温度保证试样燃烧完全；出口区温度保证试样燃烧生成的产物无变化地进入滴定池。石英燃烧管装在燃烧炉内，试样注入口用硅橡胶密封，其出口与滴定池进气口相连接。滴定池由玻璃烧制而成，池中装有电解液，插入一对电解电极和一对指示-参比电极。

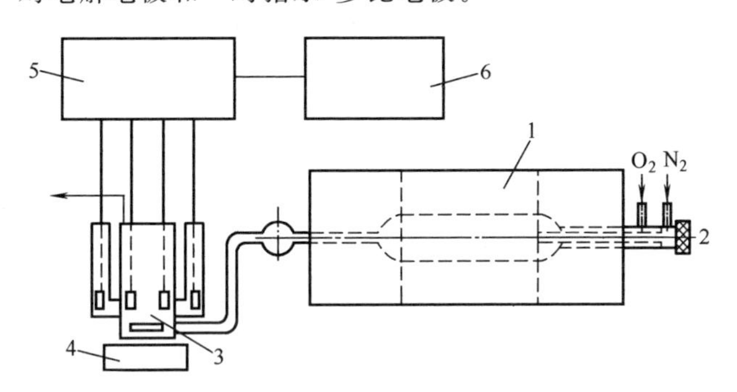

图 6-5　微库仑仪

1—燃烧炉；2—进样口；3—电解池；4—电磁搅拌；
5—微库仑仪；6—记录仪

（2）微量注射器　容量 10μL，注射器针头的长度以测定时针头足以伸入高温的气化区为准。

3. 试剂和材料

（1）试剂　碘化钾；冰醋酸；标准物质：二苯并噻吩（$C_6H_4C_6H_4S$）、或噻吩（C_4H_4S）、或二丁基二硫醚（$C_4H_9C_4H_9S_2$），纯度≥98%（质量分数）；蒸馏水，使用二次蒸馏水，使用前煮沸脱氧；载气：氮气（或氩气、氦气），纯度>99.5%（体积分数）；反应气：氧气，纯度>99.5%（体积分数）；溶剂：可选用甲苯、对二甲苯、异辛烷等，注意对这些溶剂所含的硫进行空白修正（若采用二苯并噻吩为标准物质，应采用甲苯或对二甲苯等芳烃作溶剂）。

（2）电解液　用移液管吸取冰醋酸 25mL，置于 250mL 容量瓶中，用蒸馏水稀释至刻度，得10%乙酸溶液。称取0.50g碘化钾置于1000mL棕色容量瓶中，加入少许蒸馏水，用移液管注入2mL、10%乙酸溶液，用蒸馏水稀释至刻度，摇匀，置于阴凉处（或冰箱中），使用期不得超过1个月。

（3）有机硫标准储备溶液（硫含量约500ng/μL） 称取一定量的标准物质二苯并噻吩0.29g（或噻吩0.13g，或二丁基二硫醚0.14g），精确至0.0001g，以甲苯（或对二甲苯或异辛烷等）稀释并转移至100mL容量瓶中，稀释定容，摇匀备用。按下式计算标准溶液的硫含量（ng/μL）：

$$c_0=\frac{mw\times10^6}{100}$$

式中 m——标准物质的质量，g；

w——标准物质中含有硫的质量分数，%；

100——溶剂的体积，mL。

（4）硫标准溶液的配制 用溶剂将有机硫标准储备液稀释为一系列浓度的硫标准溶液，供分析试样和测定回收率使用。所得的硫标准溶液应放置在冰箱中或密封在小安瓿中待用。

4. 操作及结果表述

（1）仪器操作 将洗净的石英燃烧管装入燃烧炉内，连接好载气和反应气管线。将电解液注入滴定池中（预先用电解液冲洗滴定池2～3次），液面应高于电极约4mm；将滴定池置于电磁搅拌器上，再将滴定池的进口与燃烧管的出口相连接。将指示电极对和电解电极对的引线分别接到微库仑仪的相应接线柱上。接通气源和电源，将炉温和气体流量调节到下列操作参数。

氮气（或氩气）流速		160mL/min
氧气流速		40mL/min
燃烧炉温度	预热区	420℃
	燃烧区	760℃
	出口区	640℃
工作电位		270～290mV

根据所用仪器，可选用不同的操作条件，但回收率必须在75%～95%之间。

（2）校正 每次分析试样前需用与待测试样硫含量相近似的硫标准溶液进行校正，以测定硫的回收率。

先用10μL注射器吸取约8μL硫标准溶液，小心消除气泡擦干针头，然后将针芯慢慢拉出，直至液体与空气交界的弯月面对准在1μL刻度处，记下针芯端面位置的读数（V_1）。进样时，针头应插至预热区，并匀速（4～5μL/min）进样，至针芯接近1μL刻度时停止进样，拉出针芯，使液体和空气的弯月面再次对准在1μL刻度处，记下针芯端面位置的读数（V_2）。进样后，指示电极-参比电极之间的电位差发生变化，通过微库仑仪改变电解电压，“滴定”至恢复原来的工作电位，记录微库仑仪读数。

硫的回收率（F）按下式计算：

$$F=\frac{m}{A(V_1-V_2)}$$

式中　m——微库仑仪测量出的硫量，ng；

V_1-V_2——注入硫标准液的体积，μL；

A——硫标准液的硫含量，ng/μL。

每个标准样重复测定至少两次，取其算术平均值作为回收率。若自行配制标准溶液，在测定硫的回收率时应注意扣除溶剂中硫的空白值。

(3) 测定试样　用待测试样清洗注射器3～5次，按上述“校正”过程同样的方法注入适量样品，记录微库仑仪读数。重复测定两次，其算术平均值即为测定结果，数据修约精确至0.1mg/kg。

试样中总硫含量按下式计算：

$$试样含硫量(mg/kg)=\frac{m}{(V_1-V_2)F\rho}$$

式中　m——微库仑仪测出的硫量，ng；

V_1-V_2——注入试样的体积，μL；

F——硫的回收率；

ρ——试样的密度，g/cm^3。

(4) 重复性　在同一实验室，由同一操作员使用相同设备，按相同的测试方法，并在短时间内对同一被测对象相互独立进行测试，获得的二次独立测试结果的绝对差值，不应超过一定的重复性限（r），以超过重复性限（r）的情况不超过5%为前提。当硫含量为$0.5mg/kg \leqslant w \leqslant 5mg/kg$时，重复性限$r$为0.5mg/kg；当硫含量为$w>5mg/kg$时，重复性限$r$为平均值的10%。

(5) 注意事项　微量注射器应经常用丙酮清洗，以免注射器被堵塞。当试样中硫含量相差较大时，应由低浓度向高浓度测试。所有装置必须保持洁净，以防污染，否则将影响测试结果。

5. 难点解读

① 库仑分析法又称电量分析法，其理论依据是法拉第电解定律，即电解时在电极上析出物质的质量与通过电解池的电量成正比。本实验是利用电解产生的I_3^-与试样中硫燃烧生成的SO_2定量反应，通过测定电解消耗的电量间接求出硫的含量。规程中所说的“滴定”并不是由滴定管加入试剂，而是由电解产生试剂I_3^-。为使操作简便，微库仑仪已设计成直接读出进入试样中的硫的含量（ng），不必按电量进行计算。本法灵敏度很高，适用于苯类及石油产品中微量硫的测定，检测限可达到0.5mg/kg。

② 由于试样中的硫在燃烧炉中燃烧时，大部分生成SO_2，有一小部分生成SO_3，而在滴定池中只有SO_2与I_3^-定量反应。为补偿被测硫的少量损失，在测定试样之前必须用硫标准溶液（含硫量已知）进行校正，求出硫的回收率（F）。

在测定试样时，以仪器读数除以该回收率，才能得到试样中实际的硫含量。本法硫回收率一般在75%～95%范围内。

七、微量氯的测定

1. 方法提要

将试样注入燃烧管，与氧气混合并燃烧，试样中的有机氯转化为HCl，并由载气带入滴定池，与电解液中的银离子发生反应（$Ag^{+}+Cl^{-} \longrightarrow AgCl\downarrow$），消耗的银离子由微库仑仪通过电解补充，根据反应所需电量，按照法拉第电解定律计算出试样中的氯含量。

2. 仪器和设备

（1）微库仑仪　带有三个炉温控制段的加热炉、石英燃烧管、滴定池。滴定池配有两对电极，其中参比-测量电极对用于指示银离子浓度变化，电解电极对用于保持银离子浓度。滴定池还应配有一个电磁搅拌器以及一个与燃烧管连接的进气口。

（2）干燥管　装填干燥剂。

（3）自动进样装置　能调节并保持恒定的进样速度。

（4）微量注射器　按照仪器制造商推荐的要求进行选择。

3. 试剂和材料

（1）试剂　标准物质，氯苯（C_6H_5Cl）或2,4,6-三氯苯酚（$C_6H_3OCl_3$），纯度≥99%（质量分数）；溶剂，可选用甲苯、对二甲苯、乙苯、甲醇、异辛烷等；蒸馏水，使用二次蒸馏水，使用前煮沸脱氧；载气，氮气、氩气或氦气，纯度≥99.5%（体积分数）；反应气，氧气，纯度≥99.5%（体积分数）。

（2）电解液　将700mL的冰醋酸与300mL的二次蒸馏水混合，贮于密闭玻璃瓶中。

（3）有机氯标准储备液的配制（氯含量约500ng/μL）　配制时应选用合适的有机氯标准物质及溶剂，以使其沸点及化学结构与试样接近。

在100mL容量瓶内加入少量无氯或低氯高纯度溶剂，准确称取标准物质氯苯0.16g（或2,4,6-三氯苯酚0.09g），称准至0.1mg，转移至容量瓶内，加入溶剂至刻度，按下式计算标准储备液的氯含量c_0(ng/μL)。

$$c_0=\frac{mw\times 10^6}{V}$$

式中　m——标准物质的质量，g；

w——标准物质中的氯含量（质量分数），%；

V——溶剂的体积，mL。

（4）氯标准溶液的配制　用溶剂将标准储备液稀释为一系列浓度的氯标准溶液，供分析试样时测定回收率使用。

4. 操作及结果表述

(1) 仪器操作　将洗净的石英燃烧管装入燃烧炉内，连接好载气和反应气管线。注入电解液，准备滴定池、电磁搅拌器，连接指示电极对、电解电极对的引线。接通气源和电源，将炉温和气体流量调节到下列操作参数。

氮气（或氩气）流速		200mL/min
氧气流速		150mL/min
燃烧炉温度	入口段	700℃
	裂解段	850℃
	出口段	730℃
工作电位		250～270mV
进样速度		3.8μL/s
进样量		5～10μL

根据所用仪器，可选用不同的操作条件，但回收率必须在75%～95%之间。

(2) 校正　每次分析前，需用与待测试样氯含量相近的氯标准溶液进行校正，以测定氯的回收率。

用微量注射器吸取适量的标准溶液，小心消除气泡，记下注射器中液体的体积。进样后，记下注射器中剩余的液体体积。两个读数之差就是注入的标准溶液的体积。记录微库仑仪的读数。按下式计算氯的回收率 F(%)。

$$F=\frac{m}{c(V_1-V_2)}\times 100\%$$

式中　m——微库仑仪滴定出的氯量，ng；

V_1-V_2——注入标准溶液的体积，μL；

c——标准溶液的浓度，ng/μL。

每个标准溶液至少重复测定两次，取其回收率的算术平均值作为校正因子。

如果回收率低于仪器制造商推荐的最低回收率要求，应重新配制标准溶液；如果回收率仍然较低，应重新制备电解液和电极溶液。如果仍然不正常，应检查仪器系统。

(3) 测定试样　用待测试样清洗注射器3～5次，在仪器中注入适量试样，记录微库仑仪读数。重复测定二次。试样中的有机氯含量 w(mg/kg) 按下式计算。

$$w=\frac{m}{(V_1-V_2)F\rho}$$

式中　m——微库仑仪滴定出的氯量，ng；

V_1-V_2——注入试样的体积，μL；

F——标准溶液的浓度回收率，%；

ρ——试样的密度，g/mL。

以二次重复测定结果的算术平均值作为分析结果，精确至0.1mg/kg。

（4）注意事项　样品中如果含有无机氯化物，测得的有机氯化物结果将偏高，无机氯的干扰可通过分析前用水洗涤样品来降低。

可将燃烧管出口和滴定池入口缠上保温带，保持燃烧管出口温度高于100℃，以防止水汽冷凝。或在燃烧管出口加装干燥管，用于不断捕集水汽而使其他不凝气体进入滴定池。

（5）重复性要求　在同一实验室，由同一操作员使用相同设备，按相同的测试方法，并在短时间内对同一被测对象相互独立进行测试，获得的二次独立测试结果的绝对差值，不应超过一定的重复性限（r），以超过重复性限（r）的情况不超过5%为前提。当氯含量为$0.5mg/kg \leqslant w \leqslant 5mg/kg$时，重复性限$r$为0.5mg/kg；当氯含量为$5mg/kg \leqslant w \leqslant 25mg/kg$时，重复性限$r$为1.0mg/kg。

5. 难点解读

滴定池中装有电解液，插有一对电解电极和一对指示-参比电极。参考电极为镀银的铂丝插在电解液中。系统平衡时，滴定池中保持恒定Ag^+浓度。

样品经过裂解管，有机氯转化为HCl。HCl由载气带入滴定池，消耗了电解液中的Ag^+，指示电极测出信号变化，传输到库仑放大器，由放大器输出相应电流加到电解电极对上，由电解阳极电生出等量的Ag^+，使其恢复到原来的浓度。根据电生Ag^+所消耗的电量，由法拉第电解定律即可求得样品中氯含量，并由微库仑仪直接读出读数。滴定池中并未有“滴定”动作，而是由电解产生Ag^+。本法灵敏度很高，检测限可达到0.5mg/kg，适用于石油和工业芳烃等多种产品中的微量氯含量测定。

八、思考与练习

① 测定乙苯产品的色度时，如何配制色度标准对比溶液？

② 气相色谱内标法定量分析有哪些优缺点？如何选择内标物？

③ 如何测定异丙苯或二乙苯对内标物正十一烷的相对质量校正因子（$f_{i/s}$）？

④ 说明微库仑法测定乙苯中微量硫的方法原理、仪器组成和各部分的作用。

⑤ 什么是硫的回收率？为什么要测定硫的回收率？如何测定？

⑥ 采用气相色谱内标法测定工业乙苯。称取样品21.6800g，加入内标物正十一烷0.0066g，混匀后进样0.2μL，测得正十一烷、异丙苯和二乙苯（含正丁苯）的峰面积分别为$31mm^2$、$124mm^2$和$16mm^2$，求试样中异丙苯和二乙苯（含正丁苯）的质量分数。若测得其他杂质峰的峰面积之和为$426mm^2$，求乙苯的纯度。

⑦ 用微库仑仪测定乙苯样品中的微量硫。注入10ng/μL的硫标准溶液5μL，微库仑仪显示读数45ng；在同样的仪器条件下，注入乙苯试样6μL，仪器显示读数为12ng。已测出该样品的密度为$0.867g/cm^3$，求试样的硫含量。

产品检验实训十二　苯胺的检验

一、产品简介

1. 性状

苯胺，化学式 NH_2（苯环），相对分子质量 93.13，无色透明油状液体，具有特殊气味，密度 1.0217g/cm^3（20℃），凝固点 −6.2℃，沸点 184.4℃。暴露于光或空气中逐渐变为棕红色，呈弱碱性，微溶于水，易溶于乙醇、苯及硝基苯等有机溶剂。

2. 生产工艺

（1）硝基苯-氢还原法　在催化剂存在下，硝基苯蒸气被过量氢气还原，产生的苯胺蒸气经冷凝、分离制得产品。

$$C_6H_5NO_2+3H_2 \longrightarrow C_6H_5NH_2+2H_2O$$

（2）氯苯-氨水法　在催化剂存在下，氯苯与氨水反应生成苯胺，经分离、蒸馏等处理制得产品。

$$C_6H_5Cl+2NH_3 \longrightarrow C_6H_5NH_2+NH_4Cl$$

3. 主要用途

苯胺主要用于合成多种染料和颜料。橡胶工业用于制防老剂、促进剂等。也是香料、塑料、照相材料等行业的中间体。

4. 质量指标（GB/T 2961—2014）

项目		指标		
		优等品	一等品	合格品
外观		无色至浅黄色透明液体，贮存时允许颜色变深		
苯胺质量分数/%	≥	99.80	99.60	99.40
硝基苯质量分数/%	≤	0.002	0.010	0.015
水分质量分数/%	≤	0.10	0.30	0.50
低沸物质量分数/%	≤	0.008	0.010	0.015
高沸物质量分数/%	≤	0.01	0.03	0.05

5. 安全性

根据 GB 12268—2012 规定，苯胺属于 6.1 类毒性物质，UN 号 1547。本品主要引起高铁血红蛋白血症、溶血性贫血和肝、肾损害。苯胺遇明火、高热可燃，与酸类、卤素、醇类、胺类能够发生强烈反应，会引起燃烧。本品在使用及搬运过程中应采取必要的防护措施，严格注意安全。

二、实训要求

① 了解苯胺产品的定性鉴定方法。

② 掌握重氮化法测定芳香胺的原理和使用外用指示剂的滴定操作技术。

③ 了解极谱法测定微量硝基苯的原理和极谱仪的操作方法。

④ 巩固卡尔·费休法测定微量水的装置运用和操作技术。

⑤ 巩固气相色谱仪的装柱、启动和调试技术。

⑥ 掌握气相色谱叠加法测定苯胺中水分的操作过程和定量计算方法。

三、定性鉴定

1. 试剂

盐酸；重铬酸钾；硫酸铜；漂白粉溶液。

2. 鉴定

① 外观应为浅黄色油状透明液体，贮存过程中色泽逐渐变深至棕红色。

② 先将 1 滴样品溶于 5mL 经数滴盐酸酸化的水中，然后再将重铬酸钾和硫酸铜晶粒各 1 颗，溶于该溶液中，所得溶液经缓慢加热而变成深绿色并析出黑色絮状物——苯胺黑。

③ 将一端沾有少许苯胺的玻璃棒插入到盛有 5mL 水的试管中搅拌，并加入 1～2 滴漂白粉溶液，溶液应呈紫色。

四、苯胺含量的测定

1. 方法提要

在酸性条件下，滴定剂亚硝酸钠与苯胺发生重氮化反应，用外用碘化钾-淀粉试纸检测滴定终点。

$$C_6H_5-NH_2+NaNO_2+2HCl \longrightarrow C_6H_5-\overset{+}{N}\equiv NCl^- +NaCl+2H_2O$$

$$2KI+2HNO_2+2HCl \longrightarrow I_2+2KCl+2NO+2H_2O$$

2. 试剂

盐酸；溴化钾溶液，100g/L；亚硝酸钠标准滴定溶液 $c(NaNO_2)=0.5mol/L$。

3. 操作

① 称取 10～12g 样品（精确至 0.001g），置于盛有 150mL 水的 500mL 容量瓶中，加入 25mL 盐酸，用水稀释至刻度，摇匀。

② 准确吸取 50mL 上述溶液于 400mL 烧杯中，加 100mL 水、10mL 盐酸及

10mL 溴化钾溶液（100g/L）。在不停搅拌下，于10～15℃以亚硝酸钠标准滴定溶液滴定。滴定时应将滴定管尖端插入到液面下，临近终点时提高滴定管使其尖端离开液面，继续逐滴滴定至使碘化钾-淀粉试纸呈微蓝色；经过 5min 后用同样方法试验，碘化钾-淀粉试纸上仍出现微蓝色即为终点。

③ 同时进行空白试验。

4. 结果表述

$$w(C_6H_7N)=\frac{c(V-V_0)\times 0.09313}{m\times\frac{50}{500}\times[1-w(H_2O)]}$$

式中 c——亚硝酸钠标准滴定溶液的准确浓度，mol/L；

V——滴定样品耗用亚硝酸钠标准滴定溶液的体积，mL；

V_0——滴定空白溶液耗用亚硝酸钠标准滴定溶液的体积，mL；

m——称取样品的质量，g；

0.09313——苯胺（C_6H_7N）的毫摩尔质量，g/mmol；

$w(H_2O)$——样品中水分的质量分数。

苯胺含量平行测定结果的允许差不大于 0.2%。

5. 难点解读

苯胺的重氮化反应速率较慢，且亚硝酸易挥发。为防止亚硝酸损失且保证滴定反应定量进行完全，加入溴化钾催化，在较低的温度下将滴定管尖端插入到液面以下，滴入大部分滴定剂（快速滴定法），临近终点时再将滴定管尖端提出液面，缓慢滴定至终点。由于亚硝酸与碘化钾之间的氧化还原反应优先于重氮化反应，故必须采用外指示剂检测滴定终点。

五、苯胺及硝基苯、低沸物、高沸物含量的测定

1. 仪器

气相色谱仪。

色谱柱：长 30m、内径 0.32mm、内涂（5%苯基）甲基聚硅氧烷、液膜厚度为 1.50μm 的毛细柱（或能达到同等分离效果的其他毛细管柱）。

微量注射器：10μL。

检测器：氢火焰离子化检测器。

2. 色谱操作条件

柱温：165℃。

气化室温度：280℃。

检测室温度：300℃。

载气（氮气）流量：0.8mL/min。

补偿气：氮气。

补偿气流量：29mL/min。

分流比：20∶1。

燃烧气（氢气）流量：30mL/min。

助燃气（空气）流量：300mL/min。

进样量：0.2μL。

定量方法：峰面积归一化法。

根据仪器的不同可以选择合适的色谱操作条件。

3. 测定步骤

待色谱仪各项操作条件稳定后，用微量注射器吸收 0.2μL 试样进样，待出峰完毕后，用色谱工作站或积分仪进行结果处理。硝基苯峰位置用标准样品保留时间确定。苯胺峰之前的杂质为低沸物，苯胺之后除硝基苯之外的杂质为高沸物。

以质量分数 w_i（%）表示的苯胺及有机杂质含量按下式计算：

$$w_i = \frac{A_i}{\sum A_i} \times (100 - w)$$

式中　A_i——各组分的峰面积数值；

$\sum A_i$——各组分的峰面积数值总和；

w——试样中水的质量分数，%。

苯胺纯度平行测定结果之差应不大于 0.10%，有机杂质平行测定结果相对误差应不大于 20%，取其算术平均值作为测定结果。

色谱图示例见图 6-6。

六、水分含量的测定

（一）卡尔·费休法

按第四章第二节卡尔·费休法测定苯胺样品中的水分。平行测定的允许差不大于 0.02%，此法为水分测定的仲裁法。

（二）气相色谱法

1. 仪器与条件

见第四章第二节气相色谱仪及其操作条件。

2. 操作与结果计算

（1）水分标样的配制　在清洁、干燥的小玻璃瓶内，以苯胺为底液，用微量注射器注入一定量的水，作为配加水，即采用称量法准确配制一定质量分数的含水标样，充分混匀，用橡皮塞塞紧，并用石蜡封口，放置 3h 后与底液同时在气相色谱仪上进样，准确测量底液中水的峰高和标样中水的峰高。按下式计算标样中的水分含量：

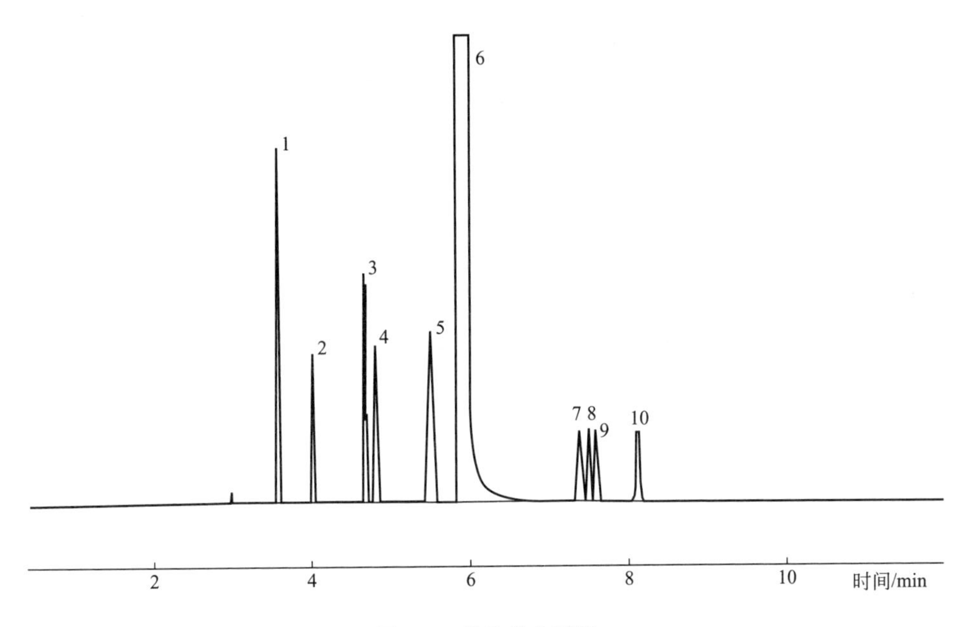

图 6-6　苯胺的色谱图

1—苯；2—甲苯；3—环己胺；4—环己醇；5—苯酚；6—苯胺；
7—N-甲基苯胺；8—邻甲基苯胺；9—对甲基苯胺；10—硝基苯

$$w_s=\frac{w'h_1}{h_1-h_0}$$

式中　w_s——配制标样中水的质量分数（含底液中的水）；
　　　w'——配制标样中配加水的质量分数；
　　　h_1——测得标样水的峰高，mm；
　　　h_0——测得底液水的峰高，mm。

苯胺底液中的水分含量要求小于0.1%，标样的保存期为半个月。

（2）试样的测定　启动气相色谱仪（热导检测器），待操作条件稳定后，用注射器吸取1μL样品进样，同时吸取1μL标样进样（标样中水分含量应接近试样中的水分含量），准确测量试样和标样中水的峰高。按下式计算试样中水的质量分数：

$$w_x=\frac{w_s h_x}{h_s}$$

式中　w_s——标样中水的质量分数；
　　　h_s——标样中水的峰高，mm；
　　　h_x——试样中水的峰高，mm。

气相色谱法测定水分平行试验的相对偏差不得大于10%。以算术平均值作为分析结果，计算结果保留至小数点后两位。

3. 难点解读

本实验采用外标法测定苯胺样品中的水分，外标样不是将定量的水溶解于某种溶剂中，而是溶解于苯胺底液中。配制标样中的水含量包括外加水和底液原来含有的水。这样可以消除主成分（苯胺）对水峰测定的影响，使测定结果更为准确、可靠。

七、思考与练习

① 测定苯胺含量用的亚硝酸钠标准滴定溶液应如何进行配制和标定？

② 用亚硝酸钠滴定苯胺应注意哪些操作条件？总结一下外用指示剂的使用技巧。

③ 用气相色谱法测定苯胺、硝基苯及其他杂质的含量应采用何种色谱柱和检测器？如何操作？

④ 采用卡尔·费休法测定苯胺中的水分，应如何操作？要注意哪些问题？

⑤ 采用气相色谱外标法测定苯胺中水分，为什么采用苯胺作底液配制标准水样？试解释相关计算公式。

⑥ 采用重氮化法测定苯胺样品的纯度，取样 11.4587g，定容为 500mL 后，移取 50mL，按操作规程用 $c(NaNO_2)=0.5160mol/L$ 亚硝酸钠标准滴定溶液滴定，耗用 23.82mL。同样条件下做空白试验耗用亚硝酸钠标准滴定溶液 0.02mL。已测得样品中的水分含量为 0.04%。求该样品中苯胺的质量分数。

⑦ 采用卡尔·费休法测定苯胺中的水分。首先加 20mL 甲醇于反应瓶中，用卡尔·费休试剂滴定至电流表指针产生较大偏转并保持 1min 不变，消耗试剂 2.20mL。然后吸取苯胺试样 5.0mL 注入反应瓶中，用卡尔·费休试剂滴定至电流表达到空白滴定相同的位置保持约 1min，平行测定 3 次，耗用试剂分别为 17.30mL、17.34mL 和 17.28mL。已知试剂对水的滴定度为 1mg/mL，苯胺样品的密度为 1.02g/mL。求试样中水分的质量分数。

⑧ 采用气相色谱热导检测器、GDX 固定相测定苯胺样品中的水分含量。称取苯胺样品 5.2010g，配入 0.0208g 水，混匀后进样 1μL，测得该标准样中水的峰高为 26mm。同样条件下进苯胺样品 1μL，测得水的峰高为 12mm。求试样中水的质量分数。

产品检验实训十三　综合测试

一、目的要求

（1）综合运用所学知识和技能，查阅相关资料，明确某种化工产品的检验项目、技术指标和试验规程。

（2）独立完成指定的检验项目，包括仪器、试剂准备和全部实验操作。写出检验报告，评定产品质量等级。

二、测试产品

根据需要和可行，由指导教师指定某种化工产品进行综合测试[1]。下列产品有明确的国家标准或行业标准，其试验方法具有典型性，难度适中，可供选择参考。

（1）工业用丙酮；

（2）过氧化碳酸钠；

（3）工业用异丁醇；

（4）工业硫酸铝。

三、测试步骤

（1）查阅化工产品手册，了解产品性状、生产方法和用途等。

（2）在互联网上或标准书籍中，检索该产品的国家标准或行业标准，下载或复印其全文。

（3）反复阅读标准全文，了解产品质量等级和技术指标。解读各项指标的测试方法，写出解读笔记。包括方法原理、所需仪器和试剂、操作步骤、结果表述和问题讨论等。

（4）按规定准备仪器、试剂、配制所需的标准溶液；索取测试产品的试样。

（5）按试验规程实施操作，如实记录实验数据，计算分析结果。平行测试结果超出允许差时，应予重做。

（6）写出产品检验报告，评定产品质量等级。

（7）将解读笔记、实验记录和检验报告等全部材料上交指导教师，评定实训成绩（如因时间或条件限制，不能完成产品的全部检验项目时，可完成教师指定的项目并报告检验结果）。

（8）考核和答辩。总结检验项目完成过程、成果和体会，用 ppt（或其他形式）汇报，回答教师及其他同学提出的问题。考核基本知识和职业技能的掌握和理解，并考察总结汇报和交流表达的能力。

四、考核标准和评分细目

可参考表 6-6，对综合测试项目的完成情况进行评价和成绩评定。

---

[1] 正规的化工产品检验应该由采样开始。考虑到学生到生产现场采样会受到条件限制，难以落实。因此可由教师提供指定产品的试样。

表 6-6 综合测试项目评价

项目	考核点及赋分	建议考核方式	评价标准		
			优	良	及格
基础知识和专业技能考核（80 分）	1. 查阅资料和检索标准（10 分）	教师评价	资料搜集全面、充分，会下载现行、有效检验标准，能指导他人检索，按时完成课业	资料搜集比较全面，会下载检验标准，按时完成课业	在他人帮助下进行资料搜集，未按时完成课业
	2. 规程解读和方案设计（10 分）	教师评价	解读规程要点，明确检测指标和等级，主导制定方案，笔记清晰完整	基本解读规程要点，了解检测指标，参与制定方案，笔记较完整	在他人帮助下解读规程，未按时完成解读笔记
	3. 实施检验操作（40 分）	教师评价	操作规范，步骤清晰，记录翔实，按规定完成，无实验事故	操作较规范，步骤较清晰，记录较翔实，按规定完成，无实验事故	在他人指导下完成，有失败操作，记录不完整，无实验事故
	4. 检验报告与答辩考核（20 分）	教师考核＋学生互评	内容完整，格式规范，数据准确，图表清晰，结论正确，能指导他人，提出建议和体会	内容完整，格式规范，数据较准确，图表较清晰，结论正确	内容较完整，格式不规范，数据不够准确，图表不完整，结论有误
			汇报完整，专业用语准确，表达清晰，答辩正确流利	汇报较完整，专业用语较准确，表达较清晰，回答问题基本正确	汇报不完整，专业用语不准确，表达不够清晰，回答问题有误
公共素质的考核（20 分）	1. 职业规范（10 分）	教师评价	遵守实验规则，着装规范，安全、文明操作，保持环境整洁	遵守实验规则，着装较规范，安全、文明操作，环境较整洁	基本符合实验规则，着装不规范，有违规操作，环境不整洁
	2. 团队协作和能力素养（10 分）	教师评价＋学生互评	积极主动，团结协作，热心帮助他人，实验动手能力和解决问题能力强	较积极主动，团结协作，配合他人操作，实验动手能力和解决问题能力较强	需要他人帮助和指导，配合操作，动手能力和解决问题能力较弱

附　录

化工产品通用标准试验方法题录

标准编号	标准名称
GB/T 3143—1982	液体化学产品颜色测定法
GB/T 4472—2011	化工产品密度、相对密度的测定
GB/T 2013—2010	液体石油化工产品密度测定法
GB/T 6678—2003	化工产品采样总则
GB/T 6679—2003	固体化工产品采样通则
GB/T 6680—2003	液体化工产品采样通则
GB/T 6681—2003	气体化工产品采样通则
GB/T 6040—2002	红外光谱分析方法通则
GB/T 6041—2002	质谱分析方法通则
GB/T 15337—2008	原子吸收光谱分析法通则
GB/T 4946—2008	气相色谱法术语
GB/T 8322—2008	分子吸收光谱法术语
GB/T 9008—2007	液相色谱法术语 柱色谱法和平面色谱法
GB/T 6325—1994	有机化工产品分析术语
GB/T 14666—2003	分析化学术语
GB/T 6682—2008	分析实验室用水规格和试验方法
GB/T 8170—2008	数值修约规则与极限数值的表示和判定
GB/T 601—2016	化学试剂　标准滴定溶液的制备
GB/T 602—2002	化学试剂　杂质测定用标准溶液的制备
GB/T 603—2002	化学试剂　试验方法中所用制剂及制品的制备
GB/T 3050—2000	无机化工产品中氯化物含量测定的通用方法　电位滴定法

续表

标准编号	标准名称
GB/T 3051—2000	无机化工产品中氯化物含量测定的通用方法　汞量法
GB/T 3049—2006	工业用化工产品铁含量测定的通用方法　1,10-菲啰啉分光光度法
GB/T 7686—2016	化工产品中砷含量测定的通用方法
GB/T 6283—2008	化工产品中水分含量的测定　卡尔·费休法
GB/T 6284—2006	化工产品中水分测定的通用方法　干燥减量法
GB/T 2366—2008	化工产品中水含量的测定　气相色谱法
GB/T 6488—2008	液体化工产品折光率的测定(20℃)
GB/T 12737—2008	工业用化工产品中以硫酸根表示的痕量硫化合物测定的通用方法　还原和滴定法
GB/T 21057—2007	无机化工产品中氟含量测定的通用方法　离子选择性电极法
GB/T 21058—2007	无机化工产品中汞含量测定的通用方法　无火焰原子吸收光谱法
GB/T 21524—2008	无机化工产品中粒度的测定　筛分法
GB/T 21525—2008	无机化工产品中镁含量测定的通用方法　络合滴定法
GB/T 21847—2008	工业用化工产品　气体可燃性的确定
GB/T 21850—2008	化工产品　固体和液体自燃性的确定
GB/T 23767—2009	固体化工产品在气态氧化剂中燃烧极限测定的通用方法
GB/T 23768—2009	无机化工产品　火焰原子吸收光谱法通则
GB/T 23769—2009	无机化工产品　水溶液中 pH 值测定通用方法
GB/T 23770—2009	液体无机化工产品色度测定通用方法
GB/T 23771—2009	无机化工产品中堆积密度的测定
GB/T 23773—2009	无机化工产品中铵含量测定的通用方法　纳氏试剂比色法
GB/T 23774—2009	无机化工产品白度测定的通用方法
GB/T 23840—2009	无机化工产品　电位滴定法通则
GB/T 23841—2009	无机化工产品中镉含量测定的通用方法　原子吸收分光光度法
GB/T 23842—2009	无机化工产品中硅含量测定的通用方法　还原硅钼酸盐光度法
GB/T 23843—2009	无机化工产品中五氧化二磷含量测定的通用方法
GB/T 23844—2019	无机化工产品中硫酸盐测定通用方法
GB/T 23845—2009	无机化工产品中溴化物测定通用方法
GB/T 23943—2009	无机化工产品中六价铬含量测定的通用方法　二苯碳酰二肼分光光度法
GB/T 23944—2009	无机化工产品中铝测定的通用方法　铬天青 S 分光光度法
GB/T 23945—2009	无机化工产品中氯化物含量测定的通用方法　目视比浊法
GB/T 23946—2009	无机化工产品中铅含量测定通用方法　原子吸收光谱法
GB/T 23947.1—2009	无机化工产品中砷测定的通用方法　第 1 部分:二乙基二硫代氨基甲酸银光度法
GB/T 23947.2—2009	无机化工产品中砷测定的通用方法　第 2 部分:砷斑法

续表

标准编号	标准名称
GB/T 23948—2009	无机化工产品中水不溶物测定通用方法
GB/T 23949—2009	无机化工产品中蒸发残渣测定通用方法
GB/T 23950—2009	无机化工产品中重金属测定通用方法
GB/T 23951—2009	无机化工产品中灼烧残渣测定通用方法
GB/T 23952—2009	无机化工产品中总氮含量测定的通用方法　蒸馏-酸碱滴定法
GB/T 14827—1993	有机化工产品酸度、碱度的测定方法　容量法
GB/T 6324.1—2004	有机化工产品试验方法　1.液体有机化工产品水混溶性试验
GB/T 6324.2—2004	有机化工产品试验方法　2.挥发性有机液体水浴上蒸发后干残渣的测定
GB/T 6324.3—2011	有机化工产品试验方法　3.还原高锰酸钾物质的测定
GB/T 6324.4—2008	有机化工产品试验方法　4.有机液体化工产品微量硫的测定　微库仑法
GB/T 6324.5—2008	有机化工产品试验方法　5.有机化工产品中羰基化合物含量的测定
GB/T 7531—2008	有机化工产品灼烧残渣的测定
GB/T 7532—2008	有机化工产品中重金属的测定　目视比色法
GB/T 7533—1993	有机化工产品结晶点的测定方法
GB/T 7534—2004	工业用挥发性有机液体　沸程的测定
GB/T 3146.1—2010	工业芳烃及相关物料馏程的测定　第1部分:蒸馏法
GB/T 14850—2008	气体分析词汇
GB/T 5832.1—2016	气体分析　微量水分的测定　第1部分:电解法
GB/T 5832.2—2016	气体分析　微量水分的测定　第2部分:露点法
GB/T 6285—2016	气体中微量氧的测定　电化学法
GB/T 8981—2008	气体中微量氢的测定　气相色谱法
HG/T 3696.1—2011	无机化工产品　化学分析用标准溶液、制剂及制品的制备　第1部分:标准滴定溶液的制备
HG/T 3696.2—2011	无机化工产品　化学分析用标准溶液、制剂及制品的制备　第2部分:杂质标准溶液的制备
HG/T 3696.3—2011	无机化工产品　化学分析用标准溶液、制剂及制品的制备　第3部分:制剂及制品的制备

参 考 文 献

[1] 国家标准化管理委员会．中华人民共和国国家标准目录和信息总汇（2009）．北京：中国标准出版社，2009.
[2] 全国化学标准化技术委员会．化学工业国家标准和行业标准目录（2009）．北京：中国标准出版社，2009.
[3] 国家标准化管理委员会．中国强制性国家标准汇编//化工卷1，化工卷2．第3版．北京：中国标准出版社，2003.
[4] 全国化学标准化技术委员会．化学工业标准汇编 无机化工产品卷．北京：中国标准出版社，2010.
[5] 全国化学标准化技术委员会．化学工业标准汇编 无机化工方法卷．北京：中国标准出版社，2010.
[6] 全国化学标准化技术委员会．化学工业标准汇编 有机化工产品卷．北京：中国标准出版社，2006.
[7] 全国化学标准化技术委员会．化学工业标准汇编 有机化工方法卷．北京：中国标准出版社，2006.
[8] 张铁垣．化验工作实用手册．第2版．北京：化学工业出版社，2008.
[9] 张振宇．化工分析．第3版．北京：化学工业出版社，2007.
[10] 周延章．化工商品检验手册．北京：化学工业出版社，1996.
[11] 夏玉宇．化验员实用手册．第2版．北京：化学工业出版社，2004.
[12] 王秀萍．实用分析化验工读本．第3版．北京：化学工业出版社，2011.
[13] 邱德仁．工业分析化学．上海：复旦大学出版社，2003.
[14] 姚金柱．化工分析例题与习题．北京：化学工业出版社，2009.
[15] 聂英斌．无机及分析化学．北京：化学工业出版社，2016.
[16] 张美娜．无机化工产品检验．北京：化学工业出版社，2015.
[17] 黄一石，等．仪器分析．第3版．北京：化学工业出版社，2013.